研究生教学用书
公 共 基 础 课 系 列

随 机 过 程

（第五版）

刘次华

U0279031

华中科技大学出版社
中国·武汉

内 容 提 要

本书为研究生课程"随机过程"的教材,其主要内容有:随机过程的概念,泊松过程,马尔可夫链,连续时间的马尔可夫链,平稳随机过程,平稳过程的谱分析,时间序列分析等.

本书除介绍最基本的理论外,取材突出了实用较多的泊松过程,马尔可夫链和平稳过程.叙述尽可能通俗,例题较多并尽力结合实际应用.每章后面附有习题,书后附有习题解析,可供读者选用、参考.

本书可作理工科(含工程类型)硕士研究生的教材或参考书,也可供有关教学和工程技术人员参考.

Abstract

This book is primarily written for the graduate course "Stochastic processes" in Huazhong University of Science and Technology. The main topics are the concepts of Stochastic processes, Poisson processes, Markov chains, purely discontinuous Markov processes, stationary stochastic processes, spectral analysis and time series analysis.

In addition to presenting the fundamental ideas of theories, this book attempts to remarkably in Markov chains and stationary processes, which are widely applicable. Common and numerous examples are provided in each chapter. Also, each chapter ends with some exercises. Keys for reference are given at the end of the book.

The book can serve as textbook or reference for graduate students in Master degree. It can also be consulated by relevent teachers and engineers.

《研究生教学用书》序

"接天莲叶无穷碧,映日荷花别样红。"今天,我国的教育正处在一个大发展的崭新时期,而高等教育即将跨入"大众化"的阶段,蓬蓬勃勃,生机无限。在高等教育中,研究生教育的发展尤为迅速。在盛夏已临,面对池塘中亭亭玉立的荷花,风来舞举的莲叶,我深深感到,我国研究生教育就似夏季映日的红莲,别样多姿。

科教兴国,教育先行。教育在社会主义现代化建设中处于优先发展的战略地位。我们可以清楚看到,高等教育不仅被赋予重大的历史任务,而且明确提出,要培养一大批拔尖创新人才。不言而喻,培养一大批拔尖创新人才的历史任务主要落在研究生教育肩上。"百年大计,教育为本;国家兴亡,人才为基。"国家之间的激烈竞争,在今天,归根结底,最关键的就是高级专门人才,特别是拔尖创新人才的竞争。由此观之,研究生教育的任务可谓重矣!重如泰山!

前事不忘,后事之师。历史经验已一而再、再而三地证明:一个国家的富强,一个民族的繁荣,最根本的是要依靠自己,要以"自力更生"为主。《国际歌》讲得十分深刻,世界上从来就没有什么救世主,只有依靠自己救自己。寄希望于别人,期美好于外力,只能是一种幼稚的幻想。内因是发展的决定性的因素。当然,我们决不应该也决不可能采取"闭关锁国"、自我封闭、故步自封的方式来谋求发展,重犯历史错误。外因始终是发展的必要条件。正因为如此,我们清醒看到了,"自助者人助",只有"自信、自尊、自主、自强",只有独立自主,自强不息,走以"自力更生"为主的发展道路,才有可能在向世界开放中,争取到更多的朋友,争取到更多的支持,充分利用好外部的各种有利条件,来扎扎实实地而又尽可能快地发展自己。这一切的关键就在于,我们要有数量与质量足够的高级专门人才,特别是拔尖创新人才。何况,在科技高速发展与高度发达,而知识经济已初见端倪的今天,更加如此。人才,高级专门人才,拔尖创新人才,是我们一切事业发展的基础。基础不牢,地动山摇;基础坚牢,大厦凌霄;基础不固,木凋树枯;基础深固,硕茂葱绿!

"工欲善其事,必先利其器。"自古凡事皆然,教育也不例外。教学用书是"传道授业解惑"培育人才的基本条件之一。"巧妇难为无米之炊。"特别是在今天,学科的交叉及其发展越来越多及越快,人才的知识基础及其要求越来越广及越高,因此,我一贯赞成与支持出版"研究生教学用书",供研究生自己主动地选用。早在1990年,本套用书中的第一本即《机械工程测试·信息·信号分析》出版时,我就为此书写了个"代序",其中提出:一个研究生应该博览群书,博采百家,思路开阔,有所创见。但这不等于他在一切方面均能如此,有所不为才能有所为。如果一个研究生的主要兴趣与工作不在某一特定方面,他也可选择一本有关这一特定方面的书作为了解与学习这方面知识的参考;如果一个研究生的主要兴趣与工作在这一特定方面,他更应选择一本有关的书作为主要的学习用书,寻觅主要学习线索,并缘此展开,博览群书。这就是我赞成要编写系列的"研究生教学用书"的原因。今天,我仍然如此来看。

还应提及一点,在教育界有人讲,要教学生"做中学",这有道理;但须补充一句,"学中做"。既要在实践中学习,又要在学习中实践,学习与实践紧密结合,方为全面;重要的是,结合的关键在于引导学生思考,学生积极主动思考。当然,学生的层次不同,结合的方式与程度就应不同,思考的深度也应不同。对研究生特别是对博士研究生,就必须是而且也应该是"研中学,学中研",在研究这一实践中,开动脑筋,努力学习,在学习这一过程中,开动脑筋,努力研究;甚至可以讲,研与学通过思考就是一回事情了。正因为如此,"研究生教学用书"就大有英雄用武之地,供学习之用,供研究之用,供思考之用。

在此,还应进一步讲明一点。作为一个研究生,来读"研究生教学用书"中的某书或其他有关的书,有的书要精读,有的书可泛读。记住了书上的知识,明白了书上的知识,当然重要;如果能照着用,当然更重要。因为知识是基础。有知识不一定有力量,没有知识就一定没有力量,千万千万不要轻视知识。对研究生特别是博士研究生而言,最为重要的还不是知识本身这个形而下,而是以知识作为基础,努力通过某种实践,同时深入独立思考而体悟到的形而上,即《老子》所讲的不可道的"常道",即思维能力的提高,即精神境界的升华。《周易·系辞》讲了:"形而上谓之道,形而下谓之器。"我们的研究生要有器,要有具体的知识,要读书,这是基础;但更要有"道",更要一般,要体悟出的形而上。《庄子·天道》讲得多么好:"书不过语。语之所贵者意也,意有所随。意之所随者,不可以言传也。"这个"意",就是孔子所讲的"一以贯之"的"一",就是"道",就是形而上。它比语、比书,重要多了。要能体悟出形而上,一定要有足够数量的知识作为必不可缺的基础,一定要在读书去获得知识时,整体地读,重点地读,反复地读;整体地想,重点地想,反复地想。如同韩愈在《进学解》中所讲的那样,能"提其要","钩其玄",以达到南宋张孝祥所讲的"悠然心会,妙处难与君说"的体悟,化知识为己之素质,为"活水源头"。这样,就可驾驭知识,发展知识,创新知识,而不是为知识所驾驭,为知识所奴役,成为计算机的存储装置。

这套"研究生教学用书"从第一本于1990年问世至今,在蓬勃发展中已形成了一定规模。"逝者如斯夫,不舍昼夜。"它们中间,有的获得了国家级、省部级教材奖、图书奖,有的为教育部列入向全国推荐的研究生教材。采用此书的一些兄弟院校教师纷纷来信,称赞此书为研究生培养与学科建设作出了贡献。我们深深感激这些鼓励,"中心藏之,何日忘之?!"没有读者与专家的关爱,就没有我们"研究生教学用书"的发展。

唐代大文豪李白讲得十分正确:"人非尧舜,谁能尽善?"我始终认为,金无足赤,物无足纯,人无完人,文无完文,书无完书。"完"全了,就没有发展了,也就"完"蛋了。这套"研究生教学用书"更不会例外。这套书如何?某本书如何?这样的或那样的错误、不妥、疏忽或不足,必然会有。但是,我们又必须积极、及时、认真而不断地加以改进,与时俱进,奋发前进。我们衷心希望与真挚感谢读者与专家不吝指教,及时批评。当局者迷,兼听则明;"嘤其鸣矣,求其友声。"这就是我们肺腑之言。当然,在这里,还应该深深感谢"研究生教学用书"的作者、审阅者、组织者(华中科技大学研究生院的有关领导和工作人员)与出版者(华中科技大学出版社的编辑、校对及其全体同志);深深感谢对"研究生教学用书"的一切关心者与支持者,没有他们,就决不会有今天的"研究生教学用书"。

我们真挚祝愿,在我们举国上下,万众一心,深入贯彻落实科学发展观,努力全面建设小康社会,加速推进社会主义现代化,为实现中华民族伟大复兴,"芙蓉国里尽朝晖"这一壮丽事业中,让我们共同努力,为培养数以千万计高级专门人才,特别是一大批拔尖创新人才,完成历史赋予研究生教育的重大任务而作出应有的贡献。

谨为之序。

中国科学院院士
华中科技大学学术委员会主任
杨叔子
于华中科技大学

前　言

　　随机过程理论在物理、生物、工程、经济和管理等方面都得到了广泛应用,已成为近代科技工作者必需掌握的一个理论工具.目前,有条件的高等学校在本科生或研究生中开设了随机过程课程.本书是编者根据多年的教学实践,在原有版本的基础上,充实和修改而成的.

　　本书在理工科大学生已有的数学知识基础上,采用理工科学生和工程技术人员易于接受的叙述方式,简单地介绍了现代科学技术中常见的几类重要的随机过程.全书分为四个部分:预备知识和基本概念(第1章、第2章),泊松过程(第3章),马尔可夫过程(第4章、第5章),平稳随机过程(第6章、第7章、第8章).第二、三、四部分相互独立,读者可根据专业的需要,对内容进行适当取舍.

　　本书是为具有高等数学、线性代数、概率论等知识的高等理工科院校研究生、本科生及工程技术人员学习随机过程编写的,它既可作为教材或教学参考书,也可作为需要随机过程知识的读者的自学读本.

　　本书的第五版依据教学过程中发现的问题和读者所提意见,由编者对书中的遗漏和不妥之处作了更正,但限于编者的水平,本书肯定仍存在不当之处,欢迎专家和读者批评指正.

　　最后,编者对关心、支持本书改进的教师与学生表示衷心感谢.

刘次华

2014 年 7 月

于华中科技大学

目 录

第 1 章 预 备 知 识

1.1 概 率 空 间

随机试验是概率论的基本概念,试验的结果事先不能准确地预言,但具有如下三个特性:

(1) 可以在相同的条件下重复进行;

(2) 每次试验的结果不止一个,但预先知道试验的所有可能的结果;

(3) 每次试验前不能确定哪个结果会出现.

随机试验所有可能结果组成的集合称为这个试验的**样本空间**或**基本事件空间**,记为 Ω. Ω 中的元素 e 称为**样本点**或**基本事件**,Ω 的子集 A 称为**事件**,样本空间 Ω 称为**必然事件**,空集 $\varnothing$ 称为**不可能事件**.

由于事件是集合,故集合的运算(并、交、差、上极限、下极限、极限等)都适用于事件.

在实际问题中,我们不是对所有的事件(样本空间 Ω 的所有子集)都感兴趣,而是关心某些事件(Ω 的某些子集)及其发生的可能性大小(概率). 这样,便导致 σ- 代数 $\mathscr{F}$ 和 $\mathscr{F}$ 上的概率的概念.

定义 1.1 设 Ω 是一个集合,$\mathscr{F}$ 是 Ω 的某些子集组成的集合族. 如果:

(1) $\Omega \in \mathscr{F}$;

(2) 若 $A \in \mathscr{F}$,则 $\overline{A} = \Omega \backslash A \in \mathscr{F}$;

(3) 若 $A_n \in \mathscr{F}, n = 1, 2, \cdots,$ 则 $\bigcup\limits_{n=1}^{\infty} A_n \in \mathscr{F}$;

则称 $\mathscr{F}$ 为 σ- 代数(Borel 域).$(\Omega, \mathscr{F})$ 称为**可测空间**,$\mathscr{F}$ 中的元素称为事件.

由定义易知:

(4) $\varnothing \in \mathscr{F}$;

(5) 若 $A, B \in \mathscr{F}$,则 $A \backslash B \in \mathscr{F}$;

(6) 若 $A_i \in \mathscr{F}, i = 1, 2, \cdots,$ 则 $\bigcup\limits_{i=1}^{n} A_i, \bigcap\limits_{i=1}^{n} A_i, \bigcap\limits_{i=1}^{\infty} A_i \in \mathscr{F}$.

定义 1.2 设 $(\Omega, \mathscr{F})$ 是可测空间,$P(\bullet)$ 是定义在 $\mathscr{F}$ 上的实值函数. 如果:

(1) 任意 $A \in \mathscr{F}, 0 \leqslant P(A) \leqslant 1$;

(2) $P(\Omega) = 1$;

(3) 对两两互不相容事件 $A_1, A_2, \cdots$ (当 $i \neq j$ 时, $A_i \bigcap A_j = \varnothing$), 有

$$P(\bigcup_{i=1}^{\infty} A_i) = \sum_{i=1}^{\infty} P(A_i);$$

则称 P 是 $(\Omega, \mathscr{F})$ 上的概率, $(\Omega, \mathscr{F}, P)$ 称为**概率空间**, $P(A)$ 为事件 A 的**概率**.

由定义易知: $P(\varnothing) = 0$;

(4) 若 $A, B \in \mathscr{F}, A \subset B$, 则 $P(B \backslash A) = P(B) - P(A)$, 即概率具有单调性;

(5) 设 $A_n \in \mathscr{F}, n = 1, 2, \cdots$, 则

$$\lim_{n \to \infty} P(A_n) = \begin{cases} P(\bigcup\limits_{n=1}^{\infty} A_n), & A_1 \subset A_2 \subset \cdots, \\ P(\bigcap\limits_{n=1}^{\infty} A_n), & A_1 \supset A_2 \supset \cdots. \end{cases}$$

定义 1.3　设 $(\Omega, \mathscr{F}, P)$ 是概率空间, $\mathscr{G} \subset \mathscr{F}$, 如果对任意 $A_1, A_2, \cdots, A_n \in \mathscr{G}$, 有

$$P(\bigcap_{i=1}^{n} A_i) = \prod_{i=1}^{n} P(A_i),$$

则称 $\mathscr{G}$ 为**独立事件族**.

1.2　随机变量及其分布

随机变量是概率论的主要研究对象, 随机变量的统计规律用分布函数来描述.

定义 1.4　设 $(\Omega, \mathscr{F}, P)$ 是概率空间, $X = X(e)$ 是定义在 Ω 上的实函数, 如果对任意实数 $x, \{e : X(e) \leqslant x\} \in \mathscr{F}$, 则称 $X(e)$ 是 $\mathscr{F}$ 上的**随机变量**, 简记为随机变量 X. 称

$$F(x) = P(e : X(e) \leqslant x), \quad -\infty < x < \infty$$

为随机变量 X 的**分布函数**.

分布函数 $F(x)$ 具有下列性质:

(1) $F(x)$ 是非降函数, 即当 $x_1 < x_2$ 时, 有 $F(x_1) \leqslant F(x_2)$;

(2) $F(-\infty) = \lim\limits_{x \to -\infty} F(x) = 0, F(\infty) = \lim\limits_{x \to \infty} F(x) = 1$;

(3) $F(x)$ 是右连续的, 即 $F(x + 0) = F(x)$.

可以证明, 定义在 $\mathbf{R} = (-\infty, \infty)$ 上的实值函数 $F(x)$, 若具有上述三个性质, 必存在一个概率空间 $(\Omega, \mathscr{F}, P)$ 及其上的随机变量 X, 其分布函数是 $F(x)$.

在应用中, 常见的随机变量有两种类型: 离散型随机变量和连续型随机变量.

离散型随机变量 X 的概率分布用分布列描述:

$$p_k = P(X = x_k), \quad k = 1, 2, \cdots,$$

其分布函数

$$F(x) = \sum_{x_k \leqslant x} p_k.$$

连续型随机变量 X 的概率分布用概率密度 $f(x)$ 描述,其分布函数

$$F(x) = \int_{-\infty}^{x} f(t)\mathrm{d}t.$$

常见随机变量的分布参见表 1-1.

表 1-1

分 布	分布律或概率密度	期 望	方 差	特征函数
0-1 分布	$P(X=1)=p$, $\quad P(X=0)=q$, $0<p<1$, $\quad p+q=1$	p	pq	$q+p\mathrm{e}^{\mathrm{i}t}$
二项分布	$P(X=k)=\mathrm{C}_n^k p^k q^{n-k}$, $0<p<1$, $\quad p+q=1$, $\quad k=0,1,\cdots,n$	np	npq	$(q+p\mathrm{e}^{\mathrm{i}t})^n$
泊松分布	$P(X=k)=\dfrac{\lambda^k}{k!}\mathrm{e}^{-\lambda}$, $\quad \lambda>0$, $\quad k=0,1,\cdots$	λ	λ	$\mathrm{e}^{\lambda(\mathrm{e}^{\mathrm{i}t}-1)}$
几何分布	$P(X=k)=pq^{k-1}$, $\quad 0<p<1$, $p+q=1$, $\quad k=1,2,\cdots$	$\dfrac{1}{p}$	$\dfrac{q}{p^2}$	$\dfrac{p\mathrm{e}^{\mathrm{i}t}}{1-q\mathrm{e}^{\mathrm{i}t}}$
均匀分布	$f(x)=\begin{cases}\dfrac{1}{b-a}, & a<x<b \\ 0, & \text{其他}\end{cases}$	$\dfrac{a+b}{2}$	$\dfrac{(b-a)^2}{12}$	$\dfrac{\mathrm{e}^{\mathrm{i}bt}-\mathrm{e}^{\mathrm{i}at}}{\mathrm{i}(b-a)t}$
$N(\mu,\sigma^2)$	$f(x)=\dfrac{1}{\sqrt{2\pi}\sigma}\mathrm{e}^{-\frac{(x-\mu)^2}{2\sigma^2}}$	μ	σ^2	$\mathrm{e}^{\mathrm{i}\mu t-\frac{1}{2}\sigma^2 t^2}$
指数分布	$f(x)=\begin{cases}\lambda\mathrm{e}^{-\lambda x}, & x\geqslant0, \\ 0, & x<0,\end{cases}\quad \lambda>0$	$\dfrac{1}{\lambda}$	$\dfrac{1}{\lambda^2}$	$\left(1-\dfrac{\mathrm{i}t}{\lambda}\right)^{-1}$

下面我们讨论 n 维随机变量及其概率分布.

定义 1.5 设 $(\Omega,\mathscr{F},P)$ 是概率空间,$\boldsymbol{X}=\boldsymbol{X}(e)=(X_1(e),X_2(e),\cdots,X_n(e))$ 是定义在 Ω 上的在 n 维空间 $\mathbf{R}^n$ 中取值的向量函数. 如果对于任意 $\boldsymbol{x}=(x_1,x_2,\cdots,x_n)\in\mathbf{R}^n$,$\{e:X_1(e)\leqslant x_1,X_2(e)\leqslant x_2,\cdots,X_n(e)\leqslant x_n\}\in\mathscr{F}$,则称 $\boldsymbol{X}=\boldsymbol{X}(e)$ 为 **n 维随机变量**或 **n 维随机向量**. 称

$$F(\boldsymbol{x})=F(x_1,x_2,\cdots,x_n)=P(e:X_1(e)\leqslant x_1,X_2(e)\leqslant x_2,\cdots,X_n(e)\leqslant x_n),$$
$$\boldsymbol{x}=(x_1,x_2,\cdots,x_n)\in\mathbf{R}^n$$

为 $\boldsymbol{X}=(X_1,X_2,\cdots,X_n)$ 的**联合分布函数**.

n 维联合分布函数 $F(x_1,x_2,\cdots,x_n)$ 具有下列性质:

(1) 对于每个变元 $x_i(i=1,2,\cdots,n)$,$F(x_1,x_2,\cdots,x_n)$ 是非降函数;

(2) 对于每个变元 $x_i(i=1,2,\cdots,n)$,$F(x_1,x_2,\cdots,x_n)$ 是右连续的;

(3) 对于 $\mathbf{R}^n$ 中的任意区域 $(a_1,b_1;\cdots;a_n,b_n)$,其中 $a_i\leqslant b_i,i=1,\cdots,n$,

$$F(b_1, b_2, \cdots, b_n) - \sum_{i=1}^{n} F(b_1, \cdots, b_{i-1}, a_i, b_{i+1}, \cdots, b_n)$$

$$+ \sum_{\substack{i,j=1 \\ i<j}}^{n} F(b_1, \cdots, b_{i-1}, a_i, b_{i+1}, \cdots, b_{j-1}, a_j, b_{j+1}, \cdots, b_n)$$

$$+ \cdots + (-1)^n F(a_1, a_2, \cdots, a_n) \geqslant 0;$$

(4) $\lim\limits_{x_i \to -\infty} F(x_1, x_2, \cdots, x_i, \cdots, x_n) = 0, i = 1, 2, \cdots, n,$

$$\lim_{x_1, x_2, \cdots, x_n \to \infty} F(x_1, x_2, \cdots, x_n) = 1.$$

可以证明,对于定义在 $\mathbf{R}^n$ 上具有上述性质的实函数 $F(x_1, x_2, \cdots, x_n)$,必存在一个概率空间 $(\Omega, \mathscr{F}, P)$ 及其上的 n 维随机变量 $\boldsymbol{X} = (X_1, X_2, \cdots, X_n)$,其联合分布函数为 $F(x_1, x_2, \cdots, x_n)$.

在应用中,常见的 n 维随机变量也有两种类型:离散型和连续型.

若随机向量 $\boldsymbol{X} = (X_1, X_2, \cdots, X_n)$ 的每个分量 $X_i, i = 1, 2, \cdots, n$,都是离散型随机变量,则称 $\boldsymbol{X}$ 是离散型随机向量.

对于离散型随机向量 $\boldsymbol{X} = (X_1, X_2, \cdots, X_n)$,其联合分布列为

$$p_{x_1, x_2, \cdots, x_n} = P(X_1 = x_1, X_2 = x_2, \cdots, X_n = x_n),$$

其中 $x_i \in I_i, i = 1, 2, \cdots, n, I_i$ 是离散集. X 的联合分布函数

$$F(y_1, y_2, \cdots, y_n) = \sum_{\substack{x_i \leqslant y_i \\ i=1, \cdots, n}} p_{x_1, x_2, \cdots, x_n}, \quad (y_1, y_2, \cdots, y_n) \in \mathbf{R}^n.$$

若存在定义在 $\mathbf{R}^n$ 上的非负函数 $f(x_1, x_2, \cdots, x_n)$,对于任意 $(y_1, y_2, \cdots, y_n) \in \mathbf{R}^n$,随机向量 $\boldsymbol{X} = (X_1, X_2, \cdots, X_n)$ 的联合分布函数

$$F(y_1, y_2, \cdots, y_n) = \int_{-\infty}^{y_1} \int_{-\infty}^{y_2} \cdots \int_{-\infty}^{y_n} f(x_1, x_2, \cdots, x_n) \mathrm{d}x_1 \mathrm{d}x_2 \cdots \mathrm{d}x_n,$$

则称 $\boldsymbol{X}$ 是连续型随机向量, $f(x_1, x_2, \cdots, x_n)$ 为 $\boldsymbol{X}$ 的联合概率密度.

定义 1.6　设 $\{X_t, t \in T\}$ 是一族随机变量,若对于任意 $n \geqslant 2$ 和 $t_1, t_2, \cdots, t_n \in T$, $x_1, x_2, \cdots, x_n \in \mathbf{R}$,有

$$P(X_{t_1} \leqslant x_1, X_{t_2} \leqslant x_2, \cdots, X_{t_n} \leqslant x_n) = \prod_{i=1}^{n} P(X_{t_i} \leqslant x_i), \tag{1.1}$$

则称 $\{X_t, t \in T\}$ 是**独立**随机变量族.

如果 $\{X_t, t \in T\}$ 是一族独立的离散型随机变量,(1.1) 式等价于

$$P(X_{t_1} = x_1, X_{t_2} = x_2, \cdots, X_{t_n} = x_n) = \prod_{i=1}^{n} P(X_{t_i} = x_i),$$

其中 x_i 是 X_{t_i} 的任意可能值, $i = 1, 2, \cdots, n$.

如果 $\{X_t, t \in T\}$ 是一族独立的连续型随机变量,(1.1) 式等价于

$$f_{t_1, t_2, \cdots, t_n}(x_1, x_2, \cdots, x_n) = \prod_{i=1}^{n} f_{t_i}(x_i),$$

其中 $f_{t_1,t_2,\cdots,t_n}(x_1,x_2,\cdots,x_n)$ 是随机向量 $(X_{t_1},X_{t_2},\cdots,X_{t_n})$ 的联合概率密度, $f_{t_i}(x_i)$ 是随机变量 X_{t_i} 的概率密度, $i=1,2,\cdots,n$.

独立性是概率中的重要概念. 在实际问题中, 独立性的判断通常是根据经验或具体情况来决定的.

1.3　随机变量的数字特征

随机变量的概率分布完全由其分布函数描述, 但是如何确定分布函数却是相当麻烦的. 在实际问题中, 我们有时只需要知道随机变量的某些特征值就够了.

定义 1.7　设随机变量 X 的分布函数为 $F(x)$, 若 $\int_{-\infty}^{\infty}|x|\,\mathrm{d}F(x)<\infty$, 则称

$$EX=\int_{-\infty}^{\infty}x\mathrm{d}F(x)$$

为 X 的**数学期望**或**均值**. 上式右边的积分称为 Lebesgue-Stieltjes 积分.

若 X 是离散型随机变量, 分布列为

$$p_k=P(X=x_k),\quad k=1,2,\cdots,$$

则

$$EX=\sum_{k=1}^{\infty}x_kp_k.$$

若 X 是连续型随机变量, 概率密度为 $f(x)$, 则

$$EX=\int_{-\infty}^{\infty}xf(x)\mathrm{d}x.$$

随机变量的数学期望是随机变量的取值依概率的平均.

定义 1.8　设 X 是随机变量, 若 $EX^2<\infty$, 则称 $DX=E\big[(X-EX)^2\big]$ 为 X 的**方差**.

随机变量的方差反映随机变量取值偏离均值的程度.

定义 1.9　设 X,Y 是随机变量, $EX^2<\infty$, $EY^2<\infty$, 则称

$$B_{XY}=E\big[(X-EX)(Y-EY)\big]$$

为 X、Y 的**协方差**, 称

$$\rho_{XY}=\frac{B_{XY}}{\sqrt{DX}\sqrt{DY}}$$

为 X、Y 的**相关系数**.

若 $\rho_{XY}=0$, 则称 X,Y **不相关**. 相关系数 ρ_{XY} 表示 X,Y 之间的线性相关程度的大小.

随机变量的数学期望和方差具有如下性质:

(1) 若 n 维随机变量 $(X_1,X_2,\cdots,X_n)$ 的联合分布函数为 $F(x_1,x_2,\cdots,x_n)$, $g(x_1,x_2,\cdots,x_n)$ 是 n 维连续函数, 则

$$E\big[g(X_1,X_2,\cdots,X_n)\big]=\int_{-\infty}^{\infty}\int_{-\infty}^{\infty}\cdots\int_{-\infty}^{\infty}g(x_1,x_2,\cdots,x_n)\mathrm{d}F(x_1,x_2,\cdots,x_n);$$

（2）$E(aX+bY)=aEX+bEY$,其中 a,b 是常数；

（3）若 X、Y 独立,则 $E[XY]=EXEY$；

（4）若 X、Y 独立,则 $D(aX+bY)=a^2DX+b^2DY$,其中 a,b 是常数；

（5）（Schwarz 不等式）　若 $EX^2<\infty$,$EY^2<\infty$,则
$$(EXY)^2\leqslant EX^2EY^2;$$

（6）（单调收敛定理）　若 $0\leqslant X_n\uparrow X$,则
$$\lim_{n\to\infty}EX_n=EX;$$

（7）（Fatou 引理）　若 $X_n\geqslant0$,则
$$E\left[\varliminf_{n\to\infty}X_n\right]\leqslant\varliminf_{n\to\infty}E[X_n]\leqslant\varlimsup_{n\to\infty}EX_n.$$

有关的证明可参考文献[5].

1.4　特征函数、母函数

特征函数是研究随机变量分布的一个重要工具.由于分布和特征函数之间存在一一对应关系,因此在得知随机变量的特征函数之后,就可以知道它的分布.用特征函数求随机变量的分布律比直接求随机变量的分布容易得多,而且特征函数具有良好的分析性质.为此,我们首先介绍特征函数.

定义 1.10　设随机变量的分布函数为 $F(x)$,称
$$g(t)=E[\mathrm{e}^{itX}]=\int_{-\infty}^{\infty}\mathrm{e}^{itx}\,\mathrm{d}F(x),\quad-\infty<t<\infty$$
为 X 的**特征函数**.

特征函数 $g(t)$ 是实变量 t 的复值函数,由于 $|\mathrm{e}^{itx}|=1$,故随机变量的特征函数必然存在.

若 X 是离散型随机变量,分布列
$$p_k=P(X=x_k),\quad k=1,2,\cdots,$$
则
$$g(t)=\sum_{k=1}^{\infty}\mathrm{e}^{itx_k}p_k.$$
若 X 是连续型随机变量,概率密度为 $f(x)$,则
$$g(t)=\int_{-\infty}^{\infty}\mathrm{e}^{itx}f(x)\,\mathrm{d}x.$$

随机变量的特征函数具有下列性质：

（1）$g(0)=1$,$|g(t)|\leqslant1$,$g(-t)=\overline{g(t)}$；

（2）$g(t)$ 在 $(-\infty,\infty)$ 上一致连续；

（3）若随机变量 X 的 n 阶矩 EX^n 存在,则 X 的特征函数 $g(t)$ 可微分 n 次,且当 $k\leqslant n$ 时,有 $g^{(k)}(0)=\mathrm{i}^kEX^k$；

（4）$g(t)$ 是非负定函数,即对任意正整数 n 及任意实数 $t_1,t_2,\cdots,t_n$ 和复数

$z_1, z_2, \cdots, z_n$, 有

$$\sum_{k,l=1}^{n} g(t_k - t_l) z_k \bar{z}_l \geqslant 0;$$

(5) 若 $X_1, X_2, \cdots, X_n$ 是相互独立的随机变量, 则 $X = X_1 + X_2 + \cdots + X_n$ 的特征函数

$$g(t) = g_1(t) g_2(t) \cdots g_n(t),$$

其中 $g_i(t)$ 是随机变量 X_i 的特征函数, $i = 1, 2, \cdots, n$;

(6) 随机变量的分布函数由其特征函数唯一确定.

我们只对(4)、(5)进行证明.

$$\sum_{k,l=1}^{n} g(t_k - t_l) z_k \bar{z}_l = \sum_{k=1}^{n} \sum_{l=1}^{n} E[e^{i(t_k - t_l)X}] z_k \bar{z}_l = E\Big[\sum_{k=1}^{n} \sum_{l=1}^{n} e^{it_k X} z_k \overline{e^{it_l X} z_l} \Big]$$

$$= E\Big[\Big| \sum_{k=1}^{n} e^{it_k X} z_k \Big|^2 \Big] \geqslant 0,$$

所以 $g(t)$ 是非负定函数.

因为 $X_1, X_2, \cdots, X_n$ 相互独立, 所以 $e^{itX_1}, e^{itX_2}, \cdots, e^{itX_n}$ 也相互独立, 故

$$g(t) = E e^{itX} = E e^{it(X_1 + X_2 + \cdots + X_n)} = E[e^{itX_1} e^{itX_2} \cdots e^{itX_n}]$$

$$= E e^{itX_1} E e^{itX_2} \cdots E e^{itX_n} = g_1(t) g_2(t) \cdots g_n(t).$$

对于 n 维随机变量也可以定义特征函数.

定义 1.11　设 $\boldsymbol{X} = (X_1, X_2, \cdots, X_n)$ 是 n 维随机变量, $\boldsymbol{t} = (t_1, t_2, \cdots, t_n) \in \mathbf{R}^n$, 则称

$$g(\boldsymbol{t}) = g(t_1, t_2, \cdots, t_n) = E e^{it\boldsymbol{X}} = E\Big[\exp\Big\{ i \sum_{k=1}^{n} t_k X_k \Big\} \Big]$$

为 $\boldsymbol{X}$ 的特征函数.

n 维随机变量的特征函数具有类似于一维随机变量的特征函数的性质.

例 1.1　设 X 服从 $B(n, p)$, 求 X 的特征函数 $g(t)$ 及 EX、EX^2、DX.

解　X 的分布列为

$$P(X = k) = C_n^k p^k q^{n-k}, \quad q = 1 - p, \quad k = 0, 1, \cdots, n,$$

$$g(t) = \sum_{k=0}^{n} e^{itk} C_n^k p^k q^{n-k} = \sum_{k=0}^{n} C_n^k (p e^{it})^k q^{n-k} = (p e^{it} + q)^n.$$

由性质知

$$EX = -i g'(0) = -i \frac{d}{dt} (p e^{it} + q)^n \Big|_{t=0} = np,$$

$$EX^2 = (-i)^2 g''(0) = (-i)^2 \frac{d^2}{dt^2} (p e^{it} + q)^n \Big|_{t=0} = npq + n^2 p^2,$$

故

$$DX = EX^2 - (EX)^2 = npq.$$

例 1.2　设 $X \sim N(0, 1)$, 求 X 的特征函数 $g(t)$.

解
$$g(t) = \frac{1}{\sqrt{2\pi}} \int_{-\infty}^{\infty} e^{itx - \frac{x^2}{2}} dx. \tag{1.2}$$

由于 $|ixe^{itx-\frac{x^2}{2}}| = |x| e^{-\frac{x^2}{2}}$,且 $\frac{1}{\sqrt{2\pi}} \int_{-\infty}^{\infty} |x| e^{-\frac{x^2}{2}} dx < \infty$,故可对(1.2)式右端在积分号下求导,得

$$g'(t) = \frac{1}{\sqrt{2\pi}} \int_{-\infty}^{\infty} ixe^{itx-\frac{x^2}{2}} dx = \frac{i}{\sqrt{2\pi}} \int_{-\infty}^{\infty} e^{itx} (-de^{-\frac{x^2}{2}})$$

$$= -\frac{i}{\sqrt{2\pi}} e^{itx-\frac{x^2}{2}} \Big|_{-\infty}^{\infty} - \frac{t}{\sqrt{2\pi}} \int_{-\infty}^{\infty} e^{itx-\frac{x^2}{2}} dx = -tg(t),$$

于是得微分方程

$$g'(t) + tg(t) = 0.$$

这是可分离变量方程,有

$$\frac{dg(t)}{g(t)} = -tdt.$$

两边积分得
$$\ln g(t) = -\frac{1}{2}t^2 + C,$$

故得方程的通解为

$$g(t) = e^{-\frac{1}{2}t^2 + C}.$$

由于 $g(0) = 1$,所以 $C = 0$,于是 X 的特征函数为

$$g(t) = e^{-\frac{t^2}{2}}.$$

例 1.3　设随机变量 X 的特征函数为 $g_X(t)$,$Y = aX + b$,其中 a, b 为任意实数,证明 Y 的特征函数 $g_Y(t)$ 为

$$g_Y(t) = e^{itb} g_X(at).$$

证　$g_Y(t) = E[e^{it(aX+b)}] = E[e^{i(at)X} e^{itb}] = e^{itb} E[e^{i(at)X}] = e^{itb} g_X(at).$

例 1.4　设随机变量 $Y \sim N(a, \sigma^2)$,求 Y 的特征函数 $g_Y(t)$.

解　设 $X \sim N(0,1)$,则由例 1.2 知 X 的特征函数 $g_X(t) = e^{-\frac{t^2}{2}}$,令
$$Y = \sigma X + a,$$

则 $Y \sim N(a, \sigma^2)$.由例 1.3 知,Y 的特征函数

$$g_Y(t) = e^{iat} g_X(\sigma t) = e^{iat} e^{-\frac{\sigma^2 t^2}{2}} = e^{iat - \frac{\sigma^2 t^2}{2}}.$$

常见随机变量的数学期望、方差和特征函数见表 1-1.

研究取非负整数值随机变量时,母函数是非常方便的工具.

定义 1.12　设 X 是非负整数值随机变量,分布列

$$p_k = P(X = k), \quad k = 0, 1, \cdots,$$

则称
$$P(s) \triangleq E[s^X] = \sum_{k=0}^{\infty} p_k s^k$$

为 X 的**母函数**.

母函数具有以下性质：

(1) 非负整数值随机变量的分布列由其母函数唯一确定；

(2) 设 $P(s)$ 是 X 的母函数，若 EX 存在，则

$$EX = P'(1), \tag{1.3}$$

若 DX 存在，则

$$DX = P''(1) + P'(1) - [P'(1)]^2; \tag{1.4}$$

(3) 独立随机变量之和的母函数等于母函数之积；

(4) 若 $X_1, X_2, \cdots$ 是相互独立且同分布的非负整数值随机变量，N 是与 $X_1, X_2, \cdots$ 独立的非负整数值随机变量，则 $Y = \sum\limits_{k=1}^{N} X_k$ 的母函数

$$H(s) = G(P(s)), \tag{1.5}$$

其中 $G(s)$、$P(s)$ 分别是 N、X_1 的母函数.

证 (1) $\quad P(s) = \sum\limits_{k=0}^{\infty} p_k s^k = \sum\limits_{k=0}^{n} p_k s^k + \sum\limits_{k=n+1}^{\infty} p_k s^k,$

上式两边对 s 求 n 阶导数，得

$$P^{(n)}(s) = n! p_n + \sum\limits_{k=n+1}^{\infty} k(k-1)\cdots(k-n+1) p_k s^{k-n}, n = 0, 1, \cdots.$$

令 $s = 0$，则 $P^{(n)}(0) = n! p_n$，故

$$p_n = P^{(n)}(0)/n!, \quad n = 0, 1, \cdots.$$

(2) 由于 $P(s) = \sum\limits_{k=0}^{\infty} p_k s^k$，所以 $P'(s) = \sum\limits_{k=1}^{\infty} k p_k s^{k-1}$，令 $s \uparrow 1$，得

$$EX = \sum\limits_{k=1}^{\infty} k p_k = P'(1).$$

同理可证 (1.4) 式.

(3) 显然.

(4) $H(s) = \sum\limits_{k=0}^{\infty} P(Y = k) s^k = \sum\limits_{k=0}^{\infty} P\left(Y = k, \bigcup\limits_{l=0}^{\infty} (N = l)\right) s^k$

$\qquad = \sum\limits_{k=0}^{\infty} \sum\limits_{l=0}^{\infty} P(N = l) P(Y = k) s^k$

$\qquad = \sum\limits_{l=0}^{\infty} P(N = l) \sum\limits_{k=0}^{\infty} P\left(\sum\limits_{j=1}^{l} X_j = k\right) s^k = \sum\limits_{l=0}^{\infty} P(N = l) [P(s)]^l$

$\qquad = G[P(s)].$

由 (1.3) 式、(1.5) 式可得

$$EY = EN EX_1. \tag{1.6}$$

例 1.5 某彩票销售点一天接待的顾客数 N 服从参数 $\lambda_1 = 100$（人）的泊松分布，假设每位顾客购买彩票的张数 X 服从参数 $\lambda_2 = 20$（张）的泊松分布. 每张彩票售价 2 元. 求该彩票销售点一天的平均营业额 Z.

解　由条件知 $EN=100, EX_1=20$，由(1.6)式知

$$EZ=2EN \cdot EX_1 = 2 \times 100 \times 20 = 4000(\text{元}).$$

1.5　n 维正态分布

正态分布在概率论中扮演极为重要的角色.一方面,由中心极限定理知实际中许多随机变量服从或近似地服从正态分布.另一方面,正态分布具有良好的分析性质.下面我们讨论 n 维正态分布.

定义 1.13　若 n 维随机变量 $\boldsymbol{X}=(X_1, X_2, \cdots, X_n)$ 的联合概率密度为

$$f(\boldsymbol{x}) = f(x_1, x_2, \cdots, x_n)$$

$$= \frac{1}{(2\pi)^{n/2} \mid \boldsymbol{B} \mid^{1/2}} \exp\left\{ -\frac{1}{2}(\boldsymbol{x}-\boldsymbol{a})\boldsymbol{B}^{-1}(\boldsymbol{x}-\boldsymbol{a})^{\mathrm{T}} \right\},$$

式中, $\boldsymbol{a}=(a_1, a_2, \cdots, a_n)$ 是常向量, $\boldsymbol{B}=(b_{ij})_{n \times n}$ 是正定矩阵,则称 $\boldsymbol{X}$ 为 n 维正态随机变量或服从 n 维正态分布,记作 $\boldsymbol{X} \sim N(\boldsymbol{a}, \boldsymbol{B})$.

可以证明,若 $\boldsymbol{X} \sim N(\boldsymbol{a}, \boldsymbol{B})$,则 $\boldsymbol{X}$ 的特征函数

$$g(\boldsymbol{t}) = g(t_1, t_2, \cdots, t_n) = \mathrm{e}^{\mathrm{i}\boldsymbol{a}\boldsymbol{t}' - \frac{1}{2}\boldsymbol{t}\boldsymbol{B}\boldsymbol{t}'}.$$

为了应用的方便,下面我们不加证明地给出常用的几个结论.

性质 1　若 $\boldsymbol{X} \sim N(\boldsymbol{a}, \boldsymbol{B})$,则 $EX_k = a_k, B_{X_k X_l} = b_{kl}, k, l = 1, 2, \cdots, n$.

性质 2　设 $\boldsymbol{X} \sim N(\boldsymbol{a}, \boldsymbol{B}), \boldsymbol{Y} = \boldsymbol{XA}$,若 $\boldsymbol{A}'\boldsymbol{BA}$ 正定,则 $\boldsymbol{Y} \sim N(\boldsymbol{aA}, \boldsymbol{A}'\boldsymbol{BA})$. 即正态随机变量的线性变换仍为正态随机变量.

性质 3　设 $\boldsymbol{X}=(X_1, X_2, X_3, X_4)$ 是四维正态随机变量, $EX_k=0, k=1, 2, 3, 4$,则

$$E[X_1 X_2 X_3 X_4] = E[X_1 X_2]E[X_3 X_4] + E[X_1 X_3]E[X_2 X_4] + E[X_1 X_4]E[X_2 X_3].$$

1.6　条 件 期 望

设 X、Y 是离散型随机变量,对给定的 y,若 $P\{Y=y\}>0$,则称

$$P\{X=x \mid Y=y\} = \frac{P\{X=x, Y=y\}}{P\{Y=y\}}$$

为给定 $Y=y$ 时 X 的条件概率.

给定 $Y=y$ 时, X 的条件分布函数为

$$F(x \mid y) = P\{X \leqslant x \mid Y=y\}, x \in \mathbf{R}.$$

而给定 $Y=y$ 时, X 的条件期望为

$$E[X \mid Y=y] = \int x \mathrm{d}F(x \mid y) = \sum_x x P\{X=x \mid Y=y\}.$$

若 X、Y 是连续型随机变量,其联合概率密度为 $f(x, y)$,则对一切使 $f_Y(y)>0$ 的 y,给定 $Y=y$ 时, X 的条件概率密度定义为

$$f(x \mid y) = \frac{f(x,y)}{f_Y(y)}.$$

给定 $Y=y$ 时, X 的条件分布函数为

$$F(x \mid y) = P\{X \leqslant x \mid Y = y\} = \int_{-\infty}^{x} f(u \mid y) \mathrm{d}u,$$

而给定 $Y=y$ 时, X 的条件期望定义为

$$E[X \mid Y = y] = \int x \mathrm{d}F(x \mid y) = \int x f(x \mid y) \mathrm{d}x.$$

由此可见,除了概率是关于事件 $\{Y=y\}$ 的条件概率以外,现在的定义与无条件的情况完全一样.

$E[X|Y=y]$ 是 y 的函数, y 是 Y 的一个可能值. 若在已知 Y 的条件下,全面地考虑 X 的均值,需要以 Y 代替 y, 则 $E(X|Y)$ 是随机变量 Y 的函数,也是随机变量,称为 X 在 Y 下的**条件期望**.

条件期望在概率论、数理统计和随机过程中是一个十分重要的概念,下面我们介绍一个极其有用的性质.

性质 若随机变量 X 与 Y 的期望存在,则

$$EX = E[E(X \mid Y)] = \int E[X \mid Y = y] \mathrm{d}F_Y(y). \tag{1.7}$$

如果 Y 是离散型随机变量,则(1.7)式为

$$EX = \sum_y E[X \mid Y = y] P\{Y = y\}.$$

如果 Y 是连续型随机变量,具有概率密度 $f(y)$, 则(1.7)式为

$$EX = \int_{-\infty}^{\infty} E[X \mid Y = y] f(y) \mathrm{d}y.$$

证明 我们仅对 X 与 Y 都是离散型随机变量证明(1.7)式.

$$\sum_y E[X \mid Y = y] P\{Y = y\} = \sum_y \sum_x x P\{X = x \mid Y = y\} P\{Y = y\}$$

$$= \sum_y \sum_x x P\{X = x, Y = y\}$$

$$= \sum_x x \sum_y P\{X = x, Y = y\}$$

$$= \sum_x x P\{X = x\} = EX. \quad 证毕.$$

从(1.7)式我们看到, EX 是给定 $Y=y$ 时, X 的条件期望的一个加权平均值,每一项 $E(X \mid Y = y)$ 所加的权是作为条件的事件的概率.

先对一个适当的随机变量取条件,不仅使我们能求得期望,也可以用这种方法计算事件的概率. 设 A 为一个任意事件, A 的示性函数

$$I_A(e) = \begin{cases} 1, & e \in A, \\ 0, & e \notin A \end{cases}$$

是一个二值随机变量. 显然

$$E[I_A(e)] = P(A),$$
$$E[I_A(e) \mid Y = y] = P\{A \mid Y = y\},$$

对任意的随机变量 Y, 由(1.7)式有

$$P(A) = \int P\{A \mid Y = y\} dF_Y(y).$$

例 1.6　设 X 与 Y 是相互独立的随机变量, 其分布函数分别为 $F_X(x)$ 和 $F_Y(y)$, 记 $(X+Y)$ 的分布函数为 $F_X * F_Y$, 则

$$F_X * F_Y(a) = P\{X+Y \leqslant a\} = \int_{-\infty}^{\infty} P\{X+Y \leqslant a \mid Y = y\} dF_Y(y)$$

$$= \int_{-\infty}^{\infty} P\{X+y \leqslant a\} dF_Y(y) = \int_{-\infty}^{\infty} F_X(a-y) dF_Y(y).$$

例 1.7(选票问题)　在一次选举中, 候选人 A 得到 n 张选票, 而候选人 B 得到 m 张选票, 其中 $n > m$, 假定选票的一切排列次序是等可能的, 证明: 在计票过程中, A 的票数始终领先的概率为 $(n-m)/(n+m)$.

证　记所求概率为 $P_{n,m}$. 以得到最后那张选票的候选人为条件, 有

$$P_{n,m} = P\{A \text{ 始终领先} \mid A \text{ 得到最后一票}\} P\{A \text{ 得到最后一票}\}$$

$$+ P\{A \text{ 始终领先} \mid B \text{ 得到最后一票}\} P\{B \text{ 得到最后一票}\}$$

$$= P\{A \text{ 始终领先} \mid A \text{ 得到最后一票}\} \frac{n}{n+m}$$

$$+ P\{A \text{ 始终领先} \mid B \text{ 得到最后一票}\} \frac{m}{n+m}.$$

注意到, 在 A 得到最后一票的条件下, A 始终领先的概率与 A 得到 $n-1$ 票而 B 得到 m 张票的概率是一样的. 在 B 得到最后一票的条件下, 可得类似的结果. 于是

$$P_{n,m} = \frac{n}{n+m} P_{n-1,m} + \frac{m}{n+m} P_{n,m-1}. \tag{1.8}$$

下面, 用归纳法对 $n+m$ 进行归纳, 证明

$$P_{n,m} = \frac{n-m}{n+m}. \tag{1.9}$$

当 $n+m = 1$ 时, $P_{1,0} = 1$, 结论为真. 假设 $n+m = k$ 时(1.9)式成立, 则当 $n+m = k+1$ 时, 由(1.8)式及归纳假设有

$$P_{n,m} = \frac{n}{n+m} \frac{n-1-m}{n-1+m} + \frac{m}{n+m} \frac{n-m+1}{n+m-1} = \frac{n-m}{n+m}.$$

证毕.

例 1.8(匹配问题)　设有 n 个人, 把他们的帽子混在一起后, 每人随机地选一顶, 求恰好有 k 个人选到自己帽子的概率.

解　记 E 为全不匹配这一事件, M 为第一个人选到自己的帽子这一事件, $\overline{M}$ 为第一个人没有选到自己的帽子这一事件, 令

$$P_n = P(E).$$

则 P_n 与 n 有关. 取条件我们得到

$$P_n = P(E) = P\{E \mid M\}P(M) + P\{E \mid \overline{M}\}P(\overline{M}).$$

由于 $P\{E \mid M\} = 0$, 从而

$$P_n = P\{E \mid \overline{M}\} \frac{n-1}{n}. \tag{1.10}$$

现在 $P\{E|\overline{M}\}$ 是 $n-1$ 个人从 $n-1$ 顶帽子中各取一顶都不匹配的概率, 其中有一个人的帽子不在这 $n-1$ 顶帽子中. 此事件由两个互不相容的事件组成. 一个事件是都不匹配且多余的那个人 (即其帽子已给第一个人取走的那个人) 未能选中多余的帽子 (即第一个选取人的帽子), 另一个事件是都不匹配但多余的人选取到了多余的帽子. 前一个事件的概率是 P_{n-1}, 因为可以将多余的帽子看作为多余的人的. 由于第二个事件的概率是 $\frac{1}{n-1}P_{n-2}$, 所以有

$$P\{E \mid \overline{M}\} = P_{n-1} + \frac{1}{n-1}P_{n-2},$$

于是, 从 (1.10) 式得

$$P_n = \frac{n-1}{n}P_{n-1} + \frac{1}{n}P_{n-2},$$

或等价地

$$P_n - P_{n-1} = -\frac{1}{n}(P_{n-1} - P_{n-2}). \tag{1.11}$$

由于 $P_1 = 0, P_2 = \frac{1}{2}$, 于是由 (1.11) 式得

$$P_3 - P_2 = -\frac{P_2 - P_1}{3} = -\frac{1}{3!},$$

所以

$$P_3 = \frac{1}{2!} - \frac{1}{3!}.$$

一般地, 我们有

$$P_n = \frac{1}{2!} - \frac{1}{3!} + \frac{1}{4!} - \cdots + \frac{(-1)^n}{n!}.$$

对于固定的 k 个人, 只有他们选中自己的帽子的概率为

$$\frac{1}{n} \cdot \frac{1}{n-1} \cdot \cdots \cdot \frac{1}{n-(k-1)} P_{n-k} = \frac{(n-k)!}{n!} P_{n-k},$$

其中 P_{n-k} 是其余 $n-k$ 个人从他们自己的那些帽子中选取但全不匹配的概率. 因 k 个人的选择法有 C_n^k 种, 所以恰有 k 个匹配的概率是

$$C_n^k \frac{(n-k)!}{n!} P_{n-k} = \frac{1}{k!}\left[\frac{1}{2!} - \frac{1}{3!} + \cdots + \frac{(-1)^{n-k}}{(n-k)!}\right].$$

当 n 充分大时上式近似地等于 $e^{-1}/k!$.

第 2 章 随机过程的概念与基本类型

2.1 随机过程的基本概念

初等概率论研究的主要对象是一个或有限个随机变量(或随机向量),虽然有时我们也讨论了随机变量序列,但假定序列之间是相互独立的.随着科学技术的发展,我们必须对一些随机现象的变化过程进行研究,这就必须考虑无穷个随机变量;而且解决问题的出发点不是随机变量的 N 个独立样本,而是无穷多个随机变量的一次具体观测.这时,我们必须用一族随机变量才能刻画这种随机现象的全部统计规律性.通常我们称随机变量族为随机过程.

例 2.1(生物群体的增长问题)   在描述群体的发展或演变过程中,以 X_t 表示在时刻 t 群体的个数,则对每一个 t, X_t 是一个随机变量.假设我们从 $t=0$ 开始每隔 24 小时对群体的个数观测一次,则 $\{X_t, t=0,1,\cdots\}$ 是随机过程.

例 2.2   某电话交换台在时间段 $[0,t]$ 内接到的呼唤次数是与 t 有关的随机变量 $X(t)$,对于固定的 t, $X(t)$ 是一个取非负整数的随机变量.而 $\{X(t), t \in [0,\infty)\}$ 是随机过程.

例 2.3   在天气预报中,若以 X_t 表示某地区第 t 次统计所得到的该天最高气温,则 X_t 是随机变量.为了预报该地区未来的气温,我们必须研究随机过程 $\{X_t, t=0, 1,\cdots\}$ 的统计规律性.

例 2.4   在海浪分析中,需要观测某固定点处海平面的垂直振动.设 $X(t)$ 表示在时刻 t 该处的海平面相对于平均海平面的高度,则 $X(t)$ 是随机变量,而 $\{X(t), t \in [0,\infty)\}$ 是随机过程.

以上例子说明,必须扩大概率论的研究范围,讨论随机过程的有关性质.为此,我们给出随机过程的一般定义.

定义 2.1   设 $(\Omega, \mathscr{F}, P)$ 是概率空间, T 是给定的参数集,若对每个 $t \in T$,有一个随机变量 $X(t,e)$ 与之对应,则称随机变量族 $\{X(t,e), t \in T\}$ 是 $(\Omega, \mathscr{F}, P)$ 上的**随机过程**,简记为随机过程 $\{X(t), t \in T\}$. T 称为参数集,通常表示时间.

通常将随机过程 $\{X(t), t \in T\}$ 解释为一个物理系统. $X(t)$ 表示系统在时刻 t 所处的状态. $X(t)$ 的所有可能状态所构成的集合称为状态空间或相空间,记为 I.

值得注意的是参数 t 可以指通常的时间,也可以指别的;当 t 是向量时,则称此随机过程为随机场.为了简单起见,我们以后总是假设 $T \subset \mathbf{R} = (-\infty, \infty)$.

从数学的观点来说,随机过程$\{X(t,e), t \in T\}$是定义在 $T \times \Omega$ 上的二元函数.对固定的 t,$X(t,e)$ 是 $(\Omega, \mathscr{F}, P)$ 上的随机变量;对固定的 e,$X(t,e)$ 是定义在 T 上的普通函数,称为随机过程$\{X(t,e), t \in T\}$的一个**样本函数**或**轨道**,样本函数的全体称为样本函数空间.

根据参数 T 及状态空间 I 是可列集或非可列集,可以把随机过程分为以下四种类型:

① T 和 I 都是可列的;

② T 非可列,I 可列;

③ T 可列,I 非可列;

④ T 和 I 都非可列.

参数集 T 可列(即 ①、③ 情形)的随机过程也称为随机序列或时间序列,一般用 $\{X_t, t = 0, \pm 1, \pm 2, \cdots\}$ 表示.状态空间 I 可列(即 ①、② 情形)的随机过程也称为可列过程.显然例 2.1 至例 2.4 分别对应于上述 ① $\sim$ ④ 的情况.

随机过程的分类,除上述按参数集 T 与状态空间 I 是否可列外,还可以进一步根据 X_t 之间的概率关系进行分类,如独立增量过程、马尔可夫过程、平稳过程和鞅过程等.

2.2　随机过程的分布律和数字特征

研究随机现象,主要是研究它的统计规律性.我们知道,有限个随机变量的统计规律性完全由它们的联合分布函数所刻划.由于随机过程可视为一族(一般是无穷多个)随机变量,我们是否也可以用一个无穷维联合分布函数来刻划其统计规律性呢?由概率论的理论可知,使用无穷维分布函数的方法是行不通的,可行的办法就是采用有限维分布函数族来刻划随机过程的统计规律性.

定义 2.2　设$\{X(t), t \in T\}$是随机过程,对任意 $n \geqslant 1$ 和 $t_1, t_2, \cdots, t_n \in T$,随机向量$(X(t_1), X(t_2), \cdots, X(t_n))$的联合分布函数为

$$F_{t_1, t_2, \cdots, t_n}(x_1, x_2, \cdots, x_n) = P\{X(t_1) \leqslant x_1, X(t_2) \leqslant x_2, \cdots, X(t_n) \leqslant x_n\}. \quad (2.1)$$

这些分布函数的全体

$$\boldsymbol{F} = \{F_{t_1, t_2, \cdots, t_n}(x_1, x_2, \cdots, x_n) : t_1, t_2, \cdots, t_n \in T, n \geqslant 1\} \quad (2.2)$$

称为 $X_T = \{X_t, t \in T\}$ 的**有限维分布函数族**.

显然,随机过程$\{X(t), t \in T\}$的有限维分布函数族 $\boldsymbol{F}$ 具有如下性质:

(1) 对称性　对于$\{1, 2, \cdots, n\}$的任意排列$\{i_1, i_2, \cdots, i_n\}$,

$$F_{t_1, t_2, \cdots, t_n}(x_1, x_2, \cdots, x_n) = F_{t_{i_1}, t_{i_2}, \cdots, t_{i_n}}(x_{i_1}, x_{i_2}, \cdots, x_{i_n});$$

(2) 相容性　当 $m < n$ 时,

$$F_{t_1, t_2, \cdots, t_m}(x_1, x_2, \cdots, x_m) = F_{t_1, t_2, \cdots, t_m, \cdots, t_n}(x_1, x_2, \cdots, x_m, \infty, \cdots, \infty).$$

反之,对给定的满足对称性和相容性条件的分布函数族 F,是否一定存在一个以 F 作为有限维分布函数族的随机过程呢? 这就是随机过程的存在性定理要回答的问题.

定理 2.1(Kolmogorov(柯尔莫哥洛夫)存在定理) 设参数集 T 给定,若分布函数族 F 满足对称性和相容性条件,则必存在概率空间 $(\Omega,\mathscr{F},P)$ 及在其上定义的随机过程 $\{X(t),t\in T\}$,它的有限维分布函数族是 F.

柯尔莫哥洛夫存在定理是随机过程理论的基本定理,它是证明随机过程存在性的有力工具. 值得注意的是存在性定理中的概率空间 $(\Omega,\mathscr{F},P)$ 和 $\{X_t,t\in T\}$ 的构造并不唯一.

柯尔莫哥洛夫存在定理说明,随机过程的有限维分布函数族是随机过程概率特征的完整描述. 由于随机变量的分布函数和特征函数的一一对应关系,随机过程的概率特征也可以通过随机过程的**有限维特征函数族**

$$\boldsymbol{\Phi} = \{g_{t_1,t_2,\cdots,t_n}(\theta_1,\theta_2,\cdots,\theta_n):t_1,t_2,\cdots,t_n \in T, n \geqslant 1\}$$

来完整地描述,其中

$$g_{t_1,t_2,\cdots,t_n}(\theta_1,\theta_2,\cdots,\theta_n) = E\Big[\exp\Big\{i\sum_{k=1}^{n}\theta_k X(t_k)\Big\}\Big].$$

在实际中,要知道随机过程的全部有限维分布函数族是很难的,因此,人们往往用随机过程的某些统计特征来取代 F. 随机过程常用的统计特征定义如下.

定义 2.3 设 $X_T = \{X(t),t\in T\}$ 是随机过程,如果对任意 $t\in T$,$EX(t)$ 存在,则称函数

$$m_X(t) = EX(t), \quad t \in T$$

为 X_T 的**均值函数**.

若对任意 $t\in T$,$E(X(t))^2$ 存在,则称 X_T 为**二阶矩过程**,而称

$$B_X(s,t) = E[\{X(s) - m_X(s)\}\{X(t) - m_X(t)\}], \quad s,t \in T$$

为 X_T 的**协方差函数**.

$$D_X(t) = B_X(t,t) = E[X(t) - m_X(t)]^2, \quad t \in T$$

为 X_T 的**方差函数**.

$$R_X(s,t) = E[X(s)X(t)], \quad s,t \in T$$

为 X_T 的**相关函数**.

由许瓦兹不等式知,二阶矩过程的协方差函数和相关函数一定存在,且有下列关系:

$$B_X(s,t) = R_X(s,t) - m_X(s)m_X(t), \tag{2.3}$$

特别,当 X_T 的均值函数 $m_X(t)\equiv 0$ 时,

$$B_X(s,t) = R_X(s,t).$$

均值函数 $m_X(t)$ 是随机过程 $\{X(t),t\in T\}$ 在时刻 t 的平均值,方差函数 $D_X(t)$ 是随机过程在时刻 t 对均值 $m_X(t)$ 的偏离程度,而协方差函数 $B_X(s,t)$ 和相关函数 $R_X(s,t)$ 则反映随机过程 $\{X(t),t\in T\}$ 在时刻 s 和 t 时的线性相关程度.

例 2.5　设随机过程
$$X(t) = Y\cos(\theta t) + Z\sin(\theta t), \quad t > 0,$$
其中,Y、Z 是相互独立的随机变量,且 $EY = EZ = 0, DY = DZ = \sigma^2$,求 $\{X(t), t > 0\}$ 的均值函数 $m_X(t)$ 和协方差函数 $B_X(s, t)$.

解　由数学期望的性质,有
$$m_X(t) = EX(t) = E[Y\cos(\theta t) + Z\sin(\theta t)] = \cos(\theta t)EY + \sin(\theta t)EZ = 0.$$
因为 Y 与 Z 相互独立,故
$$\begin{aligned}
B_X(s, t) &= R_X(s, t) = E[X(s)X(t)] \\
&= E[Y\cos(\theta s) + Z\sin(\theta s)][Y\cos(\theta t) + Z\sin(\theta t)] \\
&= \cos(\theta s)\cos(\theta t)E(Y^2) + \sin(\theta s)\sin(\theta t)E(Z^2) \\
&= \sigma^2 \cos[(t - s)\theta].
\end{aligned}$$

例 2.6　设盒子中有 2 个红球,3 个白球,每次从盒子中取出一球后放回,定义随机过程
$$X(n) = \begin{cases} 2n, & \text{第 } n \text{ 次取出的是红球,} \\ n, & \text{第 } n \text{ 次取出的是白球,} \end{cases} \quad n = 1, 2, \cdots$$
求:(1) $X(n)$ 的一维分布函数族 $\{F(n; x): n \geqslant 1\}$;

(2) $X(n)$ 的二维联合分布 $F(1, 2; x_1, x_2)$.

解　(1)　$$F(n; x) = P\{X(n) \leqslant x\} = \begin{cases} 0, & x < n, \\ \dfrac{3}{5}, & n \leqslant x < 2n, \\ 1, & x \geqslant 2n. \end{cases}$$

(2) 由于不同时刻取球是相互独立的,故
$$F(1, 2; x_1, x_2) = P\{X(1) \leqslant x_1, X(2) \leqslant x_2\} = P\{X(1) \leqslant x_1\}P\{X(2) \leqslant x_2\}$$
$$= \begin{cases} 0, & x_1 < 1 \text{ 或 } x_2 < 2, \\ \dfrac{9}{25}, & 1 \leqslant x_1 < 2 \text{ 且 } 2 \leqslant x_2 < 4, \\ \dfrac{3}{5}, & 1 \leqslant x_1 < 2 \text{ 且 } x_2 \geqslant 4 \text{ 或 } x_1 \geqslant 2 \text{ 且 } 2 \leqslant x_2 < 4, \\ 1, & x_1 \geqslant 2 \text{ 且 } x_2 \geqslant 4. \end{cases}$$

在实际问题中,有时需要考虑两个随机过程之间的关系.例如,通信系统中信号与干扰之间的关系.此时,我们采用互协方差函数和互相关函数来描述它们之间的线性关系.

定义 2.4　设 $\{X(t), t \in T\}, \{Y(t), t \in T\}$ 是两个二阶矩过程,则称
$$B_{XY}(s, t) = E[(X(s) - m_X(s))(Y(t) - m_Y(t))], \quad s, t \in T$$
为 $\{X(t), t \in T\}$ 与 $\{Y(t), t \in T\}$ 的**互协方差函数**,称

$$R_{XY}(s,t) = E[X(s)Y(t)]$$

为 $\{X(t),t\in T\}$ 与 $\{Y(t),t\in T\}$ 的**互相关函数**.

如果对任意 $s,t\in T$,有 $B_{XY}(s,t)=0$,则称 $\{X(t),t\in T\}$ 与 $\{Y(t),t\in T\}$ 互不相关.

显然有

$$B_{XY}(s,t) = R_{XY}(s,t) - m_X(s)m_Y(t). \tag{2.4}$$

例 2.7　设有两个随机过程 $X(t)=g_1(t+\varepsilon)$ 和 $Y(t)=g_2(t+\varepsilon)$,其中 $g_1(t)$ 和 $g_2(t)$ 都是周期为 L 的周期方波,ε 是在 $(0,L)$ 上服从均匀分布的随机变量.求互相关函数 $R_{XY}(t,t+\tau)$ 的表达式.

解　由定义知

$$
\begin{aligned}
R_{XY}(t,t+\tau) &= E[X(t)Y(t+\tau)] = E[g_1(t+\varepsilon)g_2(t+\tau+\varepsilon)] \\
&= \int_{-\infty}^{\infty} g_1(t+x)g_2(t+\tau+x)f_\varepsilon(x)\mathrm{d}x \\
&= \frac{1}{L}\int_0^L g_1(t+x)g_2(t+\tau+x)\mathrm{d}x.
\end{aligned}
$$

令 $v=t+x$,利用 $g_1(t)$ 和 $g_2(t)$ 的周期性,有

$$
\begin{aligned}
R_{XY}(t,t+\tau) &= \frac{1}{L}\int_t^{t+L} g_1(v)g_2(v+\tau)\mathrm{d}v \\
&= \frac{1}{L}\left[\int_t^L g_1(v)g_2(v+\tau)\mathrm{d}v + \int_L^{t+L} g_1(v-L)g_2(v-L+\tau)\mathrm{d}(v-L)\right] \\
&= \frac{1}{L}\left[\int_t^L g_1(v)g_2(v+\tau)\mathrm{d}v + \int_0^t g_1(u)g_2(u+\tau)\mathrm{d}u\right] \\
&= \frac{1}{L}\int_0^L g_1(v)g_2(v+\tau)\mathrm{d}v.
\end{aligned}
$$

例 2.8　设 $X(t)$ 为信号过程,$Y(t)$ 为噪声过程.令 $W(t)=X(t)+Y(t)$,则 $W(t)$ 的均值函数为

$$m_W(t) = m_X(t) + m_Y(t),$$

其相关函数为

$$
\begin{aligned}
R_W(s,t) &= E[(X(s)+Y(s))(X(t)+Y(t))] \\
&= E[X(s)X(t)] + E[X(s)Y(t)] + E[Y(s)X(t)] + E[Y(s)Y(t)] \\
&= R_X(s,t) + R_{XY}(s,t) + R_{YX}(s,t) + R_Y(s,t).
\end{aligned}
$$

上式表明两个随机过程之和的相关函数可以表示为各个随机过程的相关函数与它们的互相关函数之和.特别,当两个随机过程的均值函数恒为零且互不相关时,有

$$R_W(s,t) = R_X(s,t) + R_Y(s,t).$$

2.3　复随机过程

工程中,常把随机过程表示成复数形式来进行研究.下面我们讨论复随机过程的

概念和数字特征.

定义 2.5　设 $\{X_t, t \in T\}$，$\{Y_t, t \in T\}$ 是取实数值的两个随机过程，若对任意 $t \in T$，

$$Z_t = X_t + iY_t,$$

其中 $i = \sqrt{-1}$，则称 $\{Z_t, t \in T\}$ 为**复随机过程**.

当 $\{X_t, t \in T\}$ 和 $\{Y_t, t \in T\}$ 是二阶矩过程时，其均值函数、方差函数、相关函数和协方差函数的定义如下：

$$m_Z(t) = EZ_t = EX_t + iEY_t,$$
$$D_Z(t) = E[\,|\,Z_t - m_Z(t)\,|^2\,] = E[(Z_t - m_Z(t))\,\overline{(Z_t - m_Z(t))}\,],$$
$$R_Z(s,t) = E[Z_s \bar{Z}_t],$$
$$B_Z(s,t) = E[(Z_s - m_Z(s))\,\overline{(Z_t - m_Z(t))}\,].$$

由定义，易见

$$B_Z(s,t) = R_Z(s,t) - m_Z(s)\,\overline{m_Z(t)}.$$

定理 2.2　复随机过程 $\{X_t, t \in T\}$ 的协方差函数 $B(s,t)$ 具有性质：

（1）对称性　$B(s,t) = \overline{B(t,s)}$；

（2）非负定性　对任意 $t_i \in T$ 及复数 $a_i, i = 1, 2, \cdots, n, n \geqslant 1$，有

$$\sum_{i,j=1}^{n} B(t_i, t_j) a_i \bar{a}_j \geqslant 0.$$

证　（1）$B(s,t) = E[(X_s - m(s))\,\overline{(X_t - m(t))}\,]$

$$= E\overline{[(X_s - m(s))(X_t - m(t))]} = \overline{B(t,s)}.$$

（2）$\displaystyle\sum_{i,j=1}^{n} B(t_i, t_j) a_i \bar{a}_j = E\Big\{ \sum_{i,j=1}^{n} (X_{t_i} - m(t_i))\,\overline{(X_{t_j} - m(t_j))} a_i \bar{a}_j \Big\}$

$$= E\Big\{ \Big[\sum_{i=1}^{n} (X_{t_i} - m(t_i)) a_i \Big] \overline{\Big[\sum_{j=1}^{n} (X_{t_j} - m(t_j)) a_j \Big]} \Big\}$$

$$= E\Big[\,\Big| \sum_{i=1}^{n} (X_{t_i} - m(t_i)) a_i \Big|^2\,\Big] \geqslant 0.$$

例 2.9　设复随机过程 $Z_t = \displaystyle\sum_{k=1}^{n} X_k e^{iw_k t}, t \geqslant 0$，其中 $X_1, X_2, \cdots, X_n$ 是相互独立的随机变量，且 X_k 服从 $N(0, \sigma_k^2)(k = 1, 2, \cdots, n)$，$w_1, w_2, \cdots, w_n$ 是常数，求 $\{Z_t, t \geqslant 0\}$ 的均值函数 $m(t)$ 和相关函数 $R(s,t)$.

解　$$m(t) = EZ_t = E\Big[\sum_{k=1}^{n} X_k e^{iw_k t} \Big] = 0,$$

$$R(s,t) = E[Z_s \bar{Z}_t] = E\Big[\sum_{k=1}^{n} X_k e^{iw_k s} \,\overline{\sum_{k=1}^{n} X_k e^{iw_k t}}\, \Big] = \sum_{k,l=1}^{n} E[X_k X_l] e^{i(w_k s - w_l t)}$$

$$= \sum_{k=1}^{n} E[X_k^2] e^{iw_k(s-t)} = \sum_{k=1}^{n} \sigma_k^2 e^{iw_k(s-t)}.$$

两个复随机过程$\{X_t\}$,$\{Y_t\}$的互相关函数定义为

$$R_{XY}(s,t) = E[X_s \overline{Y}_t].$$

互协方差函数定义为

$$B_{XY}(s,t) = E[(X_s - m_X(s))\overline{(Y_t - m_Y(t))}].$$

2.4 几种重要的随机过程

随机过程可以根据参数空间、状态空间是离散的,还是非离散的进行分类,也可以根据随机过程的概率结构进行分类.下面我们简单地介绍几种常用的随机过程.

2.4.1 正交增量过程

定义 2.6 设 $\{X(t), t \in T\}$ 是零均值的二阶矩过程,若对任意的 $t_1 < t_2 \leqslant t_3 < t_4 \in T$,有

$$E[(X(t_2) - X(t_1))\overline{(X(t_4) - X(t_3))}] = 0, \qquad (2.5)$$

则称 $X(t)$ 为正交增量过程.

特别,若 $T = [a, \infty)$,且 $X(a) = 0$,则正交增量过程的协方差函数可以由它的方差确定.事实上,不妨设 $T = [a, b]$ 为有限区间,取 $t_1 = a, t_2 = t_3 = s, t_4 = t$,则当 $a < s < t < b$ 时,有

$$E[X(s)\overline{(X(t) - X(s))}] = E[(X(s) - X(a))\overline{(X(t) - X(s))}] = 0,$$

故

$$B_X(s,t) = R_X(s,t) - m_X(s)\overline{m_X(t)} = R_X(s,t)$$
$$= E[X(s)\overline{X(t)}] = E[X(s)\overline{(X(t) - X(s) + X(s))}]$$
$$= E[X(s)\overline{(X(t) - X(s))}] + E[X(s)\overline{X(s)}]$$
$$= \sigma_X^2(s).$$

同理,当 $b > s > t > a$ 时,有

$$B_X(s,t) = R_X(s,t) = \sigma_X^2(t),$$

于是

$$B_X(s,t) = R_X(s,t) = \sigma_X^2(\min(s,t)).$$

2.4.2 独立增量过程

定义 2.7 设 $\{X(t), t \in T\}$ 是随机过程,若对任意的正整数 n 和 $t_1 < t_2 < \cdots < t_n \in T$,随机变量 $X(t_2) - X(t_1), X(t_3) - X(t_2), \cdots, X(t_n) - X(t_{n-1})$ 是相互独立的,则称 $\{X(t), t \in T\}$ 是**独立增量过程**,又称**可加过程**.

这种过程的特点是:在任一个时间间隔上过程状态的改变,不影响任一个与它不相重叠的时间间隔上状态的改变.实际中,如服务系统在某段时间间隔内的"顾客"数,电话传呼站电话的"呼叫"数等均可用这种过程来描述.因为在不相重叠的时间间

隔内,来到的"顾客"数、"呼叫"数都是相互独立的.

正交增量过程与独立增量过程都是根据不相重叠的时间区间上增量的统计相依性来定义的,前者增量是互不相关的,后者增量是相互独立的. 显然,正交增量过程不是独立增量过程;而独立增量过程只有在二阶矩存在,且均值函数恒为零的条件下是正交增量过程.

定义 2.8　设 $\{X(t),t\in T\}$ 是独立增量过程,若对任意 $s<t$,随机变量 $X(t)-X(s)$ 的分布仅依赖于 $t-s$,则称 $\{X(t),t\in T\}$ 是**平稳独立增量过程**.

例 2.10　考虑一种设备(它可以是灯泡、汽车轮胎或某种电子元件)一直使用到损坏为止,然后换上同类型的设备. 假设设备的使用寿命是随机变量,记作 X,相继换上的设备寿命是与 X 同分布的独立随机变量 $X_1,X_2,\cdots$,其中 X_k 为第 k 个设备的使用寿命. 设 $N(t)$ 为在时间段 $[0,t]$ 内更换设备的件数,则 $\{N(t),t\geqslant 0\}$ 是随机过程. 对于任意 $0\leqslant t_1<\cdots<t_n,N(t_1),N(t_2)-N(t_1),\cdots,N(t_n)-N(t_{n-1})$ 分别表示在时间段 $[0,t_1],[t_1,t_2],\cdots,[t_{n-1},t_n]$ 上更换设备的件数,可以认为它们是相互独立的随机变量,所以,$\{N(t),t\geqslant 0\}$ 是独立增量过程. 另外,对于任意 $s<t,N_t-N_s$ 的分布仅依赖于 $t-s$,故 $\{N(t),t\geqslant 0\}$ 是平稳独立增量过程.

例 2.11　考虑液体表面物质的运动. 设 $X(t)$ 表示悬浮在液面上微粒位置的横坐标,则 $\{X(t),t\geqslant 0\}$ 是随机过程. 由于微粒的运动是大量分子的随机碰撞引起的,因此,$\{X(t),t\geqslant 0\}$ 是平稳独立增量过程.

平稳独立增量过程是一类重要的随机过程,后面将提到的维纳过程和泊松过程都是平稳独立增量过程.

2.4.3　马尔可夫过程

定义 2.9　设 $\{X(t),t\in T\}$ 为随机过程,若对任意正整数 n 及 $t_1<t_2<\cdots<t_n$,$P(X(t_1)=x_1,X(t_2)=x_2,\cdots,X(t_{n-1})=x_{n-1})>0$,其条件分布满足

$$P\{X(t_n)\leqslant x_n \mid X(t_1)=x_1,X(t_2)=x_2,\cdots,X(t_{n-1})=x_{n-1}\}$$
$$=P\{X(t_n)\leqslant x_n \mid X(t_{n-1})=x_{n-1}\},\tag{2.6}$$

则称 $\{X(t),t\in T\}$ 为**马尔可夫过程**.

(2.6)式称为过程的**马尔可夫性**(或无后效性). 它表示:若已知系统的现在状态,则系统未来所处状态的概率规律性就已确定,而不管系统是如何到达现在状态的. 换句话说,若把 t_{n-1} 看作"现在",则 t_n 就是"未来",而 $t_1,t_2,\cdots,t_{n-2}$ 就是"过去","$X(t_i)=x_i$"表示系统在时刻 t_i 处于状态 x_i,则(2.6)式说明,系统在已知现在所处状态的条件下,它将来所处的状态与过去所处的状态无关.

马尔可夫过程 $\{X(t),t\in T\}$,其状态空间 I 和参数集 T 可以是连续的,也可以是离散的. 有关马尔可夫过程的更多内容,我们将在第4章和第5章进行讨论.

2.4.4　正态过程和维纳过程

定义 2.10　设 $\{X(t),t\in T\}$ 是随机过程,若对任意正整数 n 和 $t_1,t_2,\cdots,t_n\in T$,

$(X(t_1),X(t_2),\cdots,X(t_n))$ 是 n 维正态随机变量,则称$\{X(t),t\in T\}$是**正态过程**或**高斯过程**.

由于正态过程的一阶矩和二阶矩存在,所以正态过程是二阶矩过程.

显然,正态过程只要知道其均值函数 $m_X(t)$ 和协方差函数 $B_X(s,t)$(或相关函数 $R_X(s,t)$),即可确定其有限维分布.

正态过程在随机过程中的重要性,类似于正态随机变量在概率论中的地位.在实际问题中,尤其是在电信技术中正态过程有着广泛的应用.正态过程的一种特殊情形——维纳过程,在现代随机过程理论和应用中也有重要意义.

定义 2.11 设$\{W(t),-\infty<t<\infty\}$为随机过程,如果:

(1) $W(0)=0$;

(2) $\{W(t),-\infty<t<\infty\}$是独立、平稳增量过程;

(3) 对 $\forall s,t$,增量 $W(t)-W(s)\sim N(0,\sigma^2|t-s|),\sigma^2>0$.

则称$\{W(t),-\infty<t<\infty\}$为**维纳过程**,也称**布朗运动过程**.

这类过程常用来描述随机噪声等.

定理 2.3 设$\{W(t),-\infty<t<\infty\}$是参数为 σ^2 的维纳过程,则:

(1) 对任意 $t\in(-\infty,\infty),W(t)\sim N(0,\sigma^2|t|)$;

(2) 对任意$-\infty<a<s,t<\infty$,

$$E[(W(s)-W(a))(W(t)-W(a))]=\sigma^2\min(s-a,t-a),$$

特别,$R_W(s,t)=\sigma^2\min(s,t)$.

证 (1) 显然成立,证明略.

(2) 不妨设 $s\leqslant t$,则

$$E[(W(s)-W(a))(W(t)-W(a))]$$
$$=E[(W(s)-W(a))(W(t)-W(s)+W(s)-W(a))]$$
$$=E[(W(s)-W(a))(W(t)-W(s))]+E[W(s)-W(a)]^2$$
$$=E[W(s)-W(a)]^2=\sigma^2(s-a),$$

所以

$$E[(W(s)-W(a))(W(t)-W(a))]=\sigma^2\min(s-a,t-a).证毕.$$

例 2.12 设正态随机过程

$$X(t)=Y+Zt,\quad t>0,$$

其中 Y,Z 是相互独立的 $N(0,1)$ 随机变量,求$\{X(t),t>0\}$的一、二维概率密度族.

解 由于 Y 与 Z 是相互独立的正态随机变量,故其线性组合仍为正态随机变量,要计算$\{X(t),t>0\}$的一、二维概率密度,只要计算数字特征 $m_X(t),D_X(t),\rho_X(s,t)$ 即可.

$$m_X(t)=E[Y+Zt]=EY+tEZ=0,$$
$$D_X(t)=D[Y+Zt]=DY+t^2DZ=1+t^2,$$
$$B_X(s,t)=E[X(s)X(t)]-m_X(s)m_X(t)=E[(Y+Zs)(Y+Zt)]=1+st,$$

$$\rho_X(s,t) = \frac{B_X(s,t)}{\sqrt{D_X(s)}\sqrt{D_X(t)}} = \frac{1+st}{\sqrt{(1+s^2)(1+t^2)}},$$

故随机过程 $\{X_t, t>0\}$ 的一、二维概率密度分别为

$$f_t(x) = \frac{1}{\sqrt{2\pi(1+t^2)}}\exp\left\{-\frac{x^2}{2(1+t^2)}\right\}, \quad t>0,$$

$$f_{s,t}(x_1,x_2) = \frac{1}{2\pi\sqrt{(1+s^2)(1+t^2)}\sqrt{1-\rho^2}}$$
$$\cdot \exp\left\{\frac{-1}{2(1-\rho^2)}\left[\frac{x_1^2}{1+s^2} - 2\rho\frac{x_1 x_2}{\sqrt{(1+s^2)(1+t^2)}} + \frac{x_2^2}{1+t^2}\right]\right\}, s,t>0,$$

其中 $\rho = \rho_X(s,t)$.

2.4.5　平稳过程

定义 2.12　设 $\{X(t), t\in T\}$ 是随机过程,如果对任意常数 τ 和正整数 $n, t_1, t_2,$ $\cdots, t_n \in T, t_1+\tau, t_2+\tau, \cdots, t_n+\tau \in T, (X(t_1), X(t_2), \cdots, X(t_n))$ 与 $(X(t_1+\tau), X(t_2+\tau), \cdots, X(t_n+\tau))$ 有相同的联合分布,则称 $\{X(t), t\in T\}$ 为**严平稳过程**,也称**狭义平稳过程**.

严平稳过程描述的物理系统,其任意的有限维分布不随时间的推移而改变.

由于随机过程的有限维分布有时无法确定,下面给出一种在应用上和理论上更为重要的另一种平稳过程的概念.

定义 2.13　设 $\{X(t), t\in T\}$ 是随机过程,如果:

(1) $\{X(t), t\in T\}$ 是二阶矩过程;

(2) 对任意 $t\in T, m_X(t) = EX(t) =$ 常数;

(3) 对任意 $s,t \in T, R_X(s,t) = E[X(s)X(t)] = R_X(s-t).$

则称 $\{X(t), t\in T\}$ 为**广义平稳过程**,简称为**平稳过程**.

若 T 为离散集,则称平稳过程 $\{X(t), t\in T\}$ 为**平稳序列**.

显然,广义平稳过程不一定是严平稳过程;反之,严平稳过程只有当其二阶矩存在时为广义平稳过程.值得注意的是,对正态过程来说,二者是一样的.

例 2.13　设随机过程

$$X(t) = Y\cos(\theta t) + Z\sin(\theta t), \quad t>0,$$

其中,Y, Z 是相互独立的随机过程,且 $EY = EZ = 0, DY = DZ = \sigma^2$,则由例 2.5 知

$$m_X(t) \equiv 0, \quad R_X(s,t) = \sigma^2\cos[(t-s)\theta],$$

故 $\{X(t), t>0\}$ 为广义平稳过程.

习　题　2

2.1　设随机过程 $X(t) = Vt + b, t\in(0,\infty), b$ 为常数,V 为服从正态分布 $N(0,1)$ 的随机变量.求 $X(t)$ 的一维概率密度、均值和相关函数.

2.2 设随机变量 Y 具有概率密度 $f(y)$,令

$$X(t) = \mathrm{e}^{-Yt}, \quad t > 0, Y > 0,$$

求随机过程 $X(t)$ 的一维概率密度及 $EX(t), R_X(t_1, t_2)$.

2.3 若从 $t = 0$ 开始每隔 $\dfrac{1}{2}$ 秒抛掷一枚均匀的硬币作试验,定义随机过程

$$X(t) = \begin{cases} \cos(\pi t), & t \text{ 时刻抛得正面}, \\ 2t, & t \text{ 时刻抛得反面}, \end{cases}$$

试求:(1) $X(t)$ 的一维分布函数 $F\left(\dfrac{1}{2}; x\right), F(1; x)$;

(2) $X(t)$ 的二维分布函数 $F\left(\dfrac{1}{2}, 1; x_1, x_2\right)$;

(3) $X(t)$ 的均值 $m_X(t), m_X(1)$,方差 $\sigma_X^2(t), \sigma_X^2(1)$.

2.4 设有随机过程 $X(t) = A\cos(\omega t) + B\sin(\omega t)$,其中 ω 为常数,A, B 是相互独立且服从正态 $N(0, \sigma^2)$ 的随机变量,求随机过程的均值和相关函数.

2.5 已知随机过程 $X(t)$ 的均值函数 $m_X(t)$ 和协方差函数 $B_X(t_1, t_2)$,$\varphi(t)$ 为普通函数,令 $Y(t) = X(t) + \varphi(t)$,求随机过程 $Y(t)$ 的均值和协方差函数.

2.6 设随机过程 $X(t) = A\sin(\omega t + \Theta)$,其中 A, ω 为常数,Θ 是在 $(-\pi, \pi)$ 上的均匀分布的随机变量,令 $Y(t) = X^2(t)$,求 $R_Y(t, t+\tau)$ 和 $R_{XY}(t, t+\tau)$.

2.7 设随机过程 $X(t) = X + Yt + Zt^2$,其中 X, Y, Z 是相互独立的随机变量,且具有均值为 0,方差为 1,求随机过程 $X(t)$ 的协方差函数.

2.8 设 $X(t)$ 为实随机过程,x 为任意实数,令

$$Y(t) = \begin{cases} 1, & X(t) \leqslant x, \\ 0, & X(t) > x, \end{cases}$$

证明随机过程 $Y(t)$ 的均值函数和相关函数分别为 $X(t)$ 的一维和二维分布函数.

2.9 设 $f(t)$ 是一个周期为 T 的周期函数,随机变量 Y 在 $(0, T)$ 上均匀分布,令 $X(t) = f(t-Y)$,求证随机过程 $X(t)$ 满足

$$E[X(t)X(t+\tau)] = \frac{1}{T} \int_0^T f(t)f(t+\tau)\mathrm{d}t.$$

2.10 设随机过程 $X(t)$ 的协方差函数为 $B_X(t_1, t_2)$,方差函数为 $\sigma_X^2(t)$,试证:

(1) $|B_X(t_1, t_2)| \leqslant \sigma_X(t_1)\sigma_X(t_2)$;

(2) $|B_X(t_1, t_2)| \leqslant \dfrac{1}{2}[\sigma_X^2(t_1) + \sigma_X^2(t_2)]$.

2.11 设随机过程 $X(t)$ 和 $Y(t)$ 的互协方差函数为 $B_{XY}(t_1, t_2)$,试证:

$$|B_{XY}(t_1, t_2)| \leqslant \sigma_X(t_1)\sigma_Y(t_2).$$

2.12 设随机过程 $X(t) = \sum_{k=1}^{N} A_k \mathrm{e}^{\mathrm{i}(\omega t + \Phi_k)}$,其中 ω 为常数,A_k 为第 k 个信号的随机振幅,Φ_k 为在 $(0, 2\pi)$ 上均匀分布的随机相位.所有随机变量 $A_k, \Phi_k (k = 1, 2, \cdots, N)$ 以及它们之间都是相互独立的.求 $X(t)$ 的均值和协方差函数.

2.13 设 $\{X(t), t \geqslant 0\}$ 是实正交增量过程,$X(0) = 0$,V 是标准正态随机变量.若对任意的 $t \geqslant 0$,$X(t)$ 与 V 相互独立,令 $Y(t) = X(t) + V$,求随机过程 $\{Y(t), t \geqslant 0\}$ 的协方差函数.

2.14 设随机过程 $Y_n = \sum_{j=1}^{n} X_j$,其中 $X_j (j = 1, 2, \cdots, n)$ 是相互独立的随机变量,且

$$P\{X_j = 1\} = p, \quad P\{X_j = 0\} = 1 - p = q,$$

求 $\{Y_n, n = 1, 2, \cdots\}$ 的均值函数和协方差函数.

2.15　设 Y, Z 是独立同分布随机变量. $P(Y = 1) = P(Y = -1) = \dfrac{1}{2}$, $X(t) = Y\cos(\theta t) + Z\sin(\theta t)$, $-\infty < t < \infty$, 其中 θ 为常数. 证明随机过程 $\{X(t), -\infty < t < \infty\}$ 是广义平稳过程, 但不是严平稳过程.

2.16　设 $\{W(t), -\infty < t < \infty\}$ 是参数为 σ^2 的维纳过程, 令 $X(t) = \mathrm{e}^{-\alpha t} W(\mathrm{e}^{2\alpha t})$, $-\infty < t < \infty$, $\alpha > 0$ 为常数. 证明 $\{X(t), -\infty < t < \infty\}$ 是平稳正态过程, 相关函数 $R_X(\tau) = \sigma^2 \mathrm{e}^{-\alpha|\tau|}$.

2.17　设 $\{X(t), t \geqslant 0\}$ 是维纳过程, $X(0) = 0$, 试求它的有限维概率密度函数族。

第 3 章 泊 松 过 程

泊松过程是一类较为简单的时间连续状态离散的随机过程.泊松过程在物理学、地质学、生物学、医学、天文学、服务系统和可靠性理论等领域中都有广泛的应用.

3.1 泊松过程的定义和例子

定义 3.1 设 $N(t)$ 表示到时刻 t 为止已发生的"事件 A"的总数,若 $N(t)$ 满足下列条件:

(1) $N(t) \geqslant 0$;

(2) $N(t)$ 取正整数值;

(3) 若 $s < t$,则 $N(s) \leqslant N(t)$;

(4) 当 $s < t$ 时,$N(t) - N(s)$ 表示区间 $(s, t]$ 中发生的"事件 A"的次数.

则称随机过程 $\{N(t), t \geqslant 0\}$ 为**计数过程**.

如果计数过程 $N(t)$ 在不相重叠的时间间隔内,事件 A 发生的次数是相互独立的,即若 $t_1 < t_2 \leqslant t_3 < t_4$,则在 $(t_1, t_2]$ 内事件 A 发生的次数 $N(t_2) - N(t_1)$ 与在 $(t_3, t_4]$ 内事件 A 发生的次数 $N(t_4) - N(t_3)$ 相互独立,此时计数过程 $N(t)$ 是独立增量过程.

若计数过程 $N(t)$ 在 $(t, t+s]$ $(s > 0)$ 内,事件 A 发生的次数 $N(t+s) - N(t)$ 仅与时间差 s 有关,而与 t 无关,则计数过程 $N(t)$ 是平稳增量过程.

泊松过程是计数过程的最重要的类型之一,其定义如下.

定义 3.2 设计数过程 $\{X(t), t \geqslant 0\}$ 满足下列条件:

(1) $X(0) = 0$;

(2) $X(t)$ 是独立增量过程;

(3) 在任一长度为 t 的区间中,事件 A 发生的次数服从参数 $\lambda t > 0$ 的泊松分布,即对任意 $s, t \geqslant 0$,有

$$P\{X(t+s) - X(s) = n\} = \mathrm{e}^{-\lambda t} \frac{(\lambda t)^n}{n!}, \quad n = 0, 1, \cdots. \tag{3.1}$$

则称计数过程 $\{X(t), t \geqslant 0\}$ 为具有参数 $\lambda > 0$ 的**泊松过程**.

注意,从条件(3)知泊松过程是平稳增量过程且 $E[X(t)] = \lambda t$. 由于,$\lambda = \frac{E[X(t)]}{t}$ 表示单位时间内事件 A 发生的平均个数,故称 λ 为此过程的**速率**或**强度**.

从定义 3.2 中,我们看到,为了判断一个计数过程是泊松过程,必须证明它满足条件(1)、(2)及(3).条件(1)只是说明事件 A 的计数是从 $t=0$ 时开始的.条件(2)通常可从我们对过程了解的情况去验证.然而条件(3)的检验是非常困难的.为此,我们给出泊松过程的另一个定义.

定义 3.3　设计数过程 $\{X(t),t\geqslant 0\}$ 满足下列条件:

(1) $X(0)=0$;

(2) $X(t)$ 是独立平稳增量过程;

(3) $X(t)$ 满足下列两式:

$$\begin{cases} P\{X(t+h)-X(t)=1\}=\lambda h+o(h), \\ P\{X(t+h)-X(t)\geqslant 2\}=o(h). \end{cases} \quad (3.2)$$

则称计数过程 $\{X(t),t\geqslant 0\}$ 为具有参数 $\lambda>0$ 的泊松过程.

定义中的条件(3)说明,在充分小的时间间隔内,最多有一个事件发生,而不能有两个或两个以上事件同时发生.这种假设对于许多物理现象较容易得到满足.

例 3.1　考虑某电话交换台在某段时间接到的呼唤.令 $X(t)$ 表示电话交换台在 $[0,t]$ 内收到的呼唤次数,则 $\{X(t),t\geqslant 0\}$ 满足定义 3.3 的条件,故 $\{X(t),t\geqslant 0\}$ 是一个泊松过程.

例 3.2　考虑来到某火车站售票窗口购买车票的旅客.若记 $X(t)$ 为在时间 $[0,t]$ 内到达售票窗口的旅客数,则 $\{X(t),t\geqslant 0\}$ 为一个泊松过程.

例 3.3　考虑机器在 $[0,t]$ 内发生故障这一事件.若机器发生故障,立即修理后继续工作,则在 $[0,t]$ 内机器发生故障而停止工作的故障数 $\{X(t),t\geqslant 0\}$ 构成一个随机点过程,它可以用泊松过程进行描述.

下面我们来证明泊松过程的两种定义是等价的.

定理 3.1　定义 3.2 与定义 3.3 是等价的.

证　首先证明定义 3.2 蕴含定义 3.3.由于定义 3.2 的条件(3)中蕴含 $X(t)$ 为平稳增量过程,故只需证明条件(3)的等价性.由(3.1)式,对充分小的 h,有

$$P\{X(t+h)-X(t)=1\}=P\{X(h)-X(0)=1\}$$

$$=\mathrm{e}^{-\lambda h}\frac{\lambda h}{1!}=\lambda h\sum_{n=0}^{\infty}(-\lambda h)^n/n!$$

$$=\lambda h[1-\lambda h+o(h)]=\lambda h+o(h),$$

$$P\{X(t+h)-X(t)\geqslant 2\}=P\{X(h)-X(0)\geqslant 2\}$$

$$=\sum_{n=2}^{\infty}\mathrm{e}^{-\lambda h}\frac{(\lambda h)^n}{n!}=o(h).$$

故定义 3.2 蕴含定义 3.3.

下面再证定义 3.3 蕴含定义 3.2.令

$$P_n(t)=P\{X(t)=n\}=P\{X(t)-X(0)=n\}.$$

根据定义 3.3 之(2)和(3),有

$$P_0(t+h) = P\{X(t+h) = 0\} = P\{X(t+h) - X(0) = 0\}$$
$$= P\{X(t) - X(0) = 0, X(t+h) - X(t) = 0\}$$
$$= P\{X(t) - X(0) = 0\}P\{X(t+h) - X(t) = 0\}$$
$$= P_0(t)[1 - \lambda h - o(h)],$$

故
$$\frac{P_0(t+h) - P_0(t)}{h} = -\lambda P_0(t) + \frac{o(h)}{h}.$$

令 $h \to 0$，取极限得

$$P_0'(t) = -\lambda P_0(t) \quad \text{或} \quad \frac{P_0'(t)}{P_0(t)} = -\lambda,$$

积分得

$$\ln P_0(t) = -\lambda t + C \quad \text{或} \quad P_0(t) = k e^{-\lambda t}.$$

由于 $P_0(0) = P\{X(0) = 0\} = 1$，代入上式得

$$P_0(t) = e^{-\lambda t}.$$

类似地，对于 $n \geqslant 1$ 有

$$P_n(t+h) = P\{X(t+h) = n\} = P\{X(t+h) - X(0) = n\}$$
$$= P\{X(t) - X(0) = n, X(t+h) - X(t) = 0\}$$
$$+ P\{X(t) - X(0) = n-1, X(t+h) - X(t) = 1\}$$
$$+ \sum_{j=2}^{n} P\{X(t) - X(0) = n-j, X(t+h) - X(t) = j\}.$$

由定义 3.3 的(2)和(3)，得

$$P_n(t+h) = P_n(t)P_0(h) + P_{n-1}(t)P_1(h) + o(h)$$
$$= (1 - \lambda h)P_n(t) + \lambda h P_{n-1}(t) + o(h),$$

于是
$$\frac{P_n(t+h) - P_n(t)}{h} = -\lambda P_n(t) + \lambda P_{n-1}(t) + \frac{o(h)}{h}.$$

令 $h \to 0$，取极限得

$$P_n'(t) = -\lambda P_n(t) + \lambda P_{n-1}(t),$$

所以
$$e^{\lambda t}[P_n'(t) + \lambda P_n(t)] = \lambda e^{\lambda t} P_{n-1}(t),$$

因此

$$\frac{d}{dt}[e^{\lambda t} P_n(t)] = \lambda e^{\lambda t} P_{n-1}(t). \tag{3.3}$$

当 $n = 1$ 时，得

$$\frac{d}{dt}[e^{\lambda t} P_1(t)] = \lambda e^{\lambda t} P_0(t) = \lambda e^{\lambda t} e^{-\lambda t} = \lambda,$$

$$P_1(t) = (\lambda t + C) e^{-\lambda t}.$$

由于 $P_1(0) = 0$，代入上式得

$$P_1(t) = \lambda t e^{-\lambda t}.$$

下面用归纳法证明 $P_n(t) = e^{-\lambda t} \dfrac{(\lambda t)^n}{n!}$ 成立. 假设 $n-1$ 时(3.1)式成立，根据

(3.3)式,有

$$\frac{\mathrm{d}}{\mathrm{d}t}\big[\mathrm{e}^{\lambda t}P_n(t)\big] = \lambda\mathrm{e}^{\lambda t}\frac{(\lambda t)^{n-1}}{(n-1)!}\mathrm{e}^{-\lambda t} = \frac{\lambda(\lambda t)^{n-1}}{(n-1)!},$$

积分得

$$\mathrm{e}^{\lambda t}P_n(t) = \frac{(\lambda t)^n}{n!} + C.$$

由于 $P_n(0) = P\{X(0) = n\} = 0$,代入上式得

$$P_n(t) = \mathrm{e}^{-\lambda t}\frac{(\lambda t)^n}{n!}.$$

由条件(2),有

$$P\{X(t+s) - X(s) = n\} = \mathrm{e}^{-\lambda t}\frac{(\lambda t)^n}{n!}, \quad n = 0,1,\cdots$$

故定义 3.3 蕴含定义 3.2,证毕.

3.2　泊松过程的基本性质

3.2.1　数字特征

根据泊松过程的定义,我们可以导出泊松过程的几个常用的数字特征.

设 $\{X(t),t\geqslant 0\}$ 是泊松过程,对任意的 $t,s\in[0,\infty)$,且 $s<t$,有

$$E[X(t) - X(s)] = D[X(t) - X(s)] = \lambda(t-s),$$

由于 $X(0)=0$,故

$$m_X(t) = E[X(t)] = E[X(t) - X(0)] = \lambda t, \tag{3.4}$$

$$\sigma_X^2(t) = D[X(t)] = D[X(t) - X(0)] = \lambda t,$$

$$\begin{aligned}
R_X(s,t) &= E[X(s)X(t)] = E\{X(s)[X(t) - X(s) + X(s)]\}\\
&= E[X(s) - X(0)][X(t) - X(s)] + E[X(s)]^2\\
&= E[X(s) - X(0)]E[X(t) - X(s)] + D[X(s)] + \{E[X(s)]\}^2\\
&= \lambda s\lambda(t-s) + \lambda s + (\lambda s)^2 = \lambda^2 st + \lambda s = \lambda s(\lambda t + 1),
\end{aligned}$$

$$B_X(s,t) = R_X(s,t) - m_X(s)m_X(t) = \lambda s.$$

一般地,泊松过程的协方差函数可以表示为

$$B_X(s,t) = \lambda\min(s,t). \tag{3.5}$$

易知,泊松过程的特征函数为

$$g_X(u) = E[\mathrm{e}^{\mathrm{i}uX(t)}] = \exp\{\lambda t(\mathrm{e}^{\mathrm{i}u} - 1)\}. \tag{3.6}$$

3.2.2　时间间隔与等待时间的分布

如果我们用泊松过程来描述服务系统接受服务的顾客数,则顾客到来接受服务的时间间隔、顾客排队的等待时间等分布问题都需要进行研究.下面我们对泊松过程与时间特征有关的分布进行较为详细的讨论.

设 $\{X(t),t\geqslant 0\}$ 是泊松过程,令 $X(t)$ 表示 t 时刻事件 A 发生(顾客出现)的次数,$W_1,W_2,\cdots$ 分别表示第一次,第二次,$\cdots$ 事件 A 发生的时间,$T_n(n\geqslant 1)$ 表示从第 $n-1$ 次事件 A 发生到第 n 次事件 A 发生的时间间隔,如图 3.1 所示.

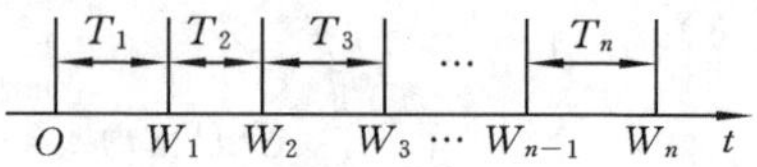

图 3.1

通常,称 W_n 为第 n 次事件 A 出现的时刻或第 n 次事件 A 的等待时间,T_n 是第 n 个时间间隔,它们都是随机变量.

利用泊松过程中事件 A 发生所对应的时间间隔关系,可以研究各次事件间的时间间隔分布.

定理 3.2　设 $\{X(t),t\geqslant 0\}$ 是具有参数 λ 的泊松分布,$\{T_n,n\geqslant 1\}$ 是对应的时间间隔序列,则随机变量 $T_n(n=1,2,\cdots)$ 是独立同分布的均值为 $1/\lambda$ 的指数分布.

证　首先注意到事件 $\{T_1>t\}$ 发生当且仅当泊松过程在区间 $[0,t]$ 内没有事件发生,因而

$$P\{T_1>t\}=P\{X(t)=0\}=\mathrm{e}^{-\lambda t},$$

即　　　　　　$F_{T_1}(t)=P\{T_1\leqslant t\}=1-P\{T_1>t\}=1-\mathrm{e}^{-\lambda t},$

所以 T_1 是服从均值为 $1/\lambda$ 的指数分布.利用泊松过程的独立、平稳增量性质,有

$$\begin{aligned}
P\{T_2>t\mid T_1=s\}&=P\{\text{在}(s,s+t]\text{内没有事件发生}\mid T_1=s\}\\
&=P\{\text{在}(s,s+t]\text{内没有事件发生}\}\\
&=P\{X(t+s)-X(s)=0\}\\
&=P\{X(t)-X(0)=0\}=\mathrm{e}^{-\lambda t},
\end{aligned}$$

即　　　　　　$F_{T_2}(t)=P\{T_2\leqslant t\}=1-P\{T_2>t\}=1-\mathrm{e}^{-\lambda t},$

故 T_2 也是服从均值为 $1/\lambda$ 的指数分布,且与 T_1 相互独立.

对于任意 $n\geqslant 1$ 和 $t,s_1,s_2,\cdots,s_{n-1}\geqslant 0$,有

$$\begin{aligned}
&P\{T_n>t\mid T_1=s_1,\cdots,T_{n-1}=s_{n-1}\}\\
&=P\{X(t+s_1+\cdots+s_{n-1})-X(s_1+s_2+\cdots+s_{n-1})=0\}\\
&=P\{X(t)-X(0)=0\}=\mathrm{e}^{-\lambda t},
\end{aligned}$$

即　　　　　　　　　$F_{T_n}(t)=P\{T_n\leqslant t\}=1-\mathrm{e}^{-\lambda t},$

所以对任一 $T_n(n\geqslant 1)$,其分布是均值为 $1/\lambda$ 的指数分布.

定理 3.2 说明,对于任意 $n=1,2,\cdots$,事件 A 相继到达的时间间隔 T_n 的分布为

$$F_{T_n}(t)=P\{T_n\leqslant t\}=\begin{cases}1-\mathrm{e}^{-\lambda t},&t\geqslant 0,\\0,&t<0,\end{cases}$$

其概率密度为

$$f_{T_n}(t)=\begin{cases}\lambda\mathrm{e}^{-\lambda t},&t\geqslant 0,\\0,&t<0.\end{cases}$$

注意,定理 3.2 的结论是在平稳独立增量过程的假设前提下得到的,该假设的概率意义是指过程在任何时刻都从头开始,即从任何时刻起过程独立于先前已发生的

一切(由独立增量),且有与原过程完全一样的分布(由平稳增量).由于指数分布的无记忆性特征,因此时间间隔的指数分布是预料之中的.

另一个感兴趣的是等待时间 W_n 的分布,即第 n 次事件 A 到达的时间分布.因

$$W_n = \sum_{i=1}^n T_i, \quad n \geqslant 1,$$

由定理 3.2 知,W_n 是 n 个相互独立的指数分布随机变量和,故用特征函数方法,我们立即可以得到如下结论.

定理 3.3 设 $\{W_n, n \geqslant 1\}$ 是与泊松过程 $\{X(t), t \geqslant 0\}$ 对应的一个等待时间序列,则 W_n 服从参数为 n 与 λ 的 Γ 分布,其概率密度为

$$f_{W_n}(t) = \begin{cases} \lambda \mathrm{e}^{-\lambda t} \dfrac{(\lambda t)^{n-1}}{(n-1)!}, & t \geqslant 0, \\ 0, & t < 0. \end{cases} \tag{3.7}$$

定理 3.3 也可以用下述方法导出.注意到第 n 个事件在时刻 t 或之前发生当且仅当到时间 t 已发生的事件数目至少是 n,即

$$X(t) \geqslant n \Leftrightarrow W_n \leqslant t. \tag{3.8}$$

因此 $\qquad P\{W_n \leqslant t\} = P\{X(t) \geqslant n\} = \sum_{j=n}^{\infty} \mathrm{e}^{-\lambda t} \dfrac{(\lambda t)^j}{j!}.$

对上式求导,得 W_n 的概率密度是

$$f_{W_n}(t) = -\sum_{j=n}^{\infty} \lambda \mathrm{e}^{-\lambda t} \dfrac{(\lambda t)^j}{j!} + \sum_{j=n}^{\infty} \lambda \mathrm{e}^{-\lambda t} \dfrac{(\lambda t)^{j-1}}{(j-1)!} = \lambda \mathrm{e}^{-\lambda t} \dfrac{(\lambda t)^{n-1}}{(n-1)!}.$$

(3.7)式又称为**爱尔兰分布**,它是 n 个相互独立且服从指数分布的随机变量之和的概率密度.

3.2.3 到达时间的条件分布

假设在 $[0, t]$ 内事件 A 已经发生一次,我们要确定这一事件到达时间 W_1 的分布.因为泊松过程有平稳独立增量,故有理由认为 $[0, t]$ 内长度相等的区间包含这个事件的概率应该相同.换言之,这个事件的到达时间应在 $[0, t]$ 上服从均匀分布.事实上,对 $s < t$ 有

$$P\{W_1 \leqslant s \mid X(t) = 1\} = \frac{P\{W_1 \leqslant s, X(t) = 1\}}{P\{X(t) = 1\}}$$

$$= \frac{P\{X(s) = 1, X(t) - X(s) = 0\}}{P\{X(t) = 1\}}$$

$$= \frac{P\{X(s) = 1\} P\{X(t) - X(s) = 0\}}{P\{X(t) = 1\}}$$

$$= \frac{\lambda s \mathrm{e}^{-\lambda s} \mathrm{e}^{-\lambda(t-s)}}{\lambda t \mathrm{e}^{-\lambda t}} = \frac{s}{t},$$

即分布函数为

$$F_{W_1 \mid X(t)=1}(s) = \begin{cases} 0, & s < 0, \\ s/t, & 0 \leqslant s < t, \\ 1, & s \geqslant t; \end{cases}$$

分布密度为

$$f_{W_1 \mid X(t)=1}(s) = \begin{cases} \dfrac{1}{t}, & 0 \leqslant s < t, \\ 0, & \text{其他}. \end{cases}$$

这个结果可以推广到一般情况.

定理 3.4 设 $\{X(t), t \geqslant 0\}$ 是泊松过程,已知在 $[0,t]$ 内事件 A 发生 n 次,则这 n 次到达时间 $W_1 < W_2 < \cdots < W_n$ 与相应于 n 个 $[0,t]$ 上均匀分布的独立随机变量的顺序统计量有相同的分布.

证 令 $0 \leqslant t_1 < \cdots < t_{n+1} = t$,且取 h_i 充分小使得 $t_i + h_i < t_{i+1} (i=1,2,\cdots,n)$,则在给定 $X(t) = n$ 的条件下,有

$$P\{t_1 \leqslant W_1 \leqslant t_1 + h_1, \cdots, t_n \leqslant W_n \leqslant t_n + h_n \mid X(t) = n\}$$
$$= \frac{P\{[t_i, t_i + h_i] \text{ 中有一事件}, i = 1, \cdots, n, [0,t] \text{ 的别处无事件}\}}{P\{X(t) = n\}}$$
$$= \frac{\lambda h_1 \mathrm{e}^{-\lambda h_1} \cdots \lambda h_n \mathrm{e}^{-\lambda h_n} \mathrm{e}^{-\lambda(t - h_1 - \cdots - h_n)}}{\mathrm{e}^{-\lambda t}(\lambda t)^n / n!} = \frac{n!}{t^n} h_1 h_2 \cdots h_n,$$

因此

$$\frac{P\{t_i \leqslant W_i \leqslant t_i + h_i, i = 1, \cdots, n \mid X(t) = n\}}{h_1 \cdots h_n} = \frac{n!}{t^n}.$$

令 $h_i \to 0$,得到 $W_1, \cdots, W_n$ 在已知 $X(t) = n$ 的条件下的条件概率密度为

$$f(t_1, \cdots, t_n) = \begin{cases} \dfrac{n!}{t^n}, & 0 < t_1 < \cdots < t_n < t, \\ 0, & \text{其他}. \end{cases}$$

证毕.

例 3.4 设在 $[0,t]$ 内事件 A 已经发生 n 次,且 $0 < s < t$,对于 $0 < k < n$,求 $P\{X(s) = k \mid X(t) = n\}$.

解 利用条件概率及泊松分布,得

$$P\{X(s) = k \mid X(t) = n\} = \frac{P\{X(s) = k, X(t) = n\}}{P\{X(t) = n\}}$$
$$= \frac{P\{X(s) = k, X(t) - X(s) = n - k\}}{P\{X(t) = n\}}$$
$$= \frac{\mathrm{e}^{-\lambda s} \dfrac{(\lambda s)^k}{k!} \mathrm{e}^{-\lambda(t-s)} \dfrac{[\lambda(t-s)]^{n-k}}{(n-k)!}}{\mathrm{e}^{-\lambda t} \dfrac{(\lambda t)^n}{n!}}$$
$$= \mathrm{C}_n^k \left(\frac{s}{t}\right)^k \left(1 - \frac{s}{t}\right)^{n-k}.$$

这是一个参数为 n 和 $\dfrac{s}{t}$ 的二项分布.

例 3.5　设在 $[0,t]$ 内事件 A 已经发生 n 次,求第 $k(k<n)$ 次事件 A 发生的时间 W_k 的条件概率密度函数.

解　先求条件概率 $P\{s<W_k\leqslant s+h\mid X(t)=n\}$,再对 s 求导.

当 h 充分小时,有

$$P\{s<W_k\leqslant s+h\mid X(t)=n\}$$
$$=P\{s<W_k\leqslant s+h,X(t)=n\}/P\{X(t)=n\}$$
$$=P\{s<W_k\leqslant s+h,X(t)-X(s+h)=n-k\}e^{\lambda t}(\lambda t)^{-n}n!$$
$$=P\{s<W_k\leqslant s+h\}P\{X(t)-X(s+h)=n-k\}e^{\lambda t}(\lambda t)^{-n}n!.$$

将上式两边除以 h,并令 $h\to 0$,取极限,得

$$f_{W_k\mid X(t)}(s\mid n)=\lim_{h\to 0}\frac{P\{s<W_k\leqslant s+h\mid X(t)=n\}}{h}$$
$$=f_{W_k}(s)P\{X(t)-X(s)=n-k\}e^{\lambda t}(\lambda t)^{-n}n!$$
$$=\frac{n!}{(k-1)!(n-k)!}\frac{s^{k-1}}{t^k}\left(1-\frac{s}{t}\right)^{n-k},$$

其中 W_k 的概率密度 $f_{W_k}(s)$ 由定理 3.3 给出. 由上式结果知,条件概率密度 $f_{W_k\mid X(t)}(s\mid n)$ 是一个 Bata 分布.

例 3.6　设 $\{X_1(t),t\geqslant 0\}$ 和 $\{X_2(t),t\geqslant 0\}$ 是两个相互独立的泊松过程,它们在单位时间内平均出现的事件数分别为 λ_1 和 λ_2. 记 $W_k^{(1)}$ 为过程 $X_1(t)$ 的第 k 次事件到达时间,$W_1^{(2)}$ 为过程 $X_2(t)$ 的第 1 次事件到达时间,求 $P\{W_k^{(1)}<W_1^{(2)}\}$,即第一个泊松过程的第 k 次事件发生比第二个泊松过程的第 1 次事件发生早的概率.

解　设 $W_k^{(1)}$ 的取值为 x,$W_1^{(2)}$ 的取值为 y,由(3.7)式得

$$f_{W_k^{(1)}}(x)=\begin{cases}\lambda_1 e^{-\lambda_1 x}\dfrac{(\lambda_1 x)^{k-1}}{(k-1)!}, & x\geqslant 0,\\ 0, & x<0,\end{cases}$$

$$f_{W_1^{(2)}}(y)=\begin{cases}\lambda_2 e^{-\lambda_2 y}, & y\geqslant 0,\\ 0, & y<0,\end{cases}$$

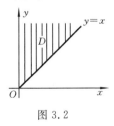

图 3.2

则

$$P\{W_k^{(1)}<W_1^{(2)}\}=\iint\limits_D f(x,y)\mathrm{d}x\mathrm{d}y,$$

其中 D 为由 $y=x$ 与 y 轴所围区域(见图 3.2),$f(x,y)$ 为 $W_k^{(1)}$ 与 $W_1^{(2)}$ 的联合概率密度.

由于 $X_1(t)$ 与 $X_2(t)$ 相互独立,故

$$f(x,y)=f_{W_k^{(1)}}(x)f_{W_1^{(2)}}(y),$$

所以

$$P\{W_k^{(1)}<W_1^{(2)}\}=\int_0^\infty\int_x^\infty\lambda_1 e^{-\lambda_1 x}\frac{(\lambda_1 x)^{k-1}}{(k-1)!}\cdot\lambda_2 e^{-\lambda_2 y}\mathrm{d}y\mathrm{d}x=\left(\frac{\lambda_1}{\lambda_1+\lambda_2}\right)^k.$$

例 3.7　仪器受到振动而引起损伤. 若振动是按强度为 λ 的泊松过程发生, 第 k 次振动引起的损伤为 $D_k, D_1, D_2, \cdots$ 是独立同分布随机变量序列, 且和 $\{N(t), t \geqslant 0\}$ 独立, 其中 $N(t)$ 表示 $[0, t]$ 时间段仪器受到振动次数. 又假设仪器受到振动而引起的损伤随时间按指数减小, 即如果振动的初始损伤为 D, 则振动之后经过时间 t 后减小为 $De^{-\alpha t}(\alpha > 0)$. 假设损伤是可叠加的, 即在时刻 t 的损伤可表示为 $D(t) = \sum\limits_{k=1}^{N(t)} D_k e^{-\alpha(t-\tau_k)}$, 其中 τ_k 为仪器受到第 k 次振动的时刻, 求 $E[D(t)]$.

解　$E[D(t)] = E\Big[\sum\limits_{k=1}^{N(t)} D_k e^{-\alpha(t-\tau_k)}\Big] = E\Big[E\Big[\sum\limits_{k=1}^{N(t)} D_k e^{-\alpha(t-\tau_k)} \Big| N(t)\Big]\Big],$

由于　$E\Big[\sum\limits_{k=1}^{N(t)} D_k e^{-\alpha(t-\tau_k)} \Big| N(t) = n\Big] = E\Big[\sum\limits_{k=1}^{n} D_k e^{-\alpha(t-\tau_k)} \Big| N(t) = n\Big]$

$$= E(D_1) e^{-\alpha t} E\Big[\sum\limits_{k=1}^{n} e^{\alpha\tau_k} \Big| N(t) = n\Big].$$

由定理 3.4 知, 在 $N(t) = n$ 的条件下 $\tau_k(k = 1, 2, \cdots, n)$ 是 $[0, t]$ 上相互独立的均匀随机变量 $U(k)(k = 1, 2, \cdots n)$ 的顺序统计量, 故

$$E\Big[\sum\limits_{k=1}^{n} e^{\alpha\tau_k} \Big| N(t) = n\Big] = E\Big[\sum\limits_{k=1}^{n} e^{\alpha U(k)}\Big] = n[Ee^{\alpha U(k)}]$$

$$= n \frac{1}{t} \int_0^t e^{\alpha x} dx = \frac{n}{\alpha t}(e^{\alpha t} - 1),$$

于是　　　　　　　$E[D(t) \mid N(t)] = \dfrac{N(t)}{\alpha t}(1 - e^{-\alpha t}) E(D_1),$

所以　　　　　　　$E[D(t)] = \dfrac{\lambda E(D_1)}{\alpha}(1 - e^{-\alpha t}).$

3.3　非齐次泊松过程

本节中我们推广泊松过程, 允许时刻 t 的来到强度(或速率)是 t 的函数.

定义 3.4　设计数过程 $\{X(t), t \geqslant 0\}$ 满足下列条件:

(1) $X(0) = 0$;

(2) $X(t)$ 是独立增量过程;

(3) $P\{X(t+h) - X(t) = 1\} = \lambda(t)h + o(h)$,

　　　$P\{X(t+h) - X(t) \geqslant 2\} = o(h)$.

则称计数过程 $\{X(t), t \geqslant 0\}$ 为具有跳跃强度函数 $\lambda(t)$ 的**非齐次泊松过程**. 由下面定理知, 非齐次泊松过程的均值函数为

$$m_X(t) = \int_0^t \lambda(s) ds. \tag{3.9}$$

对于非齐次泊松过程, 其概率分布由下面的定理给出.

定理 3.5　设 $\{X(t), t \geqslant 0\}$ 是具有均值函数 $m_X(t) = \int_0^t \lambda(s)\mathrm{d}s$ 的非齐次泊松过程，则有

$$P\{X(t+s) - X(t) = n\}$$
$$= \frac{[m_X(t+s) - m_X(t)]^n}{n!}\exp\{-[m_X(t+s) - m_X(t)]\}, \quad n \geqslant 0,$$

或

$$P\{X(t) = n\} = \frac{[m_X(t)]^n}{n!}\exp\{-m_X(t)\}, n \geqslant 0.$$

证　沿着定理 3.1 的证明思路，稍加修改即可证明. 对固定 t 定义

$$P_n(s) = P\{X(t+s) - X(t) = n\},$$

则有

$$P_0(s+h) = P\{X(t+s+h) - X(t) = 0\}$$
$$= P\{在(t, t+s]中没事件，在(t+s, t+s+h]中没事件\}$$
$$= P\{在(t, t+s]中没事件\}P\{在(t+s, t+s+h]中没事件\}$$
$$= P_0(s)[1 - \lambda(t+s)h + o(h)],$$

其中最后第二个等式由非齐次泊松过程定义的条件(2)得到，而最后一个等式由条件(3)得到，因此

$$\frac{P_0(s+h) - P_0(s)}{h} = -\lambda(t+s)P_0(s) + \frac{o(h)}{h}.$$

令 $h \to 0$，取极限得

$$P_0'(s) = -\lambda(t+s)P_0(s),$$

即

$$\ln P_0(s) = -\int_0^s \lambda(t+u)\mathrm{d}u,$$

或

$$P_0(s) = \mathrm{e}^{-[m_X(t+s) - m_X(t)]}.$$

同理，当 $n \geqslant 1$ 时

$$P_n(s+h) = P\{X(t+s+h) - X(t) = n\}$$
$$= P\{(t, t+s]中有 n 个事件，(t+s, t+s+h]中没事件\}$$
$$\quad + P\{(t, t+s]中有 n-1 个事件，(t+s, t+s+h]中有 1 个事件\} + \cdots$$
$$\quad + P\{(t, t+s]中没有事件，(t+s, t+s+h]中有 n 个事件\}$$
$$= P_n(s)[1 - \lambda(t+s)h + o(h)] + P_{n-1}(s)[\lambda(t+s)h] + o(h),$$

因此

$$\frac{P_n(s+h) - P_n(s)}{h} = -\lambda(t+s)P_n(s) + \lambda(t+s)P_{n-1}(s) + \frac{o(h)}{h}.$$

令 $h \to 0$，取极限得

$$P_n'(s) = -\lambda(t+s)P_n(s) + \lambda(t+s)P_{n-1}(s).$$

当 $n = 1$ 时，有

$$P_1'(s) = -\lambda(t+s)P_1(s) + \lambda(t+s)P_0(s)$$
$$= -\lambda(t+s)P_1(s) + \lambda(t+s) \cdot \exp\{-[m_X(t+s) - m_X(t)]\}.$$

上式是关于 $P_1(s)$ 的一阶线性微分方程,利用初始条件 $P_1(0) = 0$,可解得

$$P_1(s) = [m_X(t+s) - m_X(t)]\exp\{-[m_X(t+s) - m_X(t)]\},$$

再利用归纳法即可得证. 证毕.

例 3.8 设 $\{X(t), t \geq 0\}$ 是具有跳跃强度 $\lambda(t) = \dfrac{1}{2}(1 + \cos\omega t)(\omega \neq 0)$ 的非齐次泊松过程,求 $E[X(t)]$ 和 $D[X(t)]$.

解 由(3.9)式得

$$E[X(t)] = m_X(t) = \int_0^t \frac{1}{2}(1 + \cos(\omega s))\mathrm{d}s = \frac{1}{2}(t + \frac{1}{\omega}\sin(\omega t)).$$

由(3.9)式知

$$D[X(t)] = m_X(t) = \frac{1}{2}(t + \frac{1}{\omega}\sin(\omega t)).$$

例 3.9 设某路公共汽车从早晨 5 时到晚上 9 时有车发出. 乘客流量如下:5 时按平均乘客为 200 人/时计算;5 时至 8 时乘客平均到达率按线性增加,8 时到达率为 1400 人/时;8 时至 18 时保持平均到达率不变;18 时到 21 时从到达率 1400 人/时按线性下降,到 21 时为 200 人/时. 假定乘客数在不相重叠时间间隔内是相互独立的. 求 12 时至 14 时有 2000 人来站乘车的概率,并求这两小时内来站乘车人数的数学期望.

解 将时间 5 时至 21 时平移为 0 时至 16 时,依题意得乘客到达率为

$$\lambda(t) = \begin{cases} 200 + 400t, & 0 \leq t \leq 3, \\ 1400, & 3 < t \leq 13, \\ 1400 - 400(t - 13), & 13 < t \leq 16. \end{cases}$$

乘客到达率与时间关系如图 3.3 所示.

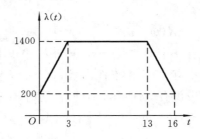

图 3.3

由题意知,乘客数的变化可用非齐次泊松过程描述. 因为

$$m_X(9) - m_X(7) = \int_7^9 1400\mathrm{d}s = 2800,$$

所以在 12 时至 14 时有 2000 名乘客到达的概率为

$$P\{X(9)-X(7)=2000\}=\mathrm{e}^{-2800}\frac{(2800)^{2000}}{2000!}.$$

12 时至 14 时乘客数的数学期望为

$$m_X(9)-m_X(7)=2800(人).$$

例 3.10　设 $\{X(t),t\geqslant 0\}$ 是具有均值函数 $m(t)=\int_0^t\lambda(s)\mathrm{d}s$ 的非齐次泊松过程，证明在 $\{X(t)=n\}$ 的条件下，n 次事件到达时间 $W_1<W_2<\cdots<W_n$ 的条件概率密度为

$$f(t_1,\cdots,t_n\mid X(t)=n)=\begin{cases}n!\displaystyle\prod_{i=1}^n\frac{\lambda(t_i)}{m(t)},&0<t_1<\cdots<t_n<t,\\[2mm]0,&其他.\end{cases}$$

证　令 $0\leqslant t_1<t_2<\cdots<t_n<t_{n+1}=t$，取 $h_i>0$ 充分小，使得 $t_i+h_i<t_{i+1}(i=1,2,\cdots,n)$，则

$$P(t_1\leqslant W_1<t_1+h_1,\cdots,t_n\leqslant W_n<t_n+h_n\mid X(t)=n)$$

$$=\frac{P\{[t_i,t_i+h_i]中仅有一个事件发生,i=1,2,\cdots,n,[0,t]的别处无事件发生\}}{P(X(t)=n)}$$

$$=\frac{[m(t_1+h_1)-m(t_1)]\mathrm{e}^{-[m(t_1+h_1)-m(t_1)]}\cdots[m(t_n+h_n)-m(t_n)]\mathrm{e}^{-[m(t_n+h_n)-m(t_n)]}}{\dfrac{(m(t))^n}{n!}\mathrm{e}^{-m(t)}}$$

$$\cdot\mathrm{e}^{-\left[m(t)-\sum\limits_{i=1}^n(m(t_i+h_i)-m(t_i))\right]}.$$

由于

$$\lim_{h_i\to 0}\frac{m(t_i+h_i)-m(t_i)}{h_i}=\lambda(t_i),i=1,2,\cdots,n,$$

故

$$f(t_1,\cdots,t_n\mid X(t)=n)=\lim_{h_i\to 0}\frac{P(t_1\leqslant W_1<t_1+h_1,\cdots,t_n\leqslant W_n<t_n+h_n\mid X(t)=n)}{h_1\cdots h_n}$$

$$=n!\prod_{i=1}^n\frac{\lambda(t_i)}{m(t)}.$$

注　若设总体 X 的分布函数为

$$F(x)=\begin{cases}\dfrac{m(x)}{m(t)},&x\leqslant t,\\[2mm]1,&x>t,\end{cases}$$

$X_1,X_2,\cdots,X_n$ 为 X 的样本，则在 $\{X(t)=n\}$ 的条件下，n 个事件到达时间的分布与 $X_1,X_2,\cdots,X_n$ 的顺序统计量具有相同的分布.

3.4　复合泊松过程

复合泊松过程有广泛的应用，其定义如下.

定义 3.5　设 $\{N(t),t\geqslant 0\}$ 是强度为 λ 的泊松过程,$\{Y_k,k=1,2,\cdots\}$ 是一列独立同分布随机变量,且与 $\{N(t),t\geqslant 0\}$ 独立,令

$$X(t)=\sum_{k=1}^{N(t)}Y_k,\quad t\geqslant 0,$$

则称 $\{X(t),t\geqslant 0\}$ 为**复合泊松过程**.

例 3.11　设 $N(t)$ 是在时间段 $(0,t]$ 内来到某商店的顾客人数,$\{N(t),t\geqslant 0\}$ 是泊松过程. 若 Y_k 是第 k 个顾客在商店所花的钱数,则 $\{Y_k,k=1,2,\cdots\}$ 是独立同分布随机变量序列,且与 $\{N(t),t\geqslant 0\}$ 独立. 记 $X(t)$ 为该商店在 $(0,t]$ 时间段内的营业额,则 $X(t)=\sum_{k=1}^{N(t)}Y_k,t\geqslant 0$ 是一个复合泊松过程.

定理 3.6　设 $X(t)=\sum_{k=1}^{N(t)}Y_k,t\geqslant 0$ 是复合泊松过程,则

(1) $\{X(t),t\geqslant 0\}$ 是独立增量过程;

(2) $X(t)$ 的特征函数 $g_{X(t)}(u)=\exp\{\lambda t[g_Y(u)-1]\}$,其中 $g_Y(u)$ 是随机变量 Y_1 的特征函数,λ 是事件的到达率;

(3) 若 $E(Y_1^2)<\infty$,则 $E[X(t)]=\lambda tE[Y_1],D[X(t)]=\lambda tE[Y_1^2]$.

证　(1) 令 $0\leqslant t_0<t_1<\cdots<t_m$,则

$$X(t_k)-X(t_{k-1})=\sum_{i=N(t_{k-1})+1}^{N(t_k)}Y_i,\quad k=1,2,\cdots,m.$$

由条件,不难验证 $X(t)$ 具有独立增量性.

(2) 因为

$$g_{X(t)}(u)=E[\mathrm{e}^{\mathrm{i}uX(t)}]=\sum_{n=0}^{\infty}E[\mathrm{e}^{\mathrm{i}uX(t)}\mid N(t)=n]P\{N(t)=n\}$$

$$=\sum_{n=0}^{\infty}E[\exp(\mathrm{i}u\sum_{k=1}^{n}Y_k)\mid N(t)=n]\mathrm{e}^{-\lambda t}\frac{(\lambda t)^n}{n!}$$

$$=\sum_{n=0}^{\infty}E[\exp(\mathrm{i}u\sum_{k=1}^{n}Y_k)]\mathrm{e}^{-\lambda t}\frac{(\lambda t)^n}{n!}$$

$$=\sum_{n=0}^{\infty}[g_Y(u)]^n\mathrm{e}^{-\lambda t}\frac{(\lambda t)^n}{n!}=\exp\{\lambda t[g_Y(u)-1]\}.$$

(3) 由条件期望的性质 $E[X(t)]=E\{E[X(t)|N(t)]\}$ 及假设知

$$E[X(t)\mid N(t)=n]=E\Big[\sum_{i=1}^{N(t)}Y_i\mid N(t)=n\Big]$$

$$=E\Big[\sum_{i=1}^{n}Y_i\mid N(t)=n\Big]=E\Big[\sum_{i=1}^{n}Y_i\Big]=nE(Y_1),$$

所以

$$E[X(t)]=E\{E[X(t)\mid N(t)]\}=E[N(t)]E(Y_1)=\lambda tE(Y_1).$$

类似地
$$D[X(t) \mid N(t)] = N(t)D[Y_1],$$
$$D[X(t)] = E\{N(t)D[Y_1]\} + D\{N(t)E[Y_1]\}$$
$$= \lambda t D(Y_1) + \lambda t (EY_1)^2 = \lambda t E(Y_1)^2.$$

上述结果也可以利用特征函数与矩的关系得到.

习 题 3

3.1 设 $X_1(t)$ 和 $X_2(t)$ 是分别具有参数 λ_1 和 λ_2 的相互独立的泊松过程,证明:

(1) $Y(t) = X_1(t) + X_2(t)$ 是具有参数 $\lambda_1 + \lambda_2$ 的泊松过程;

(2) $Z(t) = X_1(t) - X_2(t)$ 不是泊松过程.

3.2 设到达某店的顾客组成强度为 λ 的泊松过程,每个顾客购买商品的概率为 p,且与其他顾客是否购买商品无关,若 $\{Y_t, t \geq 0\}$ 是购买商品的顾客数,证明 $\{Y_t, t \geq 0\}$ 是强度为 λp 的泊松过程.

3.3 设电话总机在 $(0, t]$ 内接到电话呼叫数 $X(t)$ 是具有强度(每分钟)为 λ 的泊松过程,求:

(1) 两分钟内接到 3 次呼叫的概率;

(2) "第二分钟内收到第三次呼叫"的概率。

3.4 设 $\{X(t), t \geq 0\}$ 是具有参数为 λ 的泊松过程,假定 S 是相邻事件的时间间隔,证明
$$P\{S > s_1 + s_2 \mid S > s_1\} = P\{S > s_2\},$$
即假定预先知道最近一次到达发生在 s_1 秒,下一次到达至少发生在将来 s_2 秒的概率等于在将来 s_2 秒出现下一次事件的无条件概率(这一性质称为"泊松过程无记忆"性).

3.5 设到达某路口的绿、黑、灰色的汽车的到达率分别为 $\lambda_1, \lambda_2, \lambda_3$,且均为泊松过程,它们相互独立. 若把这些汽车合并成单个输出过程(假定无长度、无延时),求:

(1) 相邻绿色汽车之间的不同到达时间间隔的概率密度;

(2) 汽车之间的不同到达时刻的间隔概率密度.

3.6 设 $\{X(t), t \geq 0\}$ 为具有参数 λ 的泊松过程,证明:

(1) $E(W_n) = \dfrac{n}{\lambda}$,即泊松过程第 n 次到达时间的数学期望恰好是到达率倒数的 n 倍;

(2) $D(W_n) = \dfrac{n}{\lambda^2}$,即泊松过程第 n 次到达时间的方差恰好是到达率平方的倒数的 n 倍.

3.7 设 $\{X(t), t \geq 0\}$ 和 $\{Y(t), t \geq 0\}$ 分别是具有参数 λ_1 和 λ_2 的相互独立的泊松过程. 令 W 和 W' 是 $X(t)$ 的两个相继泊松型事件出现的时间,且 $W < W'$. 对于 $W < t < W'$,有 $X(t) = X(W)$ 和 $X(W') = X(W) + 1$,定义 $N = Y(W') - Y(W)$,求 N 的概率分布.

3.8 设脉冲到达计数器的规律是到达率为 λ 的泊松过程,记录每个脉冲的概率为 p,记录不同脉冲的概率是相互独立的. 令 $X(t)$ 表示已被记录的脉冲数.

(1) 求 $P\{X(t) = k\}, k = 0, 1, 2, \cdots$;

(2) $X(t)$ 是否为泊松过程.

3.9 某商店每日 8 时开始营业,从 8 时到 11 时平均顾客到达率线性增加,在 8 时顾客平均到达率为 5 人/时,11 时到达率达最高峰 20 人/时. 从 11 时到 13 时,平均顾客到达率维持不变,为 20 人/时,从 13 时到 17 时,顾客到达率线性下降,到 17 时顾客到达率为 12 人. 假定在不相重叠的时

间间隔内到达商店的顾客数是相互独立的,问在 8∶30—9∶30 间无顾客到达商店的概率是多少?在这段时间内到达商店的顾客数学期望是多少?

3.10 设移民到某地区定居的户数是一泊松过程,平均每周有 2 户定居,即 $\lambda=2$. 如果每户的人口数是随机变量,一户四人的概率为 $\dfrac{1}{6}$,一户三人的概率为 $\dfrac{1}{3}$,一户二人的概率为 $\dfrac{1}{3}$,一户一人的概率为 $\dfrac{1}{6}$,并且每户的人口数是相互独立的,求在五周内移民到该地区人口的数学期望与方差.

3.11 设 $\{X(t),t\geqslant0\}$ 是具有均值函数 $m(t)=\displaystyle\int_0^t\lambda(s)\mathrm{d}s$ 的非齐次泊松过程,$\{W_n,n\geqslant1\}$ 是其等待时间序列. 求 W_n 的概率密度.

第4章 马尔可夫链

马尔可夫过程按其状态和时间参数是连续的或离散的,可分为三类:

(1) 时间、状态都是离散的马尔可夫过程,称为马尔可夫链.

(2) 时间连续、状态离散的马尔可夫过程,称为连续时间的马尔可夫链.

(3) 时间、状态都连续的马尔可夫过程.

4.1 马尔可夫链的概念及转移概率

4.1.1 马尔可夫链的定义

假设马尔可夫过程 $\{X_n, n \in T\}$ 的参数集 T 是离散的时间集合,即 $T = \{0, 1, 2, \cdots\}$,其相应 X_n 可能取值的全体组成的状态空间是离散的状态集 $I = \{i_0, i_1, i_2, \cdots\}$.

定义 4.1 若随机过程 $\{X_n, n \in T\}$ 对于任意的非负整数 $n \in T$ 和任意的 i_0, $i_1, \cdots, i_{n+1} \in I$,其条件概率满足

$$P\{X_{n+1} = i_{n+1} \mid X_0 = i_0, X_1 = i_1, \cdots, X_n = i_n\}$$
$$= P\{X_{n+1} = i_{n+1} \mid X_n = i_n\}, \tag{4.1}$$

则称 $\{X_n, n \in T\}$ 为**马尔可夫链**,简称**马氏链**.

(4.1)式是马尔可夫链的马尔可夫性(或无后效性)的数学表达式. 由定义知

$P\{X_0 = i_0, X_1 = i_1, \cdots, X_n = i_n\}$

$= P\{X_n = i_n \mid X_0 = i_0, X_1 = i_1, \cdots, X_{n-1} = i_{n-1}\} P\{X_0 = i_0, X_1 = i_1, \cdots, X_{n-1} = i_{n-1}\}$

$= P\{X_n = i_n \mid X_{n-1} = i_{n-1}\} P\{X_0 = i_0, X_1 = i_1, \cdots, X_{n-1} = i_{n-1}\}$

$= \cdots$

$= P\{X_n = i_n \mid X_{n-1} = i_{n-1}\} P\{X_{n-1} = i_{n-1} \mid X_{n-2} = i_{n-2}\} \cdots P\{X_1 = i_1 \mid X_0 = i_0\} P\{X_0 = i_0\}.$

可见,马尔可夫链的统计特性完全由条件概率

$$P\{X_{n+1} = i_{n+1} \mid X_n = i_n\}$$

所决定. 如何确定这个条件概率,是马尔可夫链理论和应用中的重要问题之一.

4.1.2 转移概率

条件概率 $P\{X_{n+1} = j \mid X_n = i\}$ 的直观含义为系统在时刻 n 处于状态 i 的条件下,在时刻 $n+1$ 系统处于状态 j 的概率. 它相当于随机游动的质点在时刻 n 处于状态

i 的条件下,下一步转移到状态 j 的概率.记此条件概率为 $p_{ij}(n)$,其严格定义如下.

定义 4.2　称条件概率

$$p_{ij}(n) = P\{X_{n+1} = j \mid X_n = i\}$$

为马尔可夫链 $\{X_n, n \in T\}$ 在时刻 n 的**一步转移概率**,简称为**转移概率**,其中 $i, j \in I$.

一般地,转移概率 $p_{ij}(n)$ 不仅与状态 i, j 有关,而且与时刻 n 有关.当 $p_{ij}(n)$ 不依赖于时刻 n 时,表示马尔可夫链具有平稳转移概率.

定义 4.3　若对任意的 $i, j \in I$,马尔可夫链 $\{X_n, n \in T\}$ 的转移概率 $p_{ij}(n)$ 与 n 无关,则称马尔可夫链 $\{X_n, n \in T\}$ 是**齐次的**,并记 $p_{ij}(n)$ 为 p_{ij}.

下面我们只讨论齐次马尔可夫链,通常将"齐次"两字省略.

设 $\boldsymbol{P}$ 为一步转移概率 p_{ij} 所组成的矩阵,且状态空间 $I = \{1, 2, \cdots\}$,称

$$\boldsymbol{P} = \begin{bmatrix} p_{11} & p_{12} & \cdots & p_{1n} & \cdots \\ p_{21} & p_{22} & \cdots & p_{2n} & \cdots \\ \cdots & \cdots & \cdots & \cdots & \cdots \end{bmatrix}$$

为系统状态的一步转移概率矩阵.它具有性质:

(1) $p_{ij} \geqslant 0, i, j \in I$;

(2) $\sum_{j \in I} p_{ij} = 1, i \in I$.

性质(2)中对 j 求和是对状态空间 I 的所有可能状态进行的,此性质说明一步转移概率矩阵中任一行元素之和为 1.通常称满足上述(1)、(2)性质的矩阵为**随机矩阵**.

为进一步讨论马尔可夫链的统计性质,我们给出 n 步转移概率、初始概率和绝对概率的概念.

定义 4.4　称条件概率

$$p_{ij}^{(n)} = P\{X_{m+n} = j \mid X_m = i\}, \qquad i, j \in I, m \geqslant 0, n \geqslant 1$$

为马尔可夫链 $\{X_n, n \in T\}$ 的 **n 步转移概率**,并称

$$\boldsymbol{P}^{(n)} = (p_{ij}^{(n)})$$

为马尔可夫链的 **n 步转移矩阵**,其中 $p_{ij}^{(n)} \geqslant 0, \sum_{j \in I} p_{ij}^{(n)} = 1$,即 $\boldsymbol{P}^{(n)}$ 也是随机矩阵.

当 $n = 1$ 时,$p_{ij}^{(1)} = p_{ij}$,此时一步转移矩阵 $\boldsymbol{P}^{(1)} = \boldsymbol{P}$.此外,我们规定

$$p_{ij}^{(0)} = \begin{cases} 0, & i \neq j, \\ 1, & i = j. \end{cases}$$

定理 4.1　设 $\{X_n, n \in T\}$ 为马尔可夫链,则对任意整数 $n \geqslant 0, 0 \leqslant l < n$ 和 $i, j \in I, n$ 步转移概率 $p_{ij}^{(n)}$ 具有下列性质:

(1) $p_{ij}^{(n)} = \sum_{k \in I} p_{ik}^{(l)} p_{kj}^{(n-l)}$;　　　　　　　　　　　　　　　　　　(4.2)

(2) $p_{ij}^{(n)} = \sum_{k_1 \in I} \cdots \sum_{k_{n-1} \in I} p_{ik_1} p_{k_1 k_2} \cdots p_{k_{n-1} j}$;　　　　　　　　(4.3)

(3) $\boldsymbol{P}^{(n)} = \boldsymbol{P} \boldsymbol{P}^{(n-1)}$;　　　　　　　　　　　　　　　　　　　　　(4.4)

(4) $\boldsymbol{P}^{(n)} = \boldsymbol{P}^n$. 　　　　　　　　　　　　　　　　(4.5)

证　(1) 利用全概率公式及马尔可夫性,有

$$p_{ij}^{(n)} = P\{X_{m+n} = j \mid X_m = i\} = \frac{P\{X_m = i, X_{m+n} = j\}}{P\{X_m = i\}}$$

$$= \sum_{k \in I} \frac{P\{X_m = i, X_{m+l} = k, X_{m+n} = j\}}{P\{X_m = i, X_{m+l} = k\}} \cdot \frac{P\{X_m = i, X_{m+l} = k\}}{P\{X_m = i\}}$$

$$= \sum_{k \in I} P\{X_{m+n} = j \mid X_{m+l} = k\} P\{X_{m+l} = k \mid X_m = i\}$$

$$= \sum_{k \in I} p_{kj}^{(n-l)}(m+l) p_{ik}^{(l)}(m) = \sum_{k \in I} p_{ik}^{(l)} p_{kj}^{(n-l)}.$$

(2) 在(1)中令 $l = 1, k = k_1$,得

$$p_{ij}^{(n)} = \sum_{k_1 \in I} p_{ik_1} p_{k_1 j}^{(n-1)};$$

这是一个递推公式,故可递推得到

$$p_{ij}^{(n)} = \sum_{k_1 \in I} \cdots \sum_{k_{n-1} \in I} p_{ik_1} p_{k_1 k_2} \cdots p_{k_{n-1} j}.$$

(3) 在(1)中令 $l = 1$,利用矩阵乘法可证.

(4) 由(3),利用归纳法可证.

定理 4.1 中(1) 式称为**切普曼-柯尔莫哥洛夫方程**,简称 C-K **方程**. 它在马尔可夫链的转移概率的计算中起着重要的作用.(2)式说明 n 步转移概率完全由一步转移概率决定.(4)式说明齐次马尔可夫链的 n 步转移概率矩阵是一步转移概率矩阵的 n 次乘方.

定义 4.5　设 $\{X_n, n \in T\}$ 为马尔可夫链,称

$$p_j = P\{X_0 = j\} \quad \text{和} \quad p_j(n) = P\{X_n = j\}, \quad j \in I$$

分别为 $\{X_n, n \in T\}$ 的**初始概率**和**绝对概率**,并分别称 $\{p_j, j \in I\}$ 和 $\{p_j(n), j \in I\}$ 为 $\{X_n, n \in T\}$ 的**初始分布**和**绝对分布**,简记为 $\{p_j\}$ 和 $\{p_j(n)\}$. 称概率向量

$$\boldsymbol{p}^{\mathrm{T}}(n) = (p_1(n), p_2(n), \cdots), \quad n > 0$$

为 n 时刻的**绝对概率向量**,而称

$$\boldsymbol{p}^{\mathrm{T}}(0) = (p_1, p_2, \cdots)$$

为初始概率向量.

定理 4.2　设 $\{X_n, n \in T\}$ 为马尔可夫链,则对任意 $j \in I$ 和 $n \geqslant 1$,绝对概率 $p_j(n)$ 具有下列性质:

(1) $p_j(n) = \sum_{i \in I} p_i p_{ij}^{(n)};$ 　　　　　　　　　　　　(4.6)

(2) $p_j(n) = \sum_{i \in I} p_i(n-1) p_{ij};$ 　　　　　　　　　　　(4.7)

(3) $\boldsymbol{p}^{\mathrm{T}}(n) = \boldsymbol{p}^{\mathrm{T}}(0) \boldsymbol{P}^{(n)};$ 　　　　　　　　　　　(4.8)

(4) $\boldsymbol{p}^{\mathrm{T}}(n) = \boldsymbol{p}^{\mathrm{T}}(n-1) \boldsymbol{P}.$ 　　　　　　　　　　　(4.9)

证　(1) $p_j(n) = P\{X_n = j\} = \sum_{i \in I} P\{X_0 = i, X_n = j\}$

$$= \sum_{i \in I} P\{X_n = j \mid X_0 = i\} P\{X_0 = i\} = \sum_{i \in I} p_i p_{ij}^{(n)}.$$

(2)　　　　　$p_j(n) = P\{X_n = j\} = \sum_{i \in I} P\{X_n = j, X_{n-1} = i\}$

$$= \sum_{i \in I} P\{X_n = j \mid X_{n-1} = i\} P\{X_{n-1} = i\}$$

$$= \sum_{i \in I} p_i(n-1) p_{ij}.$$

(3)与(4)中式是(1)与(2)中式的矩阵乘积形式,显然成立.证毕.

定理 4.3　设 $\{X_n, n \in T\}$ 为马尔可夫链,则对任意 $i_1, \cdots, i_n \in I$ 和 $n \geqslant 1$,有

$$P\{X_1 = i_1, \cdots, X_n = i_n\} = \sum_{i \in I} p_i p_{ii_1} \cdots p_{i_{n-1} i_n}. \tag{4.10}$$

证　由全概率公式及马尔可夫性(简称马氏性)有

$$P\{X_1 = i_1, \cdots, X_n = i_n\} = P\Big(\bigcup_{i \in I} \{X_0 = i, X_1 = i_1, \cdots, X_n = i_n\} \Big)$$

$$= \sum_{i \in I} P\{X_0 = i, X_1 = i_1, \cdots, X_n = i_n\}$$

$$= \sum_{i \in I} P\{X_0 = i\} P\{X_1 = i_1 \mid X_0 = i\} \cdots$$

$$\cdot P\{X_n = i_n \mid X_0 = i, \cdots, X_{n-1} = i_{n-1}\}$$

$$= \sum_{i \in I} P\{X_0 = i\} P\{X_1 = i_1 \mid X_0 = i\} \cdots P\{X_n = i_n \mid X_{n-1} = i_{n-1}\}$$

$$= \sum_{i \in I} p_i p_{ii_1} \cdots p_{i_{n-1} i_n}. \qquad \text{证毕.}$$

定理 4.2 表明绝对概率 $p_j(n)$ 也具有类似于 n 步转移概率的性质.定理 4.3 则进一步说明马尔可夫链的有限维分布完全由它的初始概率和一步转移概率所决定.因此,只要知道初始概率和一步转移概率,就可以描述马尔可夫链的统计特性.

4.1.3　马尔可夫链的一些简单例子

马尔可夫链在研究质点的随机运动、自动控制、通信技术、生物工程、经济管理等领域中有着广泛的应用.

例 4.1　无限制随机游动.

设质点在数轴上移动,每次移动一格,向右移动的概率为 p,向左移动的概率为 $q = 1 - p$,这种运动称为无限制随机游动.以 X_n 表示质点在时刻 n 所处的位置,则 $\{X_n, n \in T\}$ 是一个齐次马尔可夫链,试写出它的一步和 k 步转移概率.

解　显然 $\{X_n, n \in T\}$ 的状态空间 $I = \{0, \pm 1, \pm 2, \cdots\}$,其一步转移概率矩阵为

$$\boldsymbol{P} = \begin{pmatrix} \cdots & \cdots & \cdots & \cdots & \cdots & \cdots \\ \cdots & q & 0 & p & 0 & \cdots \\ \cdots & 0 & q & 0 & p & \cdots \\ \cdots & \cdots & \cdots & \cdots & \cdots & \cdots \end{pmatrix}.$$

设质点在第 k 步转移过程中向右移了 x 步,向左移了 y 步,且经过 k 步转移状态从 i 进入 j,则

$$\begin{cases} x+y=k, \\ x-y=j-i, \end{cases}$$

从而

$$x=\frac{k+(j-i)}{2}, \quad y=\frac{k-(j-i)}{2}.$$

由于 x,y 都只能取正整数,所以 $k\pm(j-i)$ 必须是偶数.又因在 k 步中哪 x 步向右,哪 y 步向左是任意的,故选取的方法有 C_k^x 种.于是

$$p_{ij}^{(k)}=\begin{cases} C_k^x p^x q^y, & k\pm(j-i) \text{ 为偶数}, \\ 0, & k\pm(j-i) \text{ 为奇数}. \end{cases}$$

例 4.2　赌徒输光问题.

两赌徒甲、乙进行一系列赌博.赌徒甲有 a 元,赌徒乙有 b 元,每赌一局输者给赢者 1 元,没有和局,直到两人中有一个输光为止.设在每一局中,甲赢的概率为 p,输的概率为 $q=1-p$,求甲输光的概率.

这个问题实质上是带有两个吸收壁的随机游动,其状态空间 $I=\{0,1,2,\cdots,c\}$,$c=a+b$.故现在的问题是求质点从 a 点出发到达 0 状态先于到达 c 状态的概率(图 4.1).

解　设 u_i 表示甲从状态 i 出发转移到状态 0 的概率,我们要计算的就是 u_a.

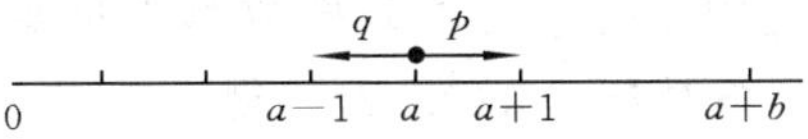

图 4.1

由于 0 和 c 是吸收状态,故

$$u_0=1, \quad u_c=0.$$

由全概率公式,有

$$u_i=pu_{i+1}+qu_{i-1}, \quad i=1,2,\cdots,c-1. \tag{4.11}$$

上式的含义是,甲从有 i 元开始赌到输光的概率等于"他接下去赢了一局(概率为 p),处于状态 $i+1$ 后再输光";和"他接下去输了一局(概率为 q),处于状态 $i-1$ 后再输光"这两个事件的和事件的概率.

由于 $p+q=1$,(4.11)式实质上是一个差分方程

$$u_{i+1}-u_i=r(u_i-u_{i-1}), \quad i=1,2,\cdots,c-1, \tag{4.12}$$

其中 $r=\dfrac{q}{p}$,其边界条件为

$$u_0=1, \quad u_c=0. \tag{4.13}$$

先讨论 $r=1$,即 $p=q=\dfrac{1}{2}$ 的情况,此时(4.12)式为

$$u_{i+1}-u_i=u_i-u_{i-1},$$

令 $i=1,2,\cdots,c-1,u_1=u_0+\alpha$,得

$$u_2 = u_1 + \alpha = u_0 + 2\alpha,$$
$$\vdots$$
$$u_i = u_{i-1} + \alpha = u_0 + i\alpha,$$
$$\vdots$$
$$u_c = u_{c-1} + \alpha = u_0 + c\alpha.$$

将 $u_c = 0, u_0 = 1$ 代入最后一式,得参数

$$\alpha = -\frac{1}{c},$$

所以

$$u_i = 1 - \frac{i}{c}, \quad i = 1, 2, \cdots, c-1.$$

令 $i = a$,求得甲输光的概率为

$$u_a = 1 - \frac{a}{c} = \frac{b}{a+b}.$$

上述结果表明,在 $p = q$ 情况下(即甲、乙每局比赛中输赢是等可能的情况下),甲输光的概率与乙的赌本 b 成正比,即赌本小者输光的可能性大.

由于甲、乙的地位是对称的,故乙输光的概率为

$$u_b = \frac{a}{a+b}.$$

由于 $u_a + u_b = 1$,表明甲、乙中必有一人要输光,赌博迟早要结束.

再讨论 $r \neq 1$,即 $p \neq q$ 的情况. 由(4.12)式得

$$u_c - u_k = \sum_{i=k}^{c-1} r(u_i - u_{i-1}) = \sum_{i=k}^{c-1} r^i (u_1 - u_0) = (u_1 - 1) \frac{r^k - r^c}{1 - r}. \tag{4.14}$$

令 $k = 0$,由于 $u_c = 0$,故

$$1 = (1 - u_1) \frac{1 - r^c}{1 - r},$$

即

$$1 - u_1 = \frac{1 - r}{1 - r^c},$$

代入(4.14)式,得

$$u_k = \frac{r^k - r^c}{1 - r^c}, \quad k = 1, 2, \cdots, c-1.$$

令 $k = a$,得甲输光的概率

$$u_a = \frac{r^a - r^c}{1 - r^c},$$

由对称性知,乙输光的概率为($r_1 = p/q$)

$$u_b = \frac{r_1^b - r_1^c}{1 - r_1^c}.$$

由于 $u_a + u_b = 1$,因此在 $r \neq 1$,即 $p \neq q$ 时两个人中也总有一个人要输光的.

例 4.3　天气预报问题.

设昨日、今日都下雨,明日有雨的概率为 0.7;昨日无雨,今日有雨,明日有雨的概率为 0.5;昨日有雨,今日无雨,明日有雨的概率为 0.4;昨日、今日均无雨,明日有雨的概率为 0.2.若星期一、星期二均下雨,求星期四又下雨的概率.

解　设昨日、今日连续两天有雨称为状态 $0(RR)$,昨日无雨、今日有雨称为状态 $1(NR)$,昨日有雨、今日无雨称为状态 $2(RN)$,昨日、今日无雨称为状态 $3(NN)$,于是天气预报模型可看作一个四状态的马尔可夫链,其转移概率为

$$p_{00} = P\{R_\text{今}\ R_\text{明} \mid R_\text{昨}\ R_\text{今}\} = P\{连续三天有雨\}$$
$$= P\{R_\text{明} \mid R_\text{昨}\ R_\text{今}\} = 0.7,$$
$$p_{01} = P\{N_\text{今}\ R_\text{明} \mid R_\text{昨}\ R_\text{今}\} = 0(不可能事件),$$
$$p_{02} = P\{R_\text{今}\ N_\text{明} \mid R_\text{昨}\ R_\text{今}\} = P\{N_\text{明} \mid R_\text{昨}\ R_\text{今}\}$$
$$= 1 - 0.7 = 0.3,$$
$$p_{03} = P\{N_\text{今}\ N_\text{明} \mid R_\text{昨}\ R_\text{今}\} = 0(不可能事件),$$

其中 R 代表有雨,N 代表无雨.类似地可得到所有状态的一步转移概率.于是它的一步转移概率矩阵为

$$\boldsymbol{P} = \begin{pmatrix} p_{00} & p_{01} & p_{02} & p_{03} \\ p_{10} & p_{11} & p_{12} & p_{13} \\ p_{20} & p_{21} & p_{22} & p_{23} \\ p_{30} & p_{31} & p_{32} & p_{33} \end{pmatrix} = \begin{pmatrix} 0.7 & 0 & 0.3 & 0 \\ 0.5 & 0 & 0.5 & 0 \\ 0 & 0.4 & 0 & 0.6 \\ 0 & 0.2 & 0 & 0.8 \end{pmatrix},$$

其两步转移概率矩阵为

$$\boldsymbol{P}^{(2)} = \boldsymbol{PP} = \begin{pmatrix} 0.7 & 0 & 0.3 & 0 \\ 0.5 & 0 & 0.5 & 0 \\ 0 & 0.4 & 0 & 0.6 \\ 0 & 0.2 & 0 & 0.8 \end{pmatrix} \begin{pmatrix} 0.7 & 0 & 0.3 & 0 \\ 0.5 & 0 & 0.5 & 0 \\ 0 & 0.4 & 0 & 0.6 \\ 0 & 0.2 & 0 & 0.8 \end{pmatrix}$$

$$= \begin{pmatrix} 0.49 & 0.12 & 0.21 & 0.18 \\ 0.35 & 0.20 & 0.15 & 0.30 \\ 0.20 & 0.12 & 0.20 & 0.48 \\ 0.10 & 0.16 & 0.10 & 0.64 \end{pmatrix}.$$

由于星期四下雨意味着过程所处的状态为 0 或 1,因此星期一、星期二连续下雨,星期四又下雨的概率为

$$p = p_{00}^{(2)} + p_{01}^{(2)} = 0.49 + 0.12 = 0.61.$$

例 4.4　设质点在线段 $[1,4]$ 上做随机游动,假设它只能在时刻 $n \in T$ 发生移动,且只能停留在 $1,2,3,4$ 点上.当质点转移到 $2,3$ 点时,它以 $1/3$ 的概率向左或向右移动一格,或停留在原处.当质点移动到点 1 时,它以概率 1 停留在原处.当质点移动到点 4 时,它以概率 1 移动到点 3.若以 X_n 表示质点在时刻 n 所处的位置,则 $\{X_n, n \in T\}$ 是一个齐次马尔可夫链,其转移概率矩阵为

$$P = \begin{bmatrix} 1 & 0 & 0 & 0 \\ 1/3 & 1/3 & 1/3 & 0 \\ 0 & 1/3 & 1/3 & 1/3 \\ 0 & 0 & 1 & 0 \end{bmatrix}.$$

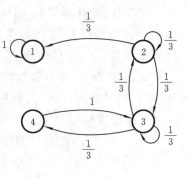

各状态之间的转移关系及相应的转移概率如图 4.2 所示.

　　例中的点 1 称为吸收壁,即质点一旦到达这种状态后就被吸收住了,不再移动;点 4 称为反射壁,即质点一旦到达这种状态后,必然被反射出去.

图 4.2

　　例 4.5　生灭链.观察某种生物群体,以 X_n 表示在时刻 n 群体的数目,设为 i 个数量单位,如在时刻 $n+1$ 增生到 $i+1$ 个数量单位的概率为 b_i,减灭到 $i-1$ 个数量单位的概率为 a_i,保持不变的概率为 $r_i = 1 - (a_i + b_i)$,则 $\{X_n, n \geq 0\}$ 为齐次马尔可夫链,$I = \{0, 1, 2, \cdots\}$,其转移概率为

$$p_{ij} = \begin{cases} b_i, & j = i+1, \\ r_i, & i = j, \\ a_i, & j = i-1, \end{cases}$$

$a_0 = 0$,称此马尔可夫链为生灭链.

4.2　马尔可夫链的状态分类

4.2.1　状态的分类

　　本节讨论齐次马尔可夫链的状态分类.

　　假设 $\{X_n, n \geq 0\}$ 是齐次马尔可夫链,其状态空间 $I = \{0, 1, 2, \cdots\}$,转移概率是 $p_{ij}, i, j \in I$,初始分布为 $\{p_j, j \in I\}$.我们将依概率性质对状态进行分类.

　　例 4.6　设马尔可夫链的状态空间 $I = \{1, 2, \cdots, 9\}$,状态间的转移概率如图 4.3 所示.由图 4.3 可见自状态 1 出发,再返回状态 1 的可能步数(时刻)为 $T = \{4, 6, 8, 10, \cdots\}$.显然 T 的最大公约数为 2.但 $2 \notin T$,即由 1 出发经两步不能返回 1.受机械运

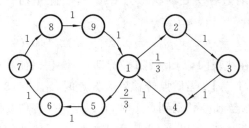

图 4.3

动周期的启发,我们仍把 2 定义为状态 1 的周期.

定义 4.6　如集合 $\{n:n\geq1,p_{ii}^{(n)}>0\}$ 非空,则称该集合的最大公约数 $d=d(i)=$ G. C. D$\{n:p_{ii}^{(n)}>0\}$ 为状态 i 的**周期**. 如 $d>1$ 就称 i 为**周期**的,如 $d=1$ 就称 i 为**非周期**的.

由定义知,如果 i 有周期 d,则对一切非零的 $n\neq0(\mathrm{mod}(d))$ 都有 $p_{ii}^{(n)}=0$.但这并不是说对任意 nd 有 $p_{ii}^{(nd)}>0$,如例 4.6 中的状态 1 的 $d=2$,但 $p_{11}^{(2)}=0$.然而我们有如下结论.

引理 4.1　如 i 的周期为 d,则存在正整数 M,对一切 $n\geq M$,有 $p_{ii}^{(nd)}>0$.

证　设 $\{n:n\geq1,p_{ii}^{(n)}>0\}=\{n_1,n_2,\cdots\}$,令

$$t_k = \mathrm{G.\,C.\,D}\{n_1,n_2,\cdots,n_k\},$$

则 $t_1\geq t_2\geq\cdots\geq d\geq1$,故存在正整数 N,使得 $t_N=t_{N+1}=\cdots=d$,因此 $d=\mathrm{G.\,C.\,D}\{n_1,n_2,\cdots,n_N\}$.从而存在正整数 M,对一切 $n\geq M$,由初等数论有

$$nd = \sum_{k=1}^{N}\alpha_k n_k,\quad \alpha_i \text{ 为正整数}.$$

因而当 $n\geq M$ 时

$$p_{ii}^{(nd)} = p_{ii}^{\left(\sum_{k=1}^{N}\alpha_k n_k\right)} \geq p_{ii}^{(\alpha_1 n_1)} p_{ii}^{(\alpha_2 n_2)}\cdots p_{ii}^{(\alpha_N n_N)} = \prod_{k=1}^{N}[p_{ii}^{(n_k)}]^{\alpha_k} > 0.$$

例 4.7　设 $I=\{1,2,3,4\}$,转移概率如图 4.4 所示,易见状态 2 与状态 3 有相同的周期 $d=2$.但由状态 3 出发经两步必定返回到 3,而状态 2 则不然,当 2 转移到 3 后,它再也不能返回到 2.为区别这样两种状态,我们引入常返性概念.

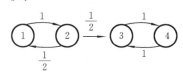

图 4.4

记

$$f_{ij}^{(n)}=P\{X_{m+v}\neq j,1\leq v\leq n-1,X_{m+n}=j\,|\,X_m=i\},\quad n\geq1,\qquad(4.15)$$
$$f_{ij}^{(0)}=0.$$

显然由马氏性与齐次性知,(4.15)式右边与 m 无关,它表示质点由 i 出发,经 n 步首次到达 j 的概率也称为**首中概率**.

记

$$f_{ij} = \sum_{n=1}^{\infty}f_{ij}^{(n)},$$

它表示质点由 i 出发,经有限步终于到达 j 的概率.

定义 4.7　若 $f_{ii}=1$,则称状态 i 为**常返**的;若 $f_{ii}<1$,则称状态 i 为**非常返**的.

因此,若 i 是非常返态,则由 i 出发将以正概率 $1-f_{ii}$ 永远不再返回到 i;若 i 是常返时,上述现象不会出现.对常返态 i,由定义知 $\{f_{ii}^{(n)},n\geq1\}$ 构成一概率分布.此分布的期望值

$$\mu_i = \sum_{n=1}^{\infty}n f_{ii}^{(n)},$$

表示由 i 出发再返回到 i 的平均返回时间.

定义 4.8　如 $\mu_i < \infty$,则称常返态 i 为**正常返的**;如 $\mu_i = \infty$,则称常返态 i 为**零常返的**.非周期的正常返态称为**遍历状态**.

$f_{ij}^{(n)}$ 与 $p_{ij}^{(n)}$ 有如下的关系.

定理 4.4　对任意状态 i,j 及 $1 \leqslant n < \infty$,有

$$p_{ij}^{(n)} = \sum_{k=1}^{n} f_{ij}^{(k)} p_{jj}^{(n-k)} = \sum_{k=0}^{n} f_{ij}^{(n-k)} p_{jj}^{(k)}. \tag{4.16}$$

证　$p_{ij}^{(n)} = P\{X_n = j \mid X_0 = i\}$

$$= \sum_{k=1}^{n} P\{X_v \neq j, 1 \leqslant v \leqslant k-1, X_k = j, X_n = j \mid X_0 = i\}$$

$$= \sum_{k=1}^{n} P\{X_n = j \mid X_0 = i, X_v \neq j, 1 \leqslant v \leqslant k-1, X_k = j\}$$

$$\cdot P\{X_v \neq j, 1 \leqslant v \leqslant k-1, X_k = j \mid X_0 = i\}$$

$$= \sum_{k=1}^{n} p_{jj}^{(n-k)} f_{ij}^{(k)}.$$

C-K 方程及(4.16)式是描述齐次马尔可夫链状态转移规律的关键性公式,它们可以把 $p_{ii}^{(n)}$ 分解成较低步的转移概率之和的形式.由定理 4.4 我们得到周期的等价定义.

引理 4.2　G. C. D$\{n: n \geqslant 1, p_{ii}^{(n)} > 0\}$ = G. C. D$\{n: n \geqslant 1, f_{ii}^{(n)} > 0\}$.

证　令

$$d = \text{G. C. D}\{n: n \geqslant 1, p_{ii}^{(n)} > 0\},$$

$$t = \text{G. C. D}\{n: n \geqslant 1, f_{ii}^{(n)} > 0\}.$$

由(4.16)式知 $p_{ii}^{(n)} \geqslant f_{ii}^{(n)}$,故 $\{n: n \geqslant 1, p_{ii}^{(n)} > 0\} \supset \{n: n \geqslant 1, f_{ii}^{(n)} > 0\}$,从而 $1 \leqslant d \leqslant t$.若 $t = 1$,则 $d = t = 1$.若 $t > 1$,我们证明 $d \geqslant t$,为此只需证 t 是 $\{n: p_{ii}^{(n)} > 0\}$ 的公约数即可.换言之,如 $n \neq 0 (\mod(t))$ 必有 $p_{ii}^{(n)} = 0$.由 t 的定义及(4.16)式知,对一切 $n < t$,都有

$$p_{ii}^{(n)} = \sum_{k=1}^{n} 0, \qquad p_{ii}^{(n-k)} = 0.$$

今假设当 $n = mt + r, m = 0, 1, 2, \cdots, N-1$ 时,$p_{ii}^{(n)} = 0$,则由(4.16)式并注意到当 $n \neq 0 (\mod(t))$ 时 $f_{ii}^{(n)} = 0$,我们有

$$p_{ii}^{(Nt+r)} = f_{ii}^{(t)} p_{ii}^{(N-1)t+r} + f_{ii}^{(2t)} p_{ii}^{(N-2)t+r} + \cdots + f_{ii}^{(Nt)} p_{ii}^{(r)} = 0,$$

从而由归纳法证得 $d \geqslant t$.

综上所述,我们有 $d = t$.证毕.

例 4.8　设马尔可夫链的状态空间 $I = \{1, 2, 3\}$,其转移概率矩阵为

$$\boldsymbol{P} = \begin{bmatrix} 0 & p_1 & q_1 \\ q_2 & 0 & p_2 \\ p_3 & q_3 & 0 \end{bmatrix}.$$

求从状态 1 出发经 n 步转移首次到达各状态的概率.

解　如用 (4.16) 式计算将会很复杂,我们直接通过状态
转移图 (见图 4.5) 来计算. 利用归纳法可得

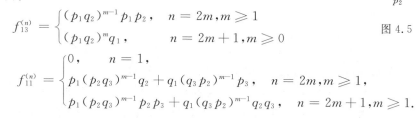

图 4.5

$$f_{12}^{(n)} = \begin{cases} (q_1 p_3)^{m-1} q_1 q_3, & n = 2m, m \geqslant 1, \\ (q_1 p_3)^m p_1, & n = 2m+1, m \geqslant 0. \end{cases}$$

同理可得

$$f_{13}^{(n)} = \begin{cases} (p_1 q_2)^{m-1} p_1 p_2, & n = 2m, m \geqslant 1 \\ (p_1 q_2)^m q_1, & n = 2m+1, m \geqslant 0 \end{cases}$$

$$f_{11}^{(n)} = \begin{cases} 0, & n = 1, \\ p_1 (p_2 q_3)^{m-1} q_2 + q_1 (q_3 p_2)^{m-1} p_3, & n = 2m, m \geqslant 1, \\ p_1 (p_2 q_3)^{m-1} p_2 p_3 + q_1 (q_3 p_2)^{m-1} q_2 q_3, & n = 2m+1, m \geqslant 1. \end{cases}$$

4.2.2　常返性的判别及其性质

本段论述如何用 $p_{ij}^{(n)}$ 判别常返状态及性质.

设 $\{a_n, n \geqslant 0\}$ 为实数列,考虑其母函数

$$A(s) = \sum_{n=0}^{\infty} a_n s^n.$$

显然,如 $\{a_n\}$ 有界,则 $A(s)$ 对一切 $|s| < 1$ 收敛. 进而,若 $\{a_n\}$ 与 $\{b_n\}$ 的母函数分别为 $A(s)$ 与 $B(s)$,且对一切 $|s| < 1$ 收敛,则 $\{a_n\}$ 与 $\{b_n\}$ 的卷积

$$c_n = \sum_{k=0}^{n} a_k b_{n-k}, \quad n = 0, 1, \cdots \tag{4.17}$$

的母函数 $C(s) = A(s)B(s)$.

定理 4.5　状态 i 常返的充要条件为

$$\sum_{n=0}^{\infty} p_{ii}^{(n)} = \infty. \tag{4.18}$$

如 i 非常返,则

$$\sum_{n=0}^{\infty} p_{ii}^{(n)} = \frac{1}{1 - f_{ii}}.$$

证　规定 $p_{ii}^{(0)} = 1, f_{ii}^{(0)} = 0$. 由定理 4.4 知

$$p_{ii}^{(n)} = \sum_{k=0}^{n} p_{ii}^{(k)} f_{ii}^{(n-k)}, \quad n \geqslant 1.$$

两边乘以 s^n,并对 $n \geqslant 1$ 求和,若记 $\{p_{ii}^{(n)}\}$ 与 $\{f_{ii}^{(n)}\}$ 的母函数分别为 $P(s)$ 与 $F(s)$,与 (4.17) 式比较即得

$$P(s) - 1 = P(s)F(s).$$

注意到当 $0 \leqslant s < 1$ 时,$F(s) < f_{ii} \leqslant 1$,因此

$$P(s) = \frac{1}{1 - F(s)}, \quad 0 \leqslant s < 1. \tag{4.19}$$

显然对任意正整数 N,都有

$$\sum_{n=0}^{N} p_{ii}^{(n)} s^n \leqslant P(s) \leqslant \sum_{n=0}^{\infty} p_{ii}^{(n)}, \quad 0 \leqslant s < 1, \tag{4.20}$$

且当 $s \uparrow 1$ 时 $P(s)$ 不减,故在(4.20)式中如先令 $s \uparrow 1$,再令 $N \to \infty$,有

$$\lim_{s \uparrow 1} P(s) = \sum_{n=0}^{\infty} p_{ii}^{(n)}. \tag{4.21}$$

同理可得

$$\lim_{s \uparrow 1} F(s) = \sum_{n=0}^{\infty} f_{ii}^{(n)} = f_{ii}. \tag{4.22}$$

令(4.19)式两边中的 $s \uparrow 1$,由(4.21)式、(4.22)式立得定理.

定理 4.5 表示,当 i 常返时,返回 i 的次数是无限多次;当 i 非常返时,返回 i 的次数只能有限多次. 为了进一步理解这一特性,我们给出"超限"概率的定义

$$g_{ij} = P\{\text{有无限多个 } n \text{ 使 } X_n = j \mid X_0 = i\}$$
$$\triangleq P_i\{\text{有无限多个 } n \text{ 使 } X_n = j\}$$
$$= P_i\Big\{ \bigcup_{m=1}^{\infty} \bigcup_{n=m}^{\infty} (X_n = j) \Big\}.$$

引理 4.3 对任意状态 i,有

$$g_{ij} = \begin{cases} f_{ij}, & j \text{ 是常返}, \\ 0, & j \text{ 非常返}. \end{cases} \tag{4.23}$$

证 令

$$A_k = \{e : \text{至少有 } k \text{ 个 } n \text{ 使 } X_n(e) = j\},$$

可见 $A_{k+1} \subset A_k$,且

$$\lim_{k \to \infty} P_i(A_k) = g_{ij}. \tag{4.24}$$

另一方面

$$P_i(A_{k+1}) = P_i\Big\{ \bigcup_{m=1}^{\infty} (X_v \neq j, 0 < v < m, X_m = j \text{ 且至少有 } k \text{ 个 } n \text{ 使 } X_{m+n} = j) \Big\}$$

$$= \sum_{m=1}^{\infty} P_i\{X_v \neq j, 0 < v < m, X_m = j\} \cdot P_j(\text{至少有 } k \text{ 个 } n \text{ 使 } X_n = j)$$

$$= \sum_{m=1}^{\infty} f_{ij}^{(m)} P_j(A_k) = f_{ij} P_j(A_k). \tag{4.25}$$

由 i 的任意性,反复迭代(4.25)式并注意 $P_j(A_1) = f_{jj}$,有

$$P_i(A_{k+1}) = f_{ij} f_{jj} P_j(A_{k-1}) = \cdots = f_{ij} (f_{jj})^k,$$

令 $k \to \infty$,由(4.24)式及(4.25)式有

$$g_{ij} = \begin{cases} f_{ij}, & f_{jj} = 1, \\ 0, & f_{jj} < 1. \end{cases}$$

从而引理得证.

由上述引理,我们立即得到如下定理.

定理 4.6　状态 i 常返当且仅当 $g_{ii} = 1$ 时;如 i 非常返,则 $g_{ii} = 0$.

对于常返态 i,为判别它是遍历或零常返,我们不加证明地给出下面定理.

定理 4.7　设 i 常返且有周期 d,则

$$\lim_{n \to \infty} p_{ii}^{(nd)} = \frac{d}{\mu_i}, \tag{4.26}$$

其中 μ_i 为 i 的平均返回时间. 当 $\mu_i = \infty$ 时, $\dfrac{d}{\mu_i} = 0$.

由定理 4.7 立即得到如下推论:

推论　设 i 常返,则:

(1) i 零常返 $\Leftrightarrow \lim\limits_{n \to \infty} p_{ii}^{(n)} = 0$;

(2) i 遍历 $\Leftrightarrow \lim\limits_{n \to \infty} p_{ii}^{(n)} = \dfrac{1}{\mu_i} > 0$.

证　(1) 如 i 零常返,由 (4.26) 式知 $\lim\limits_{n \to \infty} p_{ii}^{(nd)} = 0$,但当 $n \neq 0 (\mathrm{mod}(d))$ 时 $p_{ii}^{(n)} = 0$,故 $\lim\limits_{n \to \infty} p_{ii}^{(n)} = 0$. 反之,若 $\lim\limits_{n \to \infty} p_{ii}^{(n)} = 0$,而 i 是正常返,则由 (4.26) 式得 $\lim\limits_{n \to \infty} p_{ii}^{(nd)} > 0$. 矛盾.

(2) 设 $\lim\limits_{n \to \infty} p_{ii}^{(n)} = \dfrac{1}{\mu_i} > 0$,这说明 i 为正常返且 $\lim\limits_{n \to \infty} p_{ii}^{(nd)} = \dfrac{1}{\mu_i}$,与 (4.26) 式比较得 $d = 1$,故 i 遍历;反之由定理 4.7 知结论显然成立.

为了讨论状态空间的分解,我们给出状态的一个等价关系.

如果存在正整数 $n > 0$ 使 $p_{ij}^{(n)} > 0$,称自状态 i 可达状态 j,并记为 $i \to j$;如 $i \to j$ 且 $j \to i$,称状态 i 与 j **互通**,并记为 $i \leftrightarrow j$.

定理 4.8　可达关系与互通关系都具有传递性,即:

如果 $i \to j, j \to k$,则 $i \to k$;

如果 $i \leftrightarrow j, j \leftrightarrow k$,则 $i \leftrightarrow k$.

证　$i \to j$,即存在 $l \geqslant 1$,使 $p_{ij}^{(l)} > 0$;$j \to k$,即存在 $m \geqslant 1$,使 $p_{jk}^{(m)} > 0$. 由 C-K 方程知

$$p_{ik}^{(l+m)} = \sum_s p_{is}^{(l)} p_{sk}^{(m)} \geqslant p_{ij}^{(l)} p_{jk}^{(m)} > 0,$$

且 $l + m \geqslant 1$,所以 $i \to k$.

将可达关系的证明,正向用一次,反向用一次,就可得出互通关系的传递性.

下一定理指出互通关系的状态是同一类型.

定理 4.9　如 $i \leftrightarrow j$,则:

(1) i 与 j 同为常返或非常返,如为常返,则它们同为正常返或零常返;

(2) i 与 j 有相同的周期.

证　(1) 由于 $i \leftrightarrow j$,故由可达定义知,存在 $l \geqslant 1$ 和 $n \geqslant 1$,使得

$$p_{ij}^{(l)} = \alpha > 0, \quad p_{ji}^{(n)} = \beta > 0.$$

由 C-K 方程,总有

$$p_{ii}^{(l+m+n)} \geqslant p_{ij}^{(l)} p_{jj}^{(m)} p_{ji}^{(n)} = \alpha\beta p_{jj}^{(m)}, \tag{4.27}$$

$$p_{jj}^{(n+m+l)} \geqslant p_{ji}^{(n)} p_{ii}^{(m)} p_{ij}^{(l)} = \alpha\beta p_{ii}^{(m)}. \tag{4.28}$$

将上两式的两边从 1 到∞求和,得

$$\sum_{m=1}^{\infty} p_{ii}^{(l+m+n)} \geqslant \alpha\beta \sum_{m=1}^{\infty} p_{jj}^{(m)},$$

$$\sum_{m=1}^{\infty} p_{jj}^{(l+m+n)} \geqslant \alpha\beta \sum_{m=1}^{\infty} p_{ii}^{(m)}.$$

可见,$\sum_{k=1}^{\infty} p_{ii}^{(k)}$ 与 $\sum_{k=1}^{\infty} p_{jj}^{(k)}$ 相互控制,所以它们同为无穷或同为有限.由定理 4.5 知 i,j 同为常返或同为非常返.又对(4.27)式、(4.28)式两边同时令 $m \to \infty$,取极限,则有

$$\lim_{m\to\infty} p_{ii}^{(l+m+n)} \geqslant \alpha\beta \lim_{m\to\infty} p_{jj}^{(m)},$$

$$\lim_{m\to\infty} p_{jj}^{(n+m+l)} \geqslant \alpha\beta \lim_{m\to\infty} p_{ii}^{(m)}.$$

因此 $\lim_{k\to\infty} p_{ii}^{(k)}$ 与 $\lim_{k\to\infty} p_{jj}^{(k)}$ 同为零或同为正.由定理 4.7 知,i 与 j 同为零常返或同为正常返.

(2) 仍令

$$p_{ij}^{(l)} = \alpha > 0, \quad p_{ji}^{(n)} = \beta > 0.$$

设 i 的周期为 d,j 的周期为 t.由(4.27)式知,对任一使 $p_{jj}^{(m)} > 0$ 的 m,必有 $p_{ii}^{(l+m+n)} > 0$,从而 d 可除尽 $l+m+n$,但

$$p_{ii}^{(l+n)} \geqslant p_{ij}^{(l)} p_{ji}^{(n)} = \alpha\beta > 0.$$

所以 d 也能除尽 $l+n$.可见 d 可除尽 m,这说明 $d \leqslant t$.利用(4.28)式类似可证 $d \geqslant t$.因而 $d = t$.

例 4.9　设马尔可夫链 $\{X_n\}$ 的状态空间为 $I = \{0,1,2,\cdots\}$,转移概率为

$$p_{00} = \frac{1}{2}, \quad p_{i,i+1} = \frac{1}{2}, \quad p_{i0} = \frac{1}{2}, \quad i \in I.$$

考查状态 0,由图 4.6 易知 $f_{00}^{(1)} = \frac{1}{2}, f_{00}^{(2)} = \frac{1}{2} \cdot \frac{1}{2} = \frac{1}{4}, f_{00}^{(3)} = \frac{1}{2} \cdot \frac{1}{2} \cdot \frac{1}{2} = \frac{1}{8}$,一般有 $f_{00}^{(n)} = \frac{1}{2^n}$,故

$$f_{00} = \sum_{n=1}^{\infty} \frac{1}{2^n} = 1, \quad \mu_0 = \sum_{n=1}^{\infty} n2^{-n} < \infty.$$

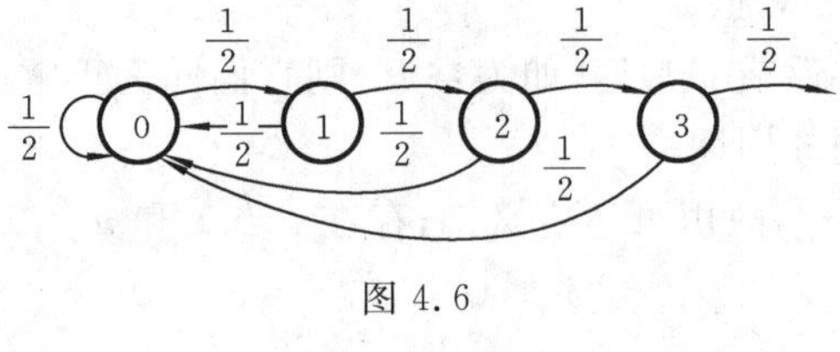

图 4.6

可见 0 为正常返,由于 $p_{00}^{(1)} = \frac{1}{2} > 0$,所以它是非周期的,因而是遍历的.对其他状态 i 求 $f_{ii}^{(n)}$ 较烦.但利用定理 4.9,因 $i \leftrightarrow 0$,故 i 也是遍历的.

此例告诉我们,对互通状态的识别,只需对最简单的状态进行判断即可.

例 4.10　设 $\{X_n\}$ 为生灭链(例 4.5),其中 $X_0 = 1, a_i > 0 (i \geqslant 1), b_i > 0 (i \geqslant 0)$.如

$$\sum_{k=1}^{\infty} \frac{a_1 a_2 \cdots a_k}{b_1 b_2 \cdots b_k} = \infty, \tag{4.29}$$

则 $\{X_n\}$ 的所有状态是常返的.

实际上 $\{X_n\}$ 的状态是互通的,故只需验证状态 0 是常返即可.定义

$$\tau_j = \min\{n : X_n = j\}.$$

对固定的状态 k,记

$$U(i) = P_i(\tau_0 < \tau_k) = P\{\tau_0 < \tau_k \mid X_0 = i\}, \quad 0 < i < k,$$

则由全概率公式,有

$$U(i) = b_i U(i+1) + a_i U(i-1) + r_i U(i), \quad 0 < i < k.$$

因为 $r_i = 1 - a_i - b_i$,所以由上式得

$$\begin{aligned}
U(i+1) - U(i) &= \frac{a_i}{b_i}[U(i) - U(i-1)] \\
&= \frac{a_i}{b_i} \cdot \frac{a_{i-1}}{b_{i-1}}[U(i-1) - U(i-2)] \\
&= \cdots \\
&= \frac{a_i a_{i-1} \cdots a_1}{b_i b_{i-1} \cdots b_1}[U(1) - U(0)].
\end{aligned}$$

令 $\beta_0 = 1, \beta_i = \frac{a_1 a_2 \cdots a_i}{b_1 b_2 \cdots b_i}, U(0) = 1$,则有

$$U(i) - U(i+1) = \beta_i[1 - U(1)]. \tag{4.30}$$

上式两边求和并注意到 $U(k) = 0$,得

$$1 = [1 - U(1)] \sum_{i=0}^{k-1} \beta_i.$$

由(4.30)式得

$$U(i) = \sum_{j=i}^{k-1} [U(j) - U(j+1)] = \sum_{j=i}^{k-1} \beta_j \Big/ \sum_{j=0}^{k-1} \beta_j.$$

因为 $(\tau_0 < \tau_k) \uparrow (\tau_0 < \infty)$,故由(4.29)式及上式得

$$\begin{aligned}
P_1(\tau_0 < \infty) &= \lim_{k \to \infty} P_1(\tau_0 < \tau_k) = \lim_{k \to \infty} \left\{ \sum_{j=1}^{k-1} \beta_j \Big/ \sum_{j=0}^{k-1} \beta_j \right\} \\
&= \lim_{k \to \infty} \left\{ 1 - \Big(\sum_{j=0}^{k-1} \beta_j \Big)^{-1} \right\} = 1.
\end{aligned}$$

注意到 $P_1(\tau_0 < \infty) = f_{10}$,所以

$$f_{00} = p_{00} + p_{01}f_{10} = r_0 + b_0 = 1.$$

由此知状态 0 是常返的.

由上可见,如生灭链的 $a_i \geqslant b_i > 0$,则它是常返链.由于状态的常返性与初始分布无关,因此假设 $X_0 = 1$ 不影响结论的一般性.

4.3　状态空间的分解

定义 4.9　设 C 为状态空间 I 的非空子集,若对任意 $i \in C$ 及 $k \notin C$ 都有 $p_{ik} = 0$,则称 C 为(随机)闭集.若 C 中所有状态是互通的,称 C 为不可约的闭集.若马尔可夫链 $\{X_n\}$ 的状态空间 I 是不可约的闭集,则称 $\{X_n\}$ 为不可约的马尔可夫链.

引理 4.4　C 是闭集的充要条件为:对任意 $i \in C$ 及 $k \notin C$ 都有 $p_{ik}^{(n)} = 0, n \geqslant 1$.

证　只需证必要性.用归纳法,设 C 为闭集,由定义知当 $n = 1$ 时结论成立.今设 $n = m$ 时,$p_{ik}^{(m)} = 0, i \in C, k \notin C$,则

$$p_{ik}^{(m+1)} = \sum_{j \in C} p_{ij}^{(m)} p_{jk} + \sum_{j \notin C} p_{ij}^{(m)} p_{jk} = \sum_{j \in C} p_{ij}^{(m)} 0 + \sum_{j \notin C} 0 p_{jk} = 0.$$

引理得证.

闭集的意思是自 C 的内部不能到达 C 的外部.这意味着一旦质点进入闭集 C 中,它将永远留在 C 中运动.

称状态 i 为吸收的,如 $p_{ii} = 1$.显然,状态 i 吸收等价于单点集 $\{i\}$ 为闭集.

例 4.11　设马尔可夫链 $\{X_n\}$ 的状态空间 $I = \{1, 2, 3, 4, 5\}$,转移矩阵为

$$\boldsymbol{P} = \begin{pmatrix} 1/2 & 0 & 0 & 1/2 & 0 \\ 1/2 & 0 & 1/2 & 0 & 0 \\ 0 & 0 & 1 & 0 & 0 \\ 1 & 0 & 0 & 0 & 0 \\ 0 & 1 & 0 & 0 & 0 \end{pmatrix}.$$

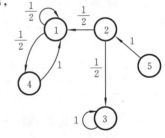

由图 4.7 知 3 是吸收的,故 $\{3\}$ 是闭集. $\{1,4\},\{1,4,$
3$\},\{1,2,3,4\}$ 都是闭集,其中 $\{3\}$ 及 $\{1,4\}$ 是不可约的.又 I 含有闭子集,故 $\{X_n\}$ 不是不可约链.

图 4.7

例 4.12　无限制随机游动为不可约马尔可夫链,各状态的周期为 2,且当 $p = q = \dfrac{1}{2}$ 时是零常返链,当 $p \neq q$ 时是非常返链.

我们知道自常返状态只能到达常返状态,因此 I 中全体常返状态组成一闭集 C.在 C 中互通关系具有自返性、对称性和传递性,因而它决定一分类关系.按互通关系我们可得到状态空间的分解定理.

定理 4.10　任一马尔可夫链的状态空间 I,可唯一地分解成有限个或可列个互不相交的子集 $D, C_1, C_2, \cdots$ 之和,使得

（1）每一 $C_n,n=1,2,\cdots$ 是常返态组成的不可约闭集；

（2）$C_n,n=1,2,\cdots$ 中的状态同类，即或全是正常返，或全是零常返，它们有相同的周期，且 $f_{jk}=1,j,k\in C_n$；

（3）D 由全体非常返状态组成，自 C_n 中的状态不能到达 D 中的状态.

证　记 C 为全体常返状态所组成的集合，$D=I-C$ 为非常返状态全体. 将 C 按互通关系进行分解，则
$$I=D\bigcup C_1\bigcup C_2\bigcup\cdots,$$
其中每一个 $C_n,n=1,2,\cdots$ 是由常返状态组成的不可约的闭集，且由定理 4.9 知 C_n 中的状态同类型. 显然，自 C_n 中的状态不能到达 D 中状态.

我们称 C_n 为基本常返闭集. 分解定理中的集 D 不一定是闭集，但如 I 为有限集，则 D 一定是非闭集. 因此，如最初质点是自某一非常返状态出发，则它可能就一直在 D 中运动，也可能在某一时刻离开 D 转移到某一基本常返闭集 C_n 中. 一旦质点进入 C_n 后，它将永远在此 C_n 中运动，在后面的定理中我们将进一步揭示质点在闭集 C_n 中的运动规律. 下面我们看一个例子.

例 4.13　设 $I=\{1,2,\cdots,6\}$，转移矩阵为

$$\boldsymbol{P}=\begin{pmatrix}0&0&1&0&0&0\\0&0&0&0&0&1\\0&0&0&0&1&0\\1/3&1/3&0&1/3&0&0\\1&0&0&0&0&0\\0&1/2&0&0&0&1/2\end{pmatrix},$$

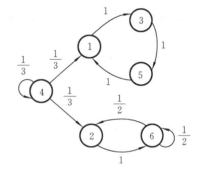

图 4.8

试分解此链并指出各状态的常返性及周期性.

解　由图 4.8 知 $f_{11}^{(3m)}=1,f_{11}^{(n)}=0,n\neq 3$. 所以
$$\mu_1=\sum_{n=1}^{\infty}nf_{11}^{(n)}=3,$$
可见 1 为正常返状态且周期等于 3. 含 1 的基本常返闭集为
$$C_1=\{k:1\rightarrow k\}=\{1,3,5\},$$
从而状态 3 及 5 也为正常返且周期为 3. 同理可知 6 为正常返状态. $\mu_6=\dfrac{3}{2}$，其周期为 1，含 6 的基本常返闭集为
$$C_2=\{k:6\rightarrow k\}=\{2,6\}.$$
可见 2 是遍历状态.

由于 $f_{44}^{(1)}=\dfrac{1}{3},f_{44}^{(n)}=0,n\neq 1$，故 4 非常返，周期为 1，于是 I 可分解为
$$I=D\bigcup C_1\bigcup C_2=\{4\}\bigcup\{1,3,5\}\bigcup\{2,6\}.$$

定义 4.10　若矩阵 (a_{ij}) 的元素非负且对每个 i 有 $\sum_j a_{ij}=1$，则称矩阵 (a_{ij}) 为

随机矩阵.

显然,k 步转移矩阵 $\boldsymbol{P}^{(k)} = (p_{ij}^{(k)})$ 为随机矩阵.

引理 4.5　设 C 为闭集,又 $\boldsymbol{G} = (p_{ij}^{(k)})$,$i,j \in C$,是 C 上所有状态的 k 步转移概率所构成的子矩阵,则 $\boldsymbol{G}$ 仍是随机矩阵.

证　任取 $i \in C$,由引理 4.4 有

$$1 = \sum_{j \in I} p_{ij}^{(k)} = \sum_{j \in C} p_{ij}^{(k)} + \sum_{j \notin C} p_{ij}^{(k)} = \sum_{j \in C} p_{ij}^{(k)},$$

显然 $p_{ij}^{(k)} \geqslant 0$,故 $\boldsymbol{G}$ 为随机矩阵.

由此可见,对 I 的一个闭子集 C,可考虑 C 上的原马尔可夫链的子马尔可夫链.其状态空间为 C,转移矩阵 $\boldsymbol{G} = (p_{ij})$,$i,j \in C$,是原马尔可夫链转移矩阵 $\boldsymbol{P} = (p_{ij})$,$i,j \in I$ 的子矩阵.下面我们研究质点在不可约闭集 C 中的运动情况.

定理 4.11　周期为 d 的不可约马尔可夫链,其状态空间 C 可唯一地分解为 d 个互不相交的子集之和,即

$$C = \bigcup_{r=0}^{d-1} G_r, \quad G_r \bigcap G_s = \varnothing, \quad r \neq s, \tag{4.31}$$

且使得自 G_r 中任一状态出发,经一步转移必进入 G_{r+1} 中(其中 $G_d = G_0$).

证　如图 4.9 所示,任意取定一状态 i,对每一 $r = 0,1,\cdots,d-1$,定义集

$$G_r = \{j : 对某个 n \geqslant 0, p_{ij}^{(nd+r)} > 0\}. \tag{4.32}$$

因 C 不可约,故 $\bigcup_{r=0}^{d-1} G_r = C$.

其次,如存在 $j \in G_r \bigcap G_s$,则由(4.32)式知,必存在 n 及 m 使 $p_{ij}^{(nd+r)} > 0$,$p_{ij}^{(md+s)} > 0$.又因 $j \leftrightarrow i$,故必存在 h,使 $p_{ji}^{(h)} > 0$,于是

$$p_{ii}^{(nd+r+h)} \geqslant p_{ij}^{(nd+r)} p_{ji}^{(h)} > 0,$$
$$p_{ii}^{(md+s+h)} \geqslant p_{ij}^{(md+s)} p_{ji}^{(h)} > 0.$$

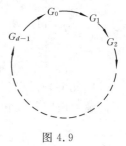

图 4.9

由此可见 $r+h$ 及 $s+h$ 都能被 d 除尽,从而其差 $(r+h) - (s+h) = r-s$ 也可被 d 除尽.但 $0 \leqslant r,s \leqslant d-1$,故只能 $r-s = 0$,因而 $G_r = G_s$,这说明当 $r \neq s$ 时 $G_r \bigcap G_s = \varnothing$.

下证对任一 $j \in G_r$,有 $\sum_{k \in G_{r+1}} p_{jk} = 1$.实际上

$$1 = \sum_{k \in C} p_{jk} = \sum_{k \in G_{r+1}} p_{jk} + \sum_{k \notin G_{r+1}} p_{jk} = \sum_{k \in G_{r+1}} p_{jk}.$$

最后一个等式是因设 $p_{ij}^{(nd+r)} > 0$,故当 $k \notin G_{r+1}$ 时,由

$$0 = p_{ik}^{(nd+r+1)} \geqslant p_{ij}^{(nd+r)} p_{jk}$$

知

$$p_{jk} = 0.$$

最后证明分解的唯一性,这只需证 $\{G_r\}$ 与最初 i 的选择无关,亦即如对某固定的 i,状态 j 与 k 同属于某 G_r,则对另外选定的 i',状态 j 与 k 仍属于同一 $G_{r'}(r$ 与 r' 可以不

同).实际上,设对 i 分得 $G_0, G_1, \cdots, G_{d-1}$,对 i' 分得 $G'_0, G'_1, \cdots, G'_{d-1}$,又假定 $j, k \in G_r$,$i' \in G_s$,则:

当 $r \geqslant s$ 时,自 i' 出发,只能在 $r-s, r-s+d, r-s+2d, \cdots$ 等步上到达 j 或 k,故 j 与 k 都属于 G'_{r-s}.

当 $r < s$ 时,自 i' 出发,只能在 $d-(s-r) = r-s+d, r-s+2d, \cdots$ 等步上到达 j 或 k,故 j 与 k 都属于 G'_{r-s+d}.证毕.

例 4.14 设不可分马尔可夫链的状态空间为 $C = \{1,2,3,4,5,6\}$,转移矩阵为

$$\boldsymbol{P} = \begin{pmatrix} 0 & 0 & 1/2 & 0 & 1/2 & 0 \\ 1/3 & 0 & 0 & 1/3 & 0 & 1/3 \\ 0 & 1 & 0 & 0 & 0 & 0 \\ 0 & 0 & 1 & 0 & 0 & 0 \\ 0 & 1 & 0 & 0 & 0 & 0 \\ 0 & 0 & 1/4 & 0 & 3/4 & 0 \end{pmatrix}.$$

由状态转移图 4.10 易见各状态的周期 $d = 3$.今固定状态 $i = 1$,令

$$G_0 = \{j : \text{对某 } n \geqslant 0 \text{ 有 } p_{1j}^{(3n)} > 0\} = \{1,4,6\},$$
$$G_1 = \{j : \text{对某 } n \geqslant 0 \text{ 有 } p_{1j}^{(3n+1)} > 0\} = \{3,5\},$$
$$G_2 = \{j : \text{对某 } n \geqslant 0 \text{ 有 } p_{1j}^{(3n+2)} > 0\} = \{2\},$$

故

$$C = G_0 \bigcup G_1 \bigcup G_2 = \{1,4,6\} \bigcup \{3,5\} \bigcup \{2\}.$$

此链在 C 中的运动如图 4.11 所示.

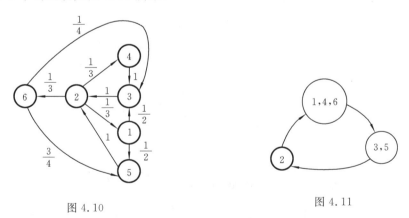

图 4.10

图 4.11

定理 4.12 设 $\{X_n, n \geqslant 0\}$ 是周期为 d 的不可约马尔可夫链,则在定理 4.11 的结论下有:

(1) 如只在时刻 $0, d, 2d, \cdots$ 上考虑 $\{X_n\}$,则得一新马尔可夫链,其转移矩阵 $\boldsymbol{P}^{(d)} = (p_{ij}^{(d)})$.对此新链,每一 G_r 不可约闭集,且 G_r 中的状态是非周期的.

(2) 如原马尔可夫链 $\{X_n\}$ 常返,则 $\{X_{nd}\}$ 也常返.

证　(1) 由定理 4.11 得知 G_r 对 $\{X_{nd}\}$ 是闭集. 其次对 $\forall j,k \in G_r$, 因 $\{X_n\}$ 不可约, 故存在 N 使 $p_{jk}^{(N)} > 0$. 由定理 4.11 知 N 只能是 nd 形, 换言之, 对 $\{X_{nd}\}$ 状态 $j \to k$, 同理 $k \to j$, 故 $j \leftrightarrow k$, 即 G_r 不可约. 由引理 4.1 知, 存在 M, 对一切 $n \geqslant M$, 有 $p_{jj}^{(nd)} > 0$, 可见对 $\{X_{nd}\}$ 状态 j 的周期为 1.

(2) 设 $\{X_n\}$ 常返, 任取 $j \in G_r$, 由周期的定义知, 当 $n \neq 0(\mod(d))$ 时 $p_{jj}^{(n)} = 0$, 因而 $f_{jj}^{(n)} = 0$, 故

$$1 = \sum_{n=1}^{\infty} f_{jj}^{(n)} = \sum_{n=1}^{\infty} f_{jj}^{(nd)},$$

即 j 对 $\{X_{nd}\}$ 也是常返的.

例 4.15　设 $\{X_n\}$ 为例 4.14 中的马尔可夫链, 已知 $d = 3$, 则 $\{X_{3n}, n \geqslant 0\}$ 的转移矩阵为

$$\boldsymbol{P}^{(3)} = \begin{pmatrix} 1/3 & 0 & 0 & 1/3 & 0 & 1/3 \\ 0 & 1 & 0 & 0 & 0 & 0 \\ 0 & 0 & 7/12 & 0 & 5/12 & 0 \\ 1/3 & 0 & 0 & 1/3 & 0 & 1/3 \\ 0 & 0 & 7/12 & 0 & 5/12 & 0 \\ 1/3 & 0 & 0 & 1/3 & 0 & 1/3 \end{pmatrix}.$$

由子链 X_{3n} 的状态转移图(见图 4.12)知, $G_0 = \{1,4,6\}$, $G_1 = \{3,5\}$, $G_2 = \{2\}$ 各形成不可约闭集, 周期为 1.

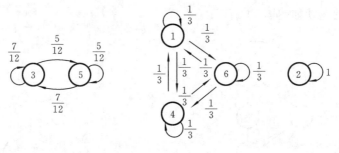

图 4.12

4.4　$p_{ij}^{(n)}$ 的渐近性质与平稳分布

对 $p_{ij}^{(n)}$ 的极限性质, 我们讨论两个问题. 一是 $\lim_{n \to \infty} p_{ij}^{(n)}$ 是否存在, 二是其极限是否与 i 有关, 这就与马尔可夫链的所谓平稳分布有密切联系.

4.4.1　$p_{ij}^{(n)}$ 的渐近性质

定理 4.13　如 j 非常返或零常返, 则

$$\lim_{n\to\infty} p_{ij}^{(n)} = 0, \quad \forall i \in I. \tag{4.33}$$

证　由定理 4.4,对 $N < n$,有

$$p_{ij}^{(n)} = \sum_{k=1}^{n} f_{ij}^{(k)} p_{jj}^{(n-k)} \leqslant \sum_{k=1}^{N} f_{ij}^{(k)} p_{jj}^{(n-k)} + \sum_{k=N+1}^{n} f_{ij}^{(k)}.$$

固定 N,先令 $n \to \infty$,由定理 4.7 的推论知,上式右方第一项因 $p_{jj}^{(n)} \to 0$ 而趋于 0.再令 $N \to \infty$,第二项因 $\sum_{k=1}^{\infty} f_{ij}^{(k)} \leqslant 1$ 而趋于 0,故

$$\lim_{n\to\infty} p_{ij}^{(n)} = 0.$$

推论 1　有限状态的马尔可夫链,不可能全是非常返状态,也不可能含有零常返状态,从而不可约的有限马尔可夫链必为正常返的.

证　设 $I = \{0, 1, \cdots, N\}$. 如全是非常返,则对任意 $i, j \in I$,由定理 4.13 知 $p_{ij}^{(n)} \to 0$,故当 $n \to \infty$ 时就有

$$1 = \sum_{j=0}^{N} p_{ij}^{(n)} \to 0,$$

这就产生了矛盾.

其次,如 I 含有零常返状态 i,则 $C = \{j : i \to j\}$ 是不可约闭集,又因它是有限集,故所有状态均为零常返. 于是由定理 4.13 知,当 $n \to \infty$ 时,

$$1 = \sum_{j\in C} p_{ij}^{(n)} \to 0, \tag{4.34}$$

矛盾. 证毕.

推论 2　如马尔可夫链有一个零常返态,则必有无限多个零常返状态.

证　设 i 为零常返,则 $C = \{j : i \to j\}$ 为不可约闭集,其状态全为零常返,故不能是有限集,否则同样与(4.34)式矛盾.

定理 4.13 考虑的是非常返状态和零常返状态的渐近分布,但是当 j 是正常返状态时, $\lim_{n\to\infty} p_{ij}^{(n)}$ 不一定存在,即使存在也可能与 i 有关.因此,我们退而研究 $p_{ij}^{(nd)}(d \geqslant 1)$ 及 $\frac{1}{n}\sum_{k=1}^{n} p_{ij}^{(k)}$ 的极限.记

$$f_{ij}(r) = \sum_{m=0}^{\infty} f_{ij}^{(md+r)}, \quad 0 \leqslant r \leqslant d-1. \tag{4.35}$$

它表示质点由 i 出发,在时刻 $n = r(\mathrm{mod}(d))$ 首次到达 j 的概率,显然

$$\sum_{r=0}^{d-1} f_{ij}(r) = \sum_{m=0}^{\infty} \sum_{r=0}^{d-1} f_{ij}^{(md+r)} = \sum_{m=0}^{\infty} f_{ij}^{(m)} = f_{ij}. \tag{4.36}$$

于是我们有下面一般性定理.

定理 4.14　如 j 正常返,周期为 d,则对任意 i 及 $0 \leqslant r \leqslant d-1$,有

$$\lim_{n\to\infty} p_{ij}^{(nd+r)} = f_{ij}(r) \frac{d}{\mu_j}. \tag{4.37}$$

证　因为 $p_{jj}^{(n)} = 0, n \neq 0(\mathrm{mod}(d))$,故

$$p_{ij}^{(nd+r)} = \sum_{v=0}^{nd+r} f_{ij}^{(v)} p_{jj}^{(nd+r-v)} = \sum_{m=0}^{n} f_{ij}^{(md+r)} p_{jj}^{(n-m)d},$$

于是,对 $1 \leqslant N < n$ 有

$$\sum_{m=0}^{N} f_{ij}^{(md+r)} p_{jj}^{(n-m)d} \leqslant p_{ij}^{(nd+r)} \leqslant \sum_{m=0}^{N} f_{ij}^{(md+r)} p_{jj}^{(n-m)d} + \sum_{m=N+1}^{\infty} f_{ij}^{(md+r)}.$$

在上式中先固定 N,然后令 $n \to \infty$,再令 $N \to \infty$,由定理 4.7 即得

$$f_{ij}(r) \frac{d}{\mu_j} \leqslant \lim_{n \to \infty} p_{ij}^{(nd+r)} \leqslant f_{ij}(r) \frac{d}{\mu_j},$$

因此(4.37)式得证.

推论　设不可约、正常返、周期 d 的马尔可夫链,其状态空间为 C,则对一切 $i, j \in C$,有

$$\lim_{n \to \infty} p_{ij}^{(nd)} = \begin{cases} \dfrac{d}{\mu_j}, & i \text{ 与 } j \text{ 同属于子集 } G_s, \\ 0, & \text{其他}, \end{cases} \tag{4.38}$$

其中 $C = \bigcup_{s=0}^{d-1} G_s$ 为定理 4.11 中所给出.

特别,如 $d=1$,则对一切 i, j,有

$$\lim_{n \to \infty} p_{ij}^{(n)} = \frac{1}{\mu_j}. \tag{4.39}$$

证　在定理 4.14 中取 $r=0$,可得

$$\lim_{n \to \infty} p_{ij}^{(nd)} = f_{ij}(0) \frac{d}{\mu_j},$$

其中 $f_{(ij)}(0) = \sum_{m=0}^{\infty} f_{ij}^{(md)}$. 如 i 与 j 不在同一个 G_s 中,则由定理4.11, $p_{ij}^{(md)} = 0$,从而 $f_{ij}^{(md)} = 0$,于是 $f_{ij}(0) = 0$. 如 i 与 j 属于 G_s,则 $p_{ij}^{(n)} = 0$(从而 $f_{ij}^{(n)} = 0$),$n \neq 0 (\mathrm{mod}\,(d))$. 故

$$f_{ij}(0) = \sum_{m=0}^{\infty} f_{ij}^{(md)} = \sum_{m=0}^{\infty} f_{ij}^{(m)} = f_{ij} = 1.$$

(4.35)式中概率 $f_{ij}(r)$ 似与 j 有关,实际上 $f_{ij}(r)$ 只依赖于 j 所在的子集 G_s,即对 $\forall j, k \in G_s$,都有 $f_{ij}(r) = f_{ik}(r)$.

我们知道 $\sum_{k=1}^{n} p_{jj}^{(k)}$ 表示自 j 出发,在 n 步之内返回到 j 的平均次数,故 $\dfrac{1}{n} \sum_{k=1}^{n} p_{jj}^{(k)}$ 表示每单位时间内再回到 j 的平均次数,而 $\dfrac{1}{\mu_j}$ 也表示自 j 出发每单位时间回到 j 的平均次数,所以应有

$$\frac{1}{n} \sum_{k=1}^{n} p_{jj}^{(k)} \approx \frac{1}{\mu_j}.$$

如果质点由 i 出发,则要考虑自 i 出发能否到达 j 的情况,即要考虑 f_{ij} 的大小. 于是有

如下定理.

定理 4.15　对任意状态 i,j,有

$$\lim_{n\to\infty}\frac{1}{n}\sum_{k=1}^{n}p_{ij}^{(k)}=\begin{cases}0,&j\text{ 非常返或零常返},\\[2mm]\dfrac{f_{ij}}{\mu_j},&j\text{ 正常返}.\end{cases}$$

证　如 j 为非常返或零常返,由定理 4.13 知 $p_{ij}^{(n)}\to 0$,所以

$$\frac{1}{n}\sum_{k=1}^{n}p_{ij}^{(k)}\to 0,\quad n\to\infty.$$

如 j 正常返、有周期 d,我们应用下面事实:假设有 d 个数列 $\{a_{nd+s}\}$,$s=0,1,$
$2,\cdots,d-1$,如对每一 s,存在 $\lim\limits_{n\to\infty}a_{nd+s}=b_s$,则必有

$$\lim_{n\to\infty}\frac{1}{n}\sum_{k=1}^{n}a_k=\frac{1}{d}\sum_{s=0}^{d-1}b_s.\tag{4.40}$$

在(4.40)式中令 $a_{nd+s}=p_{ij}^{(nd+s)}$,由定理 4.14 知 $b_s=f_{ij}(s)\dfrac{d}{\mu_j}$,于是得

$$\lim_{n\to\infty}\frac{1}{n}\sum_{k=1}^{n}p_{ij}^{(k)}=\frac{1}{d}\sum_{s=0}^{d-1}f_{ij}(s)\frac{d}{\mu_j}=\frac{1}{\mu_j}\sum_{s=0}^{d-1}f_{ij}(s)=\frac{f_{ij}}{\mu_j}.$$

推论　如 $\{X_n\}$ 不可约、常返,则对任意 i,j,有

$$\lim_{n\to\infty}\frac{1}{n}\sum_{k=1}^{n}p_{ij}^{(k)}=\frac{1}{\mu_j}.$$

当 $\mu_j=\infty$ 时,理解 $\dfrac{1}{\mu_j}=0$.

定理 4.15 及推论指出,当 j 正常返时,尽管 $\lim\limits_{n\to\infty}p_{ij}^{(n)}$ 不一定存在,但其平均值的极限存在,特别是当链不可约时,其极限与 i 无关. 在马尔可夫链理论中,μ_j 是一个重要的量,定理 4.14、定理 4.15 的推论及定义都给出 μ_j 的计算公式,下面我们通过平稳分布给出另外一种计算 μ_j 的方法.

4.4.2　平稳分布

设 $\{X_n,n\geqslant 0\}$ 是齐次马尔可夫链,状态空间为 I,转移概率为 p_{ij}.

定义 4.11　称概率分布 $\{\pi_j,j\in I\}$ 为马尔可夫链的**平稳分布**,若它满足

$$\begin{cases}\pi_j=\sum_{i\in I}\pi_i p_{ij},\\[2mm]\sum_{j\in I}\pi_j=1,\quad \pi_j\geqslant 0,\end{cases}\tag{4.41}$$

由定义知,若初始概率分布 $\{p_j,j\in I\}$ 是平稳分布,则由定理 4.2 有

$$p_j(1)=P\{X_1=j\}=\sum_{i\in I}p_i p_{ij}=p_j,$$

$$p_j(2)=P\{X_2=j\}=\sum_{i\in I}p_i(1)p_{ij}=\sum_{i\in I}p_i p_{ij}=p_j.$$

根据归纳法可得

$$p_j(n) = P\{X_n = j\} = \sum_{i \in I} p_i(n-1)p_{ij} = \sum_{i \in I} p_i p_{ij} = p_j.$$

综合上述有

$$p_j = p_j(1) = \cdots = p_j(n).$$

这说明,若初始概率分布是平稳分布,则对一切正整数 n,绝对概率 $p_j(n)$ 等于初始概率 p_j,故它们同样是平稳分布.

值得注意的是,对平稳分布 $\{\pi_j, j \in I\}$,有

$$\pi_j = \sum_{i \in I} \pi_i p_{ij}^{(n)}. \tag{4.42}$$

事实上,因为

$$\pi_j = \sum_{i \in I} \pi_i p_{ij} = \sum_{i \in I} \left(\sum_{k \in I} \pi_k p_{ki} \right) p_{ij} = \sum_{k \in I} \pi_k \left(\sum_{i \in I} p_{ki} p_{ij} \right) = \sum_{k \in I} \pi_k p_{kj}^{(2)}.$$

如此类推可得(4.42)式.

定理 4.16　不可约非周期马尔可夫链是正常返的充要条件是存在平稳分布,且此平稳分布就是极限分布 $\{\frac{1}{\mu_j}, j \in I\}$.

证　先证充分性.设 $\{\pi_j, j \in I\}$ 是平稳分布,于是由(4.42)式有

$$\pi_j = \sum_{i \in I} \pi_i p_{ij}^{(n)}.$$

由于 $\sum_{j \in I} \pi_j = 1$ 和 $\pi_j \geqslant 0$,故可交换极限与求和顺序,得

$$\pi_j = \lim_{n \to \infty} \sum_{i \in I} \pi_i p_{ij}^{(n)} = \sum_{i \in I} \pi_i (\lim_{n \to \infty} p_{ij}^{(n)}) = \sum_{i \in I} \pi_i \left(\frac{1}{\mu_j} \right) = \frac{1}{\mu_j}.$$

因为 $\sum_{i \in I} \pi_i = 1$,故至少存在一个 $\pi_k > 0$,即 $\frac{1}{\mu_k} > 0$,于是

$$\lim_{n \to \infty} p_{ik}^{(n)} = \frac{1}{\mu_k} > 0,$$

k 为正常返态,故该马尔可夫链是正常返的.

再证必要性.设马尔可夫链是正常返的,于是

$$\lim_{n \to \infty} p_{ij}^{(n)} = \frac{1}{\mu_j} > 0.$$

由 C-K 方程,对任意正数 N,有

$$p_{ij}^{(n+m)} = \sum_{k \in I} p_{ik}^{(m)} p_{kj}^{(n)} \geqslant \sum_{k=0}^{N} p_{ik}^{(m)} p_{kj}^{(n)}.$$

令 $m \to \infty$,取极限,得

$$\frac{1}{\mu_j} \geqslant \sum_{k=0}^{N} \left(\frac{1}{\mu_k} \right) p_{kj}^{(n)}.$$

再令 $N \to \infty$,取极限,得

$$\frac{1}{\mu_j} \geqslant \sum_{k=0}^{\infty} \left(\frac{1}{\mu_k}\right) p_{kj}^{(n)} = \sum_{k \in I} \left(\frac{1}{\mu_k}\right) p_{kj}^{(n)}. \tag{4.43}$$

下面要进一步证明等号成立. 由

$$1 = \sum_{k \in I} p_{ik}^{(n)} \geqslant \sum_{k=0}^{N} p_{ik}^{(n)},$$

先令 $n \to \infty$, 再令 $N \to \infty$, 取极限, 得

$$1 \geqslant \sum_{k \in I} \frac{1}{\mu_k}.$$

将 (4.43) 式对 j 求和, 并假定对某个 j, (4.43) 式为严格大于, 则

$$1 \geqslant \sum_{j \in I} \frac{1}{\mu_j} > \sum_{j \in I} \left(\sum_{k \in I} \frac{1}{\mu_k} p_{kj}^{(n)}\right) = \sum_{k \in I} \left(\frac{1}{\mu_k} \sum_{j \in I} p_{kj}^{(n)}\right) = \sum_{k \in I} \frac{1}{\mu_k},$$

于是有自相矛盾的结果:

$$\sum_{j \in I} \frac{1}{\mu_j} > \sum_{k \in I} \frac{1}{\mu_k},$$

故有

$$\frac{1}{\mu_j} = \sum_{k \in I} \frac{1}{\mu_k} p_{kj}^{(n)}. \tag{4.44}$$

再令 $n \to \infty$, 取极限, 得

$$\frac{1}{\mu_j} = \sum_{k \in I} \frac{1}{\mu_k} (\lim_{n \to \infty} p_{kj}^{(n)}) = \frac{1}{\mu_j} \sum_{k \in I} \frac{1}{\mu_k},$$

故有 $\sum_{k \in I} \frac{1}{\mu_k} = 1$. 由 (4.44) 式知 $\{\frac{1}{\mu_j}, j \in I\}$ 是平稳分布. 证毕.

推论 1　有限状态的不可约非周期马尔可夫链必存在平稳分布.

证　由定理 4.13 的推论 1 知, 此马尔可夫链只有正常返态, 再由定理 4.16 知必存在平稳分布. 证毕.

推论 2　若不可约马尔可夫链的所有状态是非常返或零常返的, 则不存在平稳分布.

证　用反证法. 假设 $\{\pi_j, j \in I\}$ 是平稳分布, 则由 (4.42) 式, 有

$$\pi_j = \sum_{i \in I} \pi_i p_{ij}^{(n)}.$$

但是, 根据定理 4.13, 有

$$\lim_{n \to \infty} p_{ij}^{(n)} = 0.$$

显然 $\sum_{j \in I} \pi_j = 0$, 与平稳分布 $\sum_{j \in I} \pi_j = 1$ 矛盾. 证毕.

推论 3　若 $\{\pi_j, j \in I\}$ 是不可约非周期马尔可夫链的平稳分布, 则

$$\lim_{n \to \infty} p_j(n) = \frac{1}{\mu_j} = \pi_j. \tag{4.45}$$

证　根据　$p_j(n) = \sum_{i \in I} p_i p_{ij}^{(n)}, \quad \lim_{n \to \infty} p_{ij}^{(n)} = \frac{1}{\mu_j},$

有　　　$\lim_{n \to \infty} p_j(n) = \lim_{n \to \infty} \sum_{i \in I} p_i p_{ij}^{(n)} = \frac{1}{\mu_j} \sum_{i \in I} p_i = \frac{1}{\mu_j},$

由定理 4.16 知，$\dfrac{1}{\mu_j} = \pi_j$. 证毕.

例 4.16　设马尔可夫链的转移概率矩阵为

$$\boldsymbol{P} = \begin{pmatrix} 0.7 & 0.1 & 0.2 \\ 0.1 & 0.8 & 0.1 \\ 0.05 & 0.05 & 0.9 \end{pmatrix},$$

求马尔可夫链的平稳分布及各状态的平均返回时间.

解　因为马尔可夫链是不可约的非周期有限状态，所以平稳分布存在，由(4.41)式得方程组

$$\begin{cases} \pi_1 = 0.7\pi_1 + 0.1\pi_2 + 0.05\pi_3, \\ \pi_2 = 0.1\pi_1 + 0.8\pi_2 + 0.05\pi_3, \\ \pi_3 = 0.2\pi_1 + 0.1\pi_2 + 0.9\pi_3, \\ \pi_1 + \pi_2 + \pi_3 = 1. \end{cases}$$

解上述方程组得平稳分布为

$$\pi_1 = 0.1765, \quad \pi_2 = 0.2353, \quad \pi_3 = 0.5882.$$

由定理 4.16，得各状态的平均返回时间分别为

$$\mu_1 = \frac{1}{\pi_1} = 5.67, \quad \mu_2 = \frac{1}{\pi_2} = 4.25, \quad \mu_3 = \frac{1}{\pi_3} = 1.70.$$

例 4.17　设马尔可夫链具有状态空间 $I = \{0, 1, \cdots\}$，转移概率为 $p_{i,i+1} = p_i$，$p_{ii} = r_i$，$p_{i,i-1} = q_i (i \geqslant 0)$，其中 $p_i, q_i > 0, p_i + r_i + q_i = 1$. 称这种马尔可夫链为生灭链，它是不可约的. 记

$$a_0 = 1, \quad a_j = \frac{p_0 p_1 \cdots p_{j-1}}{q_1 q_2 \cdots q_j}, \quad j \geqslant 1,$$

试证此马尔可夫链存在平稳分布的充要条件为 $\sum\limits_{j=0}^{\infty} a_j < \infty$.

证　由(4.41)式，有

$$\begin{cases} \pi_0 = \pi_0 r_0 + \pi_1 q_1, \\ \pi_j = \pi_{j-1} p_{j-1} + \pi_j r_j + \pi_{j+1} q_{j+1}, \quad j \geqslant 1, \\ p_j + r_j + q_j = 1. \end{cases}$$

于是有递推关系

$$\begin{cases} q_1 \pi_1 - p_0 \pi_0 = 0, \\ q_{j+1} \pi_{j+1} - p_j \pi_j = q_j \pi_j - p_{j-1} \pi_{j-1}, \end{cases}$$

解之得

$$\pi_j = \frac{p_{j-1} \pi_{j-1}}{q_j}, \quad j \geqslant 0,$$

所以

$$\pi_j = \frac{p_{j-1} \pi_{j-1}}{q_j} = \cdots = \frac{p_0 \cdots p_{j-1}}{q_1 \cdots q_j} \pi_0 = a_j \pi_0.$$

对 j 求和得

$$1 = \sum_{j=0}^{\infty} \pi_j = \pi_0 \sum_{j=0}^{\infty} a_j,$$

由此可知平稳分布存在的充要条件是 $\sum_{j=0}^{\infty} a_j < \infty$，此时

$$\pi_0 = \frac{1}{\sum\limits_{j=0}^{\infty} a_j}, \quad \pi_j = \frac{a_j}{\sum\limits_{j=0}^{\infty} a_j}, \quad j \geqslant 1.$$

例 4.18　设马尔可夫链的状态空间为 $\{1,2,3,4,5,6,7\}$，其转移矩阵为

$$\begin{pmatrix} 0.1 & 0.1 & 0.2 & 0.2 & 0.4 & 0 & 0 \\ 0 & 0 & 0.5 & 0.5 & 0 & 0 & 0 \\ 0 & 0 & 0 & 1 & 0 & 0 & 0 \\ 0 & 1 & 0 & 0 & 0 & 0 & 0 \\ 0 & 0 & 0 & 0 & 0 & 0.5 & 0.5 \\ 0 & 0 & 0 & 0 & 0.5 & 0 & 0.5 \\ 0 & 0 & 0 & 0 & 0 & 0.5 & 0.5 \end{pmatrix},$$

求每一个不可约闭集的平稳分布.

解　从图 4.13 看出，状态空间可分解为两个不可约常返闭集 $C_1 = \{2,3,4\}$ 和 $C_2 = \{5,6,7\}$，一个非常返集 $N = \{1\}$，求平稳分布可在常返闭集上进行. 在 C_1 上，对应的转移概率矩阵为

$$\boldsymbol{P} = \begin{bmatrix} 0 & 0.5 & 0.5 \\ 0 & 0 & 1 \\ 1 & 0 & 0 \end{bmatrix}.$$

由 (4.41) 式得平稳分布满足

$$\pi_2 = \pi_4, \pi_3 = 0.5\pi_2,$$
$$\pi_4 = 0.5\pi_2 + \pi_3,$$

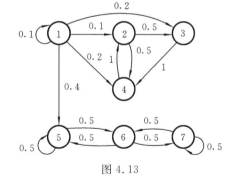

图 4.13

解得平稳分布为

$$\left\{ 0, \frac{2}{5}, \frac{1}{5}, \frac{2}{5}, 0, 0, 0 \right\}.$$

类似地，在 C_2 上可解得平稳分布为

$$\left\{ 0, 0, 0, 0, \frac{1}{3}, \frac{1}{3}, \frac{1}{3} \right\}.$$

习　题　4

4.1　设质点在区间 $[0,4]$ 的整数点做随机游动，到达 0 点或 4 点后以概率 1 停留在原处，在其他整数点分别以概率 $\frac{1}{3}$ 向左、右移动一格或停留在原处. 求质点随机游动的一步和二步转移概率矩阵.

4.2　独立地重复抛掷一枚硬币,每次抛掷出现正面的概率为 p. 对于 $n \geqslant 2$,令 $X_n = 0,1,2$ 或 3,这些值分别对应于第 $n-1$ 次和第 n 次抛掷的结果为(正,正)、(正,反)、(反,正)或(反,反). 求马尔可夫链 $\{X_n, n = 0,1,2,\cdots\}$ 的一步和二步转移概率矩阵.

4.3　设 $\{X_n, n \geqslant 0\}$ 为马尔可夫链,试证:

(1) $P\{X_{n+1} = i_{n+1}, X_{n+2} = i_{n+2}, \cdots, X_{n+m} = i_{n+m} \mid X_0 = i_0, X_1 = i_1, \cdots, X_n = i_n\}$

　　$= P\{X_{n+1} = i_{n+1}, X_{n+2} = i_{n+2}, \cdots, X_{n+m} = i_{n+m} \mid X_n = i_n\}$.

(2) $P\{X_0 = i_0, \cdots, X_n = i_n, X_{n+2} = i_{n+2}, \cdots, X_{n+m} = i_{n+m} \mid X_{n+1} = i_{n+1}\}$

　　$= P\{X_0 = i_0, \cdots, X_n = i_n \mid X_{n+1} = i_{n+1}\} P\{X_{n+2} = i_{n+2}, \cdots, X_{n+m} = i_{n+m} \mid X_{n+1} = i_{n+1}\}$.

4.4　设 $\{X_n, n \geqslant 1\}$ 为有限齐次马尔可夫链,其初始分布和转移概率矩阵为

$$p_i = P\{X_0 = i\} = \frac{1}{4}, \quad i = 1,2,3,4,$$

$$\boldsymbol{P} = \begin{pmatrix} \dfrac{1}{4} & \dfrac{1}{4} & \dfrac{1}{4} & \dfrac{1}{4} \\[6pt] \dfrac{1}{4} & \dfrac{1}{4} & \dfrac{1}{4} & \dfrac{1}{4} \\[6pt] \dfrac{1}{4} & \dfrac{1}{8} & \dfrac{1}{4} & \dfrac{3}{8} \\[6pt] \dfrac{1}{4} & \dfrac{1}{4} & \dfrac{1}{4} & \dfrac{1}{4} \end{pmatrix},$$

试证 $P\{X_2 = 4 \mid X_0 = 1, 1 < X_1 < 4\} \neq P\{X_2 = 4 \mid 1 < X_1 < 4\}$.

4.5　设 $\{X(t), t \in T\}$ 为随机过程,且

$$X_1 = X(t_1), X_2 = X(t_2), \cdots, X_n = X(t_n), \cdots$$

为独立同分布随机变量序列,令

$$Y_0 = 0, Y_1 = Y(t_1) = X_1, Y_n + c Y_{n-1} = X_n, n \geqslant 2,$$

试证 $\{Y_n, n \geqslant 0\}$ 是马尔可夫链.

4.6　已知随机游动的转移概率矩阵为

$$\boldsymbol{P} = \begin{pmatrix} 0.5 & 0.5 & 0 \\ 0 & 0.5 & 0.5 \\ 0.5 & 0 & 0.5 \end{pmatrix},$$

求三步转移概率矩阵 $\boldsymbol{P}^{(3)}$ 及当初始分布为

$$P\{X_0 = 1\} = P\{X_0 = 2\} = 0, P\{X_0 = 3\} = 1$$

时,经三步转移后处于状态 3 的概率.

4.7　已知本月销售状态的初始分布和转移概率矩阵如下:

(1) $\boldsymbol{p}^{\mathrm{T}}(0) = (0.4, 0.2, 0.4)$,　$\boldsymbol{P} = \begin{pmatrix} 0.8 & 0.1 & 0.1 \\ 0.1 & 0.7 & 0.2 \\ 0.2 & 0.2 & 0.6 \end{pmatrix}$;

(2) $\boldsymbol{p}^{\mathrm{T}}(0) = (0.2, 0.2, 0.3, 0.3)$,　$\boldsymbol{P} = \begin{pmatrix} 0.7 & 0.1 & 0.1 & 0.1 \\ 0.1 & 0.6 & 0.2 & 0.1 \\ 0.1 & 0.1 & 0.6 & 0.2 \\ 0.1 & 0.1 & 0.2 & 0.6 \end{pmatrix}$;

求下一、二个月的销售状态分布.

4.8 某商品六年共 24 个季度销售记录如下表(状态 1— 畅销,状态 2— 滞销)

季 节	1	2	3	4	5	6	7	8	9	10	11	12
销售状态	1	1	2	1	2	2	1	1	1	2	1	2
季 节	13	14	15	16	17	18	19	20	21	22	23	24
销售状态	1	1	2	2	1	1	2	1	2	1	1	1

以频率估计概率.求:(1)销售状态的初始分布;(2)三步转移概率矩阵及三步转移后的销售状态分布.

4.9 设老鼠在如图 4.14 所示的迷宫中做随机游动,当它处在某个方格中有 k 条通道时,以概率 $\frac{1}{k}$ 随机通过任一通道.求老鼠做随机游动的状态空间、转移概率矩阵及状态空间可分解成几个闭集.

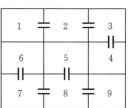

图 4.14

4.10 讨论下列转移概率矩阵的马尔可夫链的状态分类.

$$(1)\ \boldsymbol{P}=\begin{pmatrix} 0.2 & 0.3 & 0.5 & 0 & 0 \\ 0.7 & 0.3 & 0 & 0 & 0 \\ 0 & 1 & 0 & 0 & 0 \\ 0 & 0 & 0 & 0.4 & 0.6 \\ 0 & 0 & 0 & 1 & 0 \end{pmatrix};$$

$$(2)\ \boldsymbol{P}=\begin{pmatrix} 0 & 0 & 1 & 0 \\ 1 & 0 & 0 & 0 \\ 0.3 & 0.7 & 0 & 0 \\ 0.6 & 0.2 & 0.2 & 0 \end{pmatrix};$$

$$(3)\ \boldsymbol{P}=\begin{pmatrix} 1 & 0 & \cdots & \cdots & \cdots & \cdots & \cdots & 0 \\ q & r & p & 0 & \cdots & \cdots & \cdots & 0 \\ 0 & q & r & p & 0 & \cdots & \cdots & 0 \\ \cdots & \cdots & \cdots & \cdots & \cdots & \cdots & \cdots & \cdots \\ 0 & \cdots & \cdots & 0 & q & r & p \\ 0 & \cdots & \cdots & \cdots & 0 & 0 & 1 \end{pmatrix},$$

其中 $q+r+p=1, I=\{0,1,\cdots,b\}$.

4.11 设马尔可夫链的转移概率矩阵为

$$(1)\ \begin{pmatrix} \dfrac{1}{2} & \dfrac{1}{2} \\ \dfrac{1}{3} & \dfrac{2}{3} \end{pmatrix};\qquad\qquad (2)\ \begin{pmatrix} p_1 & q_1 & 0 \\ 0 & p_2 & q_2 \\ q_3 & 0 & p_3 \end{pmatrix};$$

计算 $f_{11}^{(n)}, f_{12}^{(n)}, n=1,2,3$.

4.12 设马尔可夫链的状态空间 $I=\{1,2,\cdots,7\}$,转移概率矩阵为

$$P = \begin{bmatrix} 0.4 & 0.2 & 0.1 & 0 & 0.1 & 0.1 & 0.1 \\ 0.1 & 0.3 & 0.2 & 0.2 & 0.1 & 0.1 & 0.1 \\ 0 & 0 & 0.6 & 0.4 & 0 & 0 & 0 \\ 0 & 0 & 0.4 & 0 & 0.6 & 0 & 0 \\ 0 & 0 & 0.2 & 0.5 & 0.3 & 0 & 0 \\ 0 & 0 & 0 & 0 & 0 & 0.3 & 0.7 \\ 0 & 0 & 0 & 0 & 0 & 0.8 & 0.2 \end{bmatrix},$$

求状态的分类及各常返闭集的平稳分布.

4.13 设马尔可夫链的转移概率矩阵为

$$P = \begin{bmatrix} 0 & 1 & 0 & \cdots & \cdots & \cdots \\ q_1 & 0 & p_1 & 0 & \cdots & \cdots \\ 0 & q_2 & 0 & p_2 & 0 & \cdots \\ \cdots & \cdots & \cdots & \cdots & \cdots & \cdots \end{bmatrix},$$

求它的平稳分布.

4.14 艾伦菲斯特(Erenfest)链. 设甲、乙两个容器共有 $2N$ 个球,每隔单位时间从这 $2N$ 个球中任取一球放入另一容器中,记 X_n 为在时刻 n 甲容器中球的个数,则 $\{X_n, n \geqslant 0\}$ 是齐次马尔可夫链,称为艾伦菲斯特链. 求该链的平稳分布.

4.15 将 2 个红球 4 个白球任意地分别放入甲、乙两个盒子中,每个盒子放 3 个,现从每个盒子中各任取一球,交换后放回盒中(甲盒内取出的球放入乙盒中,乙盒内取出的球放入甲盒中),以 $X(n)$ 表示经过 n 次交换后甲盒中的红球数,则 $\{X(n), n \geqslant 0\}$ 为一齐次马尔可夫链,试求:

(1) 一步转移概率矩阵;

(2) 证明 $\{X(n), n \geqslant 0\}$ 是遍历链;

(3) 求 $\lim_{n \to \infty} p_{ij}^{(n)}$, $j = 0, 1, 2$.

4.16 设 $\{X(n), n \geqslant 1\}$ 为非周期不可约马尔可夫链,状态空间为 I,若对一切 $j \in I$,其一步转移概率矩阵满足条件 $\sum_{i \in I} p_{ij} = 1$,试证:

(1) 对一切 j, $\sum_{i \in I} p_{ij}^{(n)} = 1$;

(2) 若状态空间 $I = \{1, 2, \cdots, m\}$,计算各状态的平均返回时间.

4.17 设河流每天的 BOD(生物耗氧量)浓度为齐次马尔可夫链,状态空间 $I = \{1, 2, 3, 4\}$ 是按 BOD 浓度为极低、低、中、高分别表示的,其一步转移概率矩阵(以一天为单位)为

$$P = \begin{bmatrix} 0.5 & 0.4 & 0.1 & 0 \\ 0.2 & 0.5 & 0.2 & 0.1 \\ 0.1 & 0.2 & 0.6 & 0.1 \\ 0 & 0.2 & 0.4 & 0.4 \end{bmatrix}.$$

若 BOD 浓度为高,则称河流处于污染状态.

(1) 证明该链是遍历链;

(2) 求该链的平稳分布;

(3) 河流再次达到污染的平均时间 μ_4.

第5章 连续时间的马尔可夫链

第4章我们讨论了时间和状态都是离散的最简单的马尔可夫过程,本章将介绍另一类应用广泛的特殊类型的马尔可夫链,即时间连续、状态离散的马尔可夫过程.

5.1 连续时间的马尔可夫链

考虑取整数值的连续时间随机过程 $\{X(t), t \geqslant 0\}$.

定义 5.1 设随机过程 $\{X(t), t \geqslant 0\}$,状态空间 $I = \{i_n, n \geqslant 0\}$,若对任意 $0 \leqslant t_1 < t_2 < \cdots < t_{n+1}$ 及 $i_1, i_2, \cdots i_{n+1} \in I$,有

$$P\{X(t_{n+1}) = i_{n+1} \mid X(t_1) = i_1, X(t_2) = i_2, \cdots, X(t_n) = i_n\}$$
$$= P\{X(t_{n+1}) = i_{n+1} \mid X(t_n) = i_n\}, \tag{5.1}$$

则称 $\{X(t), t \geqslant 0\}$ 为**连续时间马尔可夫链**.

由定义知,连续时间马尔可夫链是具有马尔可夫性的随机过程,即过程在已知现在时刻 t_n 及一切过去时刻所处状态的条件下,将来时刻 t_{n+1} 的状态只依赖于现在的状态而与过去无关.

记(5.1)式条件概率的一般形式为

$$P\{X(s+t) = j \mid X(s) = i\} = p_{ij}(s, t), \tag{5.2}$$

它表示系统在 s 时刻处于状态 i,经过时间 t 后转移到状态 j 的转移概率.

定义 5.2 若(5.2)式的转移概率与 s 无关,则称连续时间马尔可夫链具有平稳的或齐次的转移概率,此时转移概率简记为

$$p_{ij}(s, t) = p_{ij}(t),$$

其转移概率矩阵简记为 $\boldsymbol{P}(t) = (p_{ij}(t))$ $(i, j \in I, t \geqslant 0)$.

以下的讨论均假定我们所考虑的连续时间马尔可夫链都具有齐次转移概率.为方便起见,有时简称为齐次马尔可夫过程.

假设在某时刻,比如说时刻 0,马尔可夫链进入状态 i,而且在接下来的 s 个单位时间内过程未离开状态 i(即未发生转移),问在随后的 t 个单位时间内过程仍不离开状态 i 的概率是多少呢? 由马尔可夫性我们知道,过程在时刻 s 处于状态 i 条件下,在区间 $[s, s+t]$ 内仍然处于状态 i 的概率正是它处于状态 i 至少 t 个单位时间的(无条件)概率.若记 τ_i 为过程在转移到另一状态之前停留在状态 i 的时间,则对一切 $s, t \geqslant 0$,有

$$P\{\tau_i > s+t \mid \tau_i > s\} = P\{\tau_i > t\},$$

可见,随机变量 τ_i 具有无记忆性,因此 τ_i 服从指数分布.

由此可见,一个连续时间马尔可夫链,当它进入状态 i 时,具有如下性质:

(1) 在转移到另一状态之前处于状态 i 的时间服从参数为 v_i 的指数分布;

(2) 当过程离开状态 i 时,接着以概率 p_{ij} 进入状态 j,且 $\sum_{j \neq i} p_{ij} = 1$.

上述性质也是我们构造连续时间马尔可夫链的一个方法.

当 $v_i = \infty$ 时,称状态 i 为**瞬时状态**,因为过程一旦进入此状态立即就离开.若 $v_i = 0$,则称状态 i 为**吸收状态**,因为过程一旦进入此状态就永远不再离开了.尽管瞬时状态在理论上是可能的,但我们以后仍假设对一切 i,有 $0 \leqslant v_i < \infty$.因此,实际上一个连续时间马尔可夫链是一个这样的随机过程.它按照一个离散时间的马尔可夫链从一个状态转移到另一个状态,但在转移到下一个状态之前,它在各个状态停留的时间服从指数分布.此外,过程在状态 i 停留的时间与下一个到达的状态必须是相互独立的随机变量.因为若下一个到达的状态依赖于 τ_i,那么过程处于状态 i 已有多久的信息与下一个状态的预报有关,这就与马尔可夫性的假定相矛盾.

定理 5.1　齐次马尔可夫过程的转移概率具有下列性质:

(1) $p_{ij}(t) \geqslant 0$;

(2) $\sum_{j \in I} p_{ij}(t) = 1$;

(3) $p_{ij}(t+s) = \sum_{k \in I} p_{ik}(t) p_{kj}(s)$.

其中(3)式即为连续时间齐次马尔可夫链的切普曼-柯尔莫哥洛夫方程.

证　(1)、(2)式由概率定义及 $p_{ij}(t)$ 的定义易知,下面只证(3)式.由全概率公式及马尔可夫性可得

$$
\begin{aligned}
p_{ij}(t+s) &= P\{X(t+s) = j \mid X(0) = i\} \\
&= \sum_{k \in I} P\{X(t+s) = j, X(t) = k \mid X(0) = i\} \\
&= \sum_{k \in I} P\{X(t) = k \mid X(0) = i\} P\{X(t+s) = j \mid X(t) = k\} \\
&= \sum_{k \in I} P\{X(t) = k \mid X(0) = i\} P\{X(s) = j \mid X(0) = k\} \\
&= \sum_{k \in I} p_{ik}(t) p_{kj}(s). \quad \text{证毕.}
\end{aligned}
$$

对于转移概率 $p_{ij}(t)$,一般还假定它满足:

$$\lim_{t \to 0} p_{ij}(t) = \begin{cases} 1, & i = j, \\ 0, & i \neq j. \end{cases} \tag{5.3}$$

称(5.3)式为**正则性条件**.正则性条件说明,过程刚进入某状态不可能立即又跳跃到另一状态.这正好说明一个物理系统要在有限时间内发生无限多次跳跃,从而消耗无穷多的能量是不可能的.

定义 5.3　对于任一 $t \geqslant 0$，记

$$p_j(t) = P\{X(t) = j\},$$

$$p_j = p_j(0) = P\{X(0) = j\}, \quad j \in I,$$

分别称 $\{p_j(t), j \in I\}$ 和 $\{p_j, j \in I\}$ 为齐次马尔可夫过程的**绝对概率分布**和**初始概率分布**.

定理 5.2　齐次马尔可夫过程的绝对概率及有限维概率分布具有下列性质：

(1) $p_j(t) \geqslant 0$；

(2) $\sum\limits_{j \in I} p_j(t) = 1$；

(3) $p_j(t) = \sum\limits_{i \in I} p_i p_{ij}(t)$；

(4) $p_j(t + \tau) = \sum\limits_{i \in I} p_i(t) p_{ij}(\tau)$；

(5) $P\{X(t_1) = i_1, X(t_2) = i_2, \cdots, X(t_n) = i_n\}$

$\quad = \sum\limits_{i \in I} p_i p_{i i_1}(t_1) p_{i_1 i_2}(t_2 - t_1) \cdots p_{i_{n-1} i_n}(t_n - t_{n-1}).$

证明略.

例 5.1　证明泊松过程 $\{X(t), t \geqslant 0\}$ 为连续时间齐次马尔可夫链.

证　先证泊松过程具有马尔可夫性，再证齐次性. 由泊松过程的定义知 $\{X(t), t \geqslant 0\}$ 是独立增量过程，且 $X(0) = 0$. 对任意 $0 < t_1 < t_2 < \cdots < t_n < t_{n+1}$，有

$$P\{X(t_{n+1}) = i_{n+1} \mid X(t_1) = i_1, \cdots, X(t_n) = i_n\}$$

$$= P\{X(t_{n+1}) - X(t_n) = i_{n+1} - i_n \mid X(t_1) - X(0) = i_1,$$

$$X(t_2) - X(t_1) = i_2 - i_1, \cdots, X(t_n) - X(t_{n-1}) = i_n - i_{n-1}\}$$

$$= P\{X(t_{n+1}) - X(t_n) = i_{n+1} - i_n\}.$$

另一方面，因为

$$P\{X(t_{n+1}) = i_{n+1} \mid X(t_n) = i_n\}$$

$$= P\{X(t_{n+1}) - X(t_n) = i_{n+1} - i_n \mid X(t_n) - X(0) = i_n\}$$

$$= P\{X(t_{n+1}) - X(t_n) = i_{n+1} - i_n\}.$$

所以　　　　$P\{X(t_{n+1}) = i_{n+1} \mid X(t_1) = i_1, \cdots, X(t_n) = i_n\}$

$$= P\{X(t_{n+1}) = i_{n+1} \mid X(t_n) = i_n\},$$

即泊松过程是一个连续时间马尔可夫链.

下面再证齐次性. 当 $j \geqslant i$ 时，由泊松过程的定义，得

$$P\{X(s+t) = j \mid X(s) = i\} = P\{X(s+t) - X(s) = j - i\} = \mathrm{e}^{-\lambda t} \frac{(\lambda t)^{j-i}}{(j-i)!}.$$

当 $j < i$ 时，由于过程的增量只取非负整数值，故 $p_{ij}(s, t) = 0$，所以

$$p_{ij}(s, t) = p_{ij}(t) = \begin{cases} \mathrm{e}^{-\lambda t} \dfrac{(\lambda t)^{j-i}}{(j-i)!}, & j \geqslant i, \\ 0, & j < i, \end{cases}$$

即转移概率只与 t 有关，泊松过程具有齐次性.

5.2　柯尔莫哥洛夫微分方程

对于离散时间齐次马尔可夫链,如果已知其一步转移概率矩阵 $\boldsymbol{P}=(p_{ij})$,则 k 步转移概率矩阵由一步转移概率矩阵的 k 次方即可求得.但是,对于连续时间齐次马尔可夫链,转移概率 $p_{ij}(t)$ 的求解一般较为复杂.下面我们首先讨论 $p_{ij}(t)$ 的可微性及 $p_{ij}(t)$ 所满足的柯尔莫哥洛夫微分方程.

引理 5.1　设齐次马尔可夫过程满足正则性条件(5.3),则对于任意固定的 $i,j\in I,p_{ij}(t)$ 是 t 的一致连续函数.

证　设 $h>0$,由定理 5.1 得

$$p_{ij}(t+h)-p_{ij}(t)=\sum_{r\in I}p_{ir}(h)p_{rj}(t)-p_{ij}(t)$$

$$=p_{ii}(h)p_{ij}(t)-p_{ij}(t)+\sum_{r\neq i}p_{ir}(h)p_{rj}(t)$$

$$=-[1-p_{ii}(h)]p_{ij}(t)+\sum_{r\neq i}p_{ir}(h)p_{rj}(t),$$

故有

$$p_{ij}(t+h)-p_{ij}(t)\geqslant-[1-p_{ii}(h)]p_{ij}(t)\geqslant-[1-p_{ii}(h)],$$

$$p_{ij}(t+h)-p_{ij}(t)\leqslant\sum_{r\neq i}p_{ir}(h)p_{rj}(t)\leqslant\sum_{r\neq i}p_{ir}(h)=1-p_{ii}(h),$$

因此

$$|p_{ij}(t+h)-p_{ij}(t)|\leqslant1-p_{ii}(h).$$

对于 $h<0$,同样有

$$p_{ij}(t)-p_{ij}(t+h)=\sum_{r\in I}p_{ir}(-h)p_{rj}(t+h)-p_{ij}(t+h)$$

$$=p_{ii}(-h)p_{ij}(t+h)-p_{ij}(t+h)+\sum_{r\neq i}p_{ir}(-h)p_{rj}(t+h)$$

$$=-[1-p_{ii}(-h)]p_{ij}(t+h)+\sum_{r\neq i}p_{ir}(-h)p_{rj}(t+h),$$

故有

$$p_{ij}(t)-p_{ij}(t+h)\geqslant-[1-p_{ii}(-h)]p_{ij}(t+h)\geqslant-[1-p_{ii}(-h)],$$

$$p_{ij}(t)-p_{ij}(t+h)\leqslant\sum_{r\neq i}p_{ir}(-h)p_{rj}(t+h)$$

$$\leqslant\sum_{r\neq i}p_{ir}(-h)=1-p_{ii}(-h),$$

因此　　　　　　　　$|p_{ij}(t)-p_{ij}(t+h)|\leqslant1-p_{ii}(-h).$

综上所述,一般地有

$$|p_{ij}(t+h)-p_{ij}(t)|<1-p_{ii}(|h|).$$

由正则性条件知

$$\lim_{h \to 0} \mid p_{ij}(t+h) - p_{ij}(t) \mid = 0,$$

即 $p_{ij}(t)$ 关于 t 是一致连续的. 证毕.

以下我们恒假设齐次马尔可夫过程满足正则性条件(5.3).

定理 5.3　设 $p_{ij}(t)$ 是齐次马尔可夫过程的转移概率,则下列极限存在:

(1) $\lim\limits_{\Delta t \to 0} \dfrac{1 - p_{ii}(\Delta t)}{\Delta t} = v_i = q_{ii} \leqslant \infty;$

(2) $\lim\limits_{\Delta t \to 0} \dfrac{p_{ij}(\Delta t)}{\Delta t} = q_{ij} < \infty, i \neq j.$

证明略(证明详见参考文献[2]).

我们称 q_{ij} 为齐次马尔可夫过程从状态 i 到状态 j 的**转移速率**或**跳跃强度**. 定理中的极限的概率意义为:在长为 Δt 的时间区间内,过程从状态 i 转移到另一其他状态的转移概率 $1 - p_{ii}(\Delta t)$,等于 $q_{ii} \Delta t$ 加上一个比 Δt 高阶的无穷小量;而从状态 i 转移到状态 j 的概率 $p_{ij}(\Delta t)$,等于 $q_{ij} \Delta t$ 加上一个比 Δt 高阶的无穷小量.

推论　对有限状态的齐次马尔可夫过程,有

$$q_{ii} = \sum_{j \neq i} q_{ij} < \infty.$$

证　由定理 5.1,有

$$\sum_{j \in I} p_{ij}(\Delta t) = 1, \quad 即 \quad 1 - p_{ii}(\Delta t) = \sum_{j \neq i} p_{ij}(\Delta t).$$

由于求和是在有限集中进行,故有

$$\lim_{\Delta t \to 0} \frac{1 - p_{ii}(\Delta t)}{\Delta t} = \lim_{\Delta t \to 0} \sum_{j \neq i} \frac{p_{ij}(\Delta t)}{\Delta t} = \sum_{j \neq i} q_{ij},$$

即

$$q_{ii} = \sum_{j \neq i} q_{ij}. \tag{5.4}$$

证毕.

对于状态空间无限的齐次马尔可夫过程,一般只有

$$q_{ii} \geqslant \sum_{j \neq i} q_{ij}.$$

若连续时间齐次马尔可夫链是具有有限状态空间 $I = \{0, 1, \cdots, n\}$,则其转移概率可构成以下形式的矩阵

$$\boldsymbol{Q} = \begin{bmatrix} -q_{00} & q_{01} & \cdots & q_{0n} \\ q_{10} & -q_{11} & \cdots & q_{1n} \\ \vdots & \vdots & & \vdots \\ q_{n0} & q_{n1} & \cdots & -q_{nn} \end{bmatrix}. \tag{5.5}$$

由(5.4)式知,$\boldsymbol{Q}$ 矩阵的每一行元素之和为 0,对角线元素为负或 0,其余 $i \neq j$ 时 $q_{ij} \geqslant 0$.

利用 $\boldsymbol{Q}$ 矩阵可以推出任意时间间隔 t 的转移概率所满足的方程组,从而可以求解转移概率.

由切普曼-柯尔莫哥洛夫方程有

$$p_{ij}(t+h) = \sum_{k \in I} p_{ik}(h) p_{kj}(t),$$

或等价地

$$p_{ij}(t+h) - p_{ij}(t) = \sum_{k \neq i} p_{ik}(h) p_{kj}(t) - [1 - p_{ii}(h)] p_{ij}(t).$$

两边除以 h 后令 $h \to 0$,取极限,应用定理 5.3,得

$$\lim_{h \to 0} \frac{p_{ij}(t+h) - p_{ij}(t)}{h} = \lim_{h \to 0} \sum_{k \neq i} \frac{p_{ik}(h)}{h} p_{kj}(t) - q_{ii} p_{ij}(t). \tag{5.6}$$

假定在(5.6)式的右边可交换极限与求和,再运用定理 5.3,于是得到下面结论.

定理 5.4(柯尔莫哥洛夫向后方程) 假设 $\sum_{k \neq i} q_{ik} = q_{ii}$,则对一切 i, j 及 $t \geqslant 0$,有

$$p_{ij}'(t) = \sum_{k \neq i} q_{ik} p_{kj}(t) - q_{ii} p_{ij}(t). \tag{5.7}$$

证 我们只需证明(5.6)式右边极限与求和可交换次序. 现在,对于任意固定的 N,有

$$\liminf_{h \to 0} \sum_{k \neq i} \frac{p_{ik}(h)}{h} p_{kj}(t) \geqslant \liminf_{h \to 0} \sum_{\substack{k \neq i \\ k < N}} \frac{p_{ik}(h)}{h} p_{kj}(t) = \sum_{\substack{k \neq i \\ k < N}} q_{ik} p_{kj}(t),$$

因为上式对一切 N 成立,可见

$$\liminf_{h \to 0} \sum_{k \neq i} \frac{p_{ik}(h)}{h} p_{kj}(t) \geqslant \sum_{k \neq i} q_{ik} p_{kj}(t). \tag{5.8}$$

为了倒转不等式,注意对于 $N > i$,由于 $p_{kj}(t) \leqslant 1$,所以

$$\limsup_{h \to 0} \sum_{k \neq i} \frac{p_{ik}(h)}{h} p_{kj}(t) \leqslant \limsup_{h \to 0} \left[\sum_{\substack{k \neq i \\ k < N}} \frac{p_{ik}(h)}{h} p_{kj}(t) + \sum_{k \geqslant N} \frac{p_{ik}(h)}{h} \right]$$

$$\leqslant \limsup_{h \to 0} \left[\sum_{\substack{k \neq i \\ k < N}} \frac{p_{ik}(h)}{h} p_{kj}(t) + \frac{1 - p_{ii}(h)}{h} - \sum_{\substack{k \neq i \\ k < N}} \frac{p_{ik}(h)}{h} \right]$$

$$= \sum_{\substack{k \neq i \\ k < N}} q_{ik} p_{kj}(t) + q_{ii} - \sum_{\substack{k \neq i \\ k < N}} q_{ik},$$

其中最后的等式由定理 5.3 而得. 因上述不等式对一切 $N > i$ 成立,令 $N \to \infty$ 且由 $\sum_{k \neq i} q_{ik} = q_{ii}$,得到

$$\limsup_{h \to 0} \sum_{k \neq i} \frac{p_{ik}(h)}{h} p_{kj}(t) \leqslant \sum_{k \neq i} q_{ik} p_{kj}(t).$$

由上式连同(5.8)式可得

$$\lim_{h \to 0} \sum_{k \neq i} \frac{p_{ik}(h)}{h} p_{kj}(t) = \sum_{k \neq i} q_{ik} p_{kj}(t).$$

证毕.

定理 5.4 中 $p_{ij}(t)$ 满足的微分方程组以柯尔莫哥洛夫向后方程著称. 称它们为

向后方程,是因为在计算时刻 $t+h$ 的状态的概率分布时,我们对退后到时刻 h 的状态取条件,即我们从

$$p_{ij}(t+h)$$
$$= \sum_{k \in I} P\{X(t+h) = j \mid X(0) = i, X(h) = k\} \cdot P\{X(h) = k \mid X(0) = i\}$$
$$= \sum_{k \in I} p_{kj}(t) p_{ik}(h)$$

开始计算.

对时刻 t 的状态取条件,我们可以导出另一组方程,称为**柯尔莫哥洛夫向前方程**,即

$$p_{ij}(t+h) = \sum_{k \in I} p_{ik}(t) p_{kj}(h),$$

或
$$p_{ij}(t+h) - p_{ij}(t) = \sum_{k \in I} p_{ik}(t) p_{kj}(h) - p_{ij}(t)$$
$$= \sum_{k \neq j} p_{ik}(t) p_{kj}(h) - [1 - p_{jj}(h)] p_{ij}(t),$$

所以
$$\lim_{h \to 0} \frac{p_{ij}(t+h) - p_{ij}(t)}{h} = \lim_{h \to 0} \left\{ \sum_{k \neq j} p_{ik}(t) \frac{p_{kj}(h)}{h} - \frac{1 - p_{jj}(h)}{h} p_{ij}(t) \right\}.$$

假定我们能交换极限与求和,则由定理 5.3 便得到

$$p_{ij}'(t) = \sum_{k \neq j} p_{ik}(t) q_{kj} - q_{jj} p_{ij}(t).$$

令人遗憾的是,上述极限与求和的交换不是恒成立,所以上式并非总是成立.然而,在大多数模型中,包括全部生灭过程与全部有限状态的模型,它们是成立的.

定理 5.5(柯尔莫哥洛夫向前方程)　在适当的正则条件下

$$p_{ij}'(t) = \sum_{k \neq j} p_{ik}(t) q_{kj} - p_{ij}(t) q_{jj}. \tag{5.9}$$

利用方程(5.7)或(5.9)及初始条件

$$\begin{cases} p_{ii}(0) = 1, \\ p_{ij}(0) = 0, & i \neq j, \end{cases}$$

我们可以解得 $p_{ij}(t)$.柯尔莫哥洛夫向后方程和向前方程虽然形式不同,但可以证明它们所求得的解 $p_{ij}(t)$ 是相同的.在实际应用中,当固定最后所处状态 j,研究 $p_{ij}(t)$ $(i=0,1,\cdots)$时,采用向后方程(5.7)较方便;当固定状态 i,研究 $p_{ij}(t)$ $(j=0,1,\cdots)$时,采用向前方程(5.9)较方便.

向后方程和向前方程可以写成矩阵形式

$$\boldsymbol{P}'(t) = \boldsymbol{Q}\boldsymbol{P}(t), \tag{5.10}$$
$$\boldsymbol{P}'(t) = \boldsymbol{P}(t)\boldsymbol{Q}, \tag{5.11}$$

其中 $\boldsymbol{Q}$ 矩阵为

$$Q = \begin{bmatrix} -q_{00} & q_{01} & q_{02} & \cdots \\ q_{10} & -q_{11} & q_{12} & \cdots \\ q_{20} & q_{21} & -q_{22} & \cdots \\ \cdots & \cdots & \cdots & \cdots \end{bmatrix},$$

矩阵 $P'(t)$ 的元素为矩阵 $P(t)$ 的元素的导数,而

$$P(t) = \begin{bmatrix} p_{00}(t) & p_{01}(t) & p_{02}(t) & \cdots \\ p_{10}(t) & p_{11}(t) & p_{12}(t) & \cdots \\ p_{20}(t) & p_{21}(t) & p_{22}(t) & \cdots \\ \cdots & \cdots & \cdots & \cdots \end{bmatrix}.$$

这样,连续时间马尔可夫链的转移概率的求解问题就是矩阵微分方程的求解问题,其转移概率由其转移概率矩阵 Q 决定.

特别地,若 Q 是一个有限维矩阵,则(5.10)式和(5.11)式的解为

$$P(t) = \mathrm{e}^{Qt} = \sum_{j=0}^{\infty} \frac{(Qt)^j}{j!}.$$

定理 5.6 齐次马尔可夫过程在 t 时刻处于状态 $j \in I$ 的绝对概率 $p_j(t)$ 满足下列方程:

$$p_j'(t) = -p_j(t)q_{jj} + \sum_{k \neq j} p_k(t)q_{kj}. \tag{5.12}$$

证 由定理 5.2,有

$$p_j(t) = \sum_{i \in I} p_i p_{ij}(t).$$

将向前方程(5.9)两边乘以 p_i,并对 i 求和得

$$\sum_{i \in I} p_i p_{ij}'(t) = \sum_{i \in I} (-p_i p_{ij}(t)q_{jj}) + \sum_{i \in I} \sum_{k \neq j} p_i p_{ik}(t)q_{kj},$$

故　　　　　　$$p_j'(t) = -p_j(t)q_{jj} + \sum_{k \neq j} p_k(t)q_{kj}.$$

证毕.

与离散马尔可夫链类似,我们讨论转移概率 $p_{ij}(t)$ 当 $t \to \infty$ 时的极限分布与平稳分布的有关性质.

定义 5.4 设 $p_{ij}(t)$ 为连续时间马尔可夫链的转移概率,若存在时刻 t_1 和 t_2,使得

$$p_{ij}(t_1) > 0, \quad p_{ji}(t_2) > 0,$$

则称状态 i 与 j 是**互通的**. 若所有状态都是互通的,则称此马尔可夫链为不可约的.

关于状态的常返性与非常返性等概念与离散马尔可夫链类似,在此不一一重述.

下面我们不加证明地给出转移概率 $p_{ij}(t)$ 在 $t \to \infty$ 时的性质及其与平稳分布的关系.

定理 5.7 设连续时间的马尔可夫链是不可约的,则有下列性质:

(1) 若它是正常返的,则极限 $\lim_{t \to \infty} p_{ij}(t)$ 存在且等于 $\pi_j > 0, j \in I$. 这里 π_j 是方程组

$$\begin{cases} \pi_j q_{jj} = \sum_{k \neq j} \pi_k q_{kj}, \\ \sum_{j \in I} \pi_j = 1 \end{cases} \tag{5.13}$$

的唯一非负解. 此时称 $\{\pi_j, j \in I\}$ 是该过程的平稳分布, 并且有

$$\lim_{t \to \infty} p_j(t) = \pi_j.$$

（2）若它是零常返的或非常返的, 则

$$\lim_{t \to \infty} p_{ij}(t) = \lim_{t \to \infty} p_j(t) = 0, \quad i, j \in I.$$

证明略.

在实际应用中, 有些问题可以用柯尔莫哥洛夫方程直接求解, 有些问题虽不能直接求解, 但可以用方程(5.13)求解.

下面举几个在应用中有一定代表性的例题.

例 5.2　考虑两个状态的连续时间马尔可夫链, 在转移到状态 1 之前链在状态 0 停留的时间是参数为 λ 的指数变量, 而在回到状态 0 之前它停留在状态 1 的时间是参数为 μ 的指数变量. 显然该链是一个齐次马尔可夫过程, 其状态转移概率为

$$\begin{cases} p_{01}(h) = \lambda h + o(h), \\ p_{10}(h) = \mu h + o(h), \end{cases}$$

由定理 5.3 知

$$q_{00} = \lim_{h \to 0} \frac{1 - p_{00}(h)}{h} = \lim_{h \to 0} \frac{p_{01}(h)}{h} = \frac{\mathrm{d}}{\mathrm{d}h} p_{01}(h) \mid_{h=0} = \lambda = q_{01},$$

$$q_{11} = \lim_{h \to 0} \frac{1 - p_{11}(h)}{h} = \lim_{h \to 0} \frac{p_{10}(h)}{h} = \frac{\mathrm{d}}{\mathrm{d}h} p_{10}(h) \mid_{h=0} = \mu = q_{10}.$$

由柯尔莫哥洛夫向前方程得

$$p'_{00}(t) = \mu p_{01}(t) - \lambda p_{00}(t) = -(\lambda + \mu) p_{00}(t) + \mu,$$

其中最后一个等式来自 $p_{01}(t) = 1 - p_{00}(t)$. 因此

$$e^{(\lambda+\mu)t} [p'_{00}(t) + (\lambda + \mu) p_{00}(t)] = \mu e^{(\lambda+\mu)t},$$

或

$$\frac{\mathrm{d}}{\mathrm{d}t} [e^{(\lambda+\mu)t} p_{00}(t)] = \mu e^{(\lambda+\mu)t},$$

于是

$$e^{(\lambda+\mu)t} p_{00}(t) = \frac{\mu}{\lambda + \mu} e^{(\lambda+\mu)t} + C.$$

由于 $p_{00}(0) = 1$, 可见 $C = \frac{\lambda}{\lambda + \mu}$, 于是

$$p_{00}(t) = \frac{\mu}{\lambda + \mu} + \frac{\lambda}{\lambda + \mu} e^{-(\lambda+\mu)t},$$

若记 $\lambda_0 = \frac{\lambda}{\lambda + \mu}, \mu_0 = \frac{\mu}{\lambda + \mu}$, 则

$$p_{00}(t) = \mu_0 + \lambda_0 e^{-(\lambda+\mu)t}.$$

类似地由柯尔莫哥洛夫向前方程

$$p_{01}'(t) = \lambda p_{00}(t) - \mu p_{01}(t)$$

可解得
$$p_{01}(t) = \lambda_0[1 - e^{-(\lambda+\mu)t}].$$

由对称性知
$$p_{11}(t) = \lambda_0 + \mu_0 e^{-(\lambda+\mu)t},$$

$$p_{10}(t) = \mu_0[1 - e^{-(\lambda+\mu)t}].$$

转移概率的极限为

$$\lim_{t \to \infty} p_{00}(t) = \mu_0 = \lim_{t \to \infty} p_{10}(t), \quad \lim_{t \to \infty} p_{11}(t) = \lambda_0 = \lim_{t \to \infty} p_{01}(t).$$

由此可见,当 $t \to \infty$ 时,$p_{ij}(t)$ 的极限存在且与 i 无关. 由定理 5.7 知,平稳分布为

$$\pi_0 = \mu_0, \quad \pi_1 = \lambda_0.$$

若取初始分布为平稳分布,即

$$P\{X(0) = 0\} = p_0 = \mu_0, \quad P\{X(0) = 1\} = p_1 = \lambda_0,$$

则过程在时刻 t 的绝对概率分布为

$$p_0(t) = p_0 p_{00}(t) + p_1 p_{10}(t) = \mu_0[\lambda_0 e^{-(\lambda+\mu)t} + \mu_0] + \lambda_0 \mu_0[1 - e^{-(\lambda+\mu)t}] = \mu_0,$$

$$p_1(t) = p_0 p_{01}(t) + \lambda_0 p_{11}(t) = \mu_0 \lambda_0[1 - e^{-(\lambda+\mu)t}] + \lambda_0[\lambda_0 + \mu_0 e^{-(\lambda+\mu)t}] = \lambda_0.$$

例 5.3 机器维修问题. 设例 5.2 中状态 0 代表某机器正常工作,状态 1 代表机器出故障. 状态转移概率与例 5.2 相同,即在 h 时间内,机器从正常工作变为出故障的概率为 $p_{01}(h) = \lambda h + o(h)$;在 h 时间内,机器从有故障变为经修复后正常工作的概率为 $p_{10}(h) = \mu h + o(h)$. 试求在 $t = 0$ 时正常工作的机器,在 $t = 5$ 时仍为正常工作的概率.

解 由例 5.2 已求得该过程的 Q 矩阵为

$$Q = \begin{pmatrix} -\lambda & \lambda \\ \mu & -\mu \end{pmatrix}.$$

根据题意,要求机器最后所处的状态为正常工作,只需计算 $p_{00}(t)$ 即可.

由例 5.2 知

$$p_{00}(t) = \lambda_0 e^{-(\lambda+\mu)t} + \mu_0,$$

其中 $\lambda_0 = \dfrac{\lambda}{\lambda+\mu}, \mu_0 = \dfrac{\mu}{\lambda+\mu}$, 故

$$p_{00}(5) = \mu_0 + \lambda_0 e^{-5(\lambda+\mu)}.$$

因为 $P\{X(0) = 0\} = p_0 = 1$, 所以

$$P\{X(5) = 0\} = p_0(5) = p_0 p_{00}(5) = \mu_0 + \lambda_0 e^{-5(\lambda+\mu)}.$$

5.3 生 灭 过 程

连续时间马尔可夫链的一类重要特殊情形是生灭过程,它的特征是在很短的时间内,系统的状态只能从状态 i 转移到状态 $i-1$ 或 $i+1$ 或保持不变,确切定义如下.

定义 5.5 设齐次马尔可夫过程 $\{X(t), t \geqslant 0\}$ 的状态空间为 $I = \{0, 1, 2, \cdots\}$,转移概率为 $p_{ij}(t)$,如果

$$\begin{cases} p_{i,i+1}(h) = \lambda_i h + o(h), & \lambda_i > 0, \\ p_{i,i-1}(h) = \mu_i h + o(h), & \mu_i > 0, \mu_0 = 0, \\ p_{ii}(h) = 1 - (\lambda_i + \mu_i)h + o(h), \\ p_{ij}(h) = o(h), & |i-j| \geq 2, \end{cases}$$

则称 $\{X(t), t \geq 0\}$ 为**生灭过程**，λ_i 为出生率，μ_i 为死亡率.

若 $\lambda_i = i\lambda, \mu_i = i\mu (\lambda, \mu$ 是正常数)，则称 $\{X(t)_i, t \geq 0\}$ 为**线性生灭过程**.

若 $\mu_i \equiv 0$，则称 $\{X(t), t \geq 0\}$ 为**纯生过程**；若 $\lambda_i \equiv 0$，则称 $\{X(t), t \geq 0\}$ 为**纯灭过程**.

生灭过程可作如下概率解释：若以 $X(t)$ 表示一个生物群体在 t 时刻的大小，则在很短的时间 h 内(不计高阶无穷小)，群体变化有三种可能，状态由 i 变到 $i+1$，即增加一个个体，其概率为 $\lambda_i h$；状态由 i 变到 $i-1$，即减少一个个体，其概率为 $\mu_i h$；群体大小不增不减，其概率为 $1-(\lambda_i + \mu_i)h$.

由定理 5.3 得

$$q_{ii} = -\frac{\mathrm{d}}{\mathrm{d}h} p_{ii}(h) \mid_{h=0} = \lambda_i + \mu_i, \quad i \geq 0.$$

$$q_{ij} = \frac{\mathrm{d}}{\mathrm{d}h} p_{ij}(h) \mid_{h=0} = \begin{cases} \lambda_i, & j = i+1, \quad i \geq 0, \\ \mu_i, & j = i-1, \quad i \geq 1, \end{cases}$$

$$q_{ij} = 0, \quad |i-j| \geq 2,$$

故柯尔莫哥洛夫向前方程为

$$p_{ij}'(t) = \lambda_{j-1} p_{i,j-1}(t) - (\lambda_j + \mu_j) p_{ij}(t) + \mu_{j+1} p_{i,j+1}(t), \quad i,j \in I.$$

柯尔莫哥洛夫向后方程为

$$p_{ij}'(t) = \mu_i p_{i-1,j}(t) - (\lambda_i + \mu_i) p_{ij}(t) + \lambda_i p_{i+1,j}(t), \quad i,j \in I.$$

因为上述方程组的求解较为困难，故讨论其平稳分布. 由(5.13)式，有

$$\begin{cases} \lambda_0 \pi_0 = \mu_1 \pi_1, \\ (\lambda_j + \mu_j)\pi_j = \lambda_{j-1}\pi_{j-1} + \mu_{j+1}\pi_{j+1}, \quad j \geq 1. \end{cases}$$

逐步递推得

$$\pi_1 = \frac{\lambda_0}{\mu_1}\pi_0, \quad \pi_2 = \frac{\lambda_1}{\mu_2}\pi_1 = \frac{\lambda_0 \lambda_1}{\mu_1 \mu_2}\pi_0, \quad \cdots$$

$$\pi_j = \frac{\lambda_{j-1}}{\mu_j}\pi_{j-1} = \frac{\lambda_0 \lambda_1 \cdots \lambda_{j-1}}{\mu_1 \mu_2 \cdots \mu_j}\pi_0, \quad \cdots$$

再利用 $\sum\limits_{j=1}^{\infty} \pi_j = 1$，得平稳分布

$$\begin{cases} \pi_0 = \left(1 + \sum\limits_{j=1}^{\infty} \frac{\lambda_0 \lambda_1 \cdots \lambda_{j-1}}{\mu_1 \mu_2 \cdots \mu_j}\right)^{-1}, \\ \pi_j = \frac{\lambda_0 \lambda_1 \cdots \lambda_{j-1}}{\mu_1 \mu_2 \cdots \mu_j}\left(1 + \sum\limits_{j=1}^{\infty} \frac{\lambda_0 \lambda_1 \cdots \lambda_{j-1}}{\mu_1 \mu_2 \cdots \mu_j}\right)^{-1}, \quad j \geq 1. \end{cases} \tag{5.14}$$

上式也指出平稳分布存在的充要条件是

$$\sum_{j=1}^{\infty} \frac{\lambda_0 \lambda_1 \cdots \lambda_{j-1}}{\mu_1 \mu_2 \cdots \mu_j} < \infty.$$

例 5.4　两个生灭过程.

(1) $M/M/s$ 排队系统. 假设顾客按照参数为 λ 的泊松过程来到一个有 s 个服务员的服务站, 即相继到达顾客的时间间隔是均值为 $\frac{1}{\lambda}$ 的独立指数随机变量, 每一个顾客一来到, 如果有服务员空闲, 则直接进行服务, 否则此顾客要加入排队行列(即他在队列中等待). 当一个服务员结束对一位顾客的服务时, 此顾客就离开服务系统, 排队中的下一个顾客(若有顾客等待)进入服务. 假定相继的服务时间是独立的指数随机变量, 均值为 $1/\mu$. 如果我们以 $X(t)$ 记时刻 t 系统中的人数, 则 $\{X(t),t \geqslant 0\}$ 是生灭过程

$$\mu_n = \begin{cases} n\mu, & 1 \leqslant n \leqslant s, \\ s\mu, & n > s, \end{cases}$$

$$\lambda_n = \lambda, \quad n \geqslant 0.$$

$M/M/s$ 排队系统中, M 表示马尔可夫过程, s 代表 s 个服务员. 特别, 在 $M/M/1$ 排队系统中, $\lambda_n = \lambda, \mu_n = \mu$, 于是若 $\frac{\lambda}{\mu} < 1$, 则由(5.14)式得

$$\pi_n = \frac{\left(\frac{\lambda}{\mu}\right)^n}{1 + \sum_{n=1}^{\infty} \left(\frac{\lambda}{\mu}\right)^n} = \left(\frac{\lambda}{\mu}\right)^n \left(1 - \frac{\lambda}{\mu}\right), \quad n \geqslant 0,$$

要使平稳分布(即极限分布)存在, λ 必须小于 μ 是直观的. 顾客按速率 λ 到来且以速率 μ 受到服务, 因而当 $\lambda > \mu$ 时他们到来的速率高于他们能受到服务的速率, 排队的长度趋于无穷. $\lambda = \mu$ 的情况类似于对称的随机游动, 它是零常返的, 从而没有极限概率.

(2) 有迁入的线性增长模型.

$$\mu_n = n\mu, \qquad n \geqslant 1,$$

$$\lambda_n = n\lambda + \theta, \quad n \geqslant 0$$

的模型称为有迁入的线性增长模型. 这种过程来自于生物繁殖与群体增长的研究中. 假定群体中的每个个体以指数率 λ 出生; 此外, 群体由于从外界迁入的因素又以指数率 θ 增加, 因此当系统中有 n 个成员时, 整个出生率是 $n\lambda + \theta$. 假定此群体的各个成员以指数率 μ 死亡, 从而 $\mu_n = n\mu$.

例 5.5(尤尔过程)　设群体中各个成员独立地活动且以指数率 λ 生育. 若假设没有任何成员死亡, 以 $X(t)$ 记时刻 t 群体的总量, 则 $X(t)$ 是一个纯生过程, 其

$$\lambda_n = n\lambda, \quad n > 0,$$

称此纯生过程为尤尔过程. 试计算:

(1) 从一个个体开始, 在时刻 t 群体总量的分布;

(2) 从一个个体开始, 在时刻 t 群体诸成员年龄之和的均值.

解　(1) 记 $T_i (i \geqslant 1)$ 为第 i 个与第 $i+1$ 个成员出生之间的时间, 即 T_i 是群体总量从 i 变到 $i+1$ 所花的时间. 由尤尔过程的定义容易得到 $T_i (i \geqslant 1)$ 是独立的具有参

数 $i\lambda$ 的指数变量,故

$$P\{T_1 \leqslant t\} = 1 - \mathrm{e}^{-\lambda t},$$

$$P\{T_1 + T_2 \leqslant t\} = \int_0^t P\{T_1 + T_2 \leqslant t \mid T_1 = x\}\lambda \mathrm{e}^{-\lambda x}\mathrm{d}x$$

$$= \int_0^t (1 - \mathrm{e}^{-2\lambda(t-x)})\lambda \mathrm{e}^{-\lambda x}\mathrm{d}x = (1 - \mathrm{e}^{-\lambda t})^2,$$

$$P\{T_1 + T_2 + T_3 \leqslant t\} = \int_0^t P\{T_1 + T_2 + T_3 \leqslant t \mid T_1 + T_2 = x\}\mathrm{d}F_{T_1+T_2}(x)$$

$$= \int_0^t (1 - \mathrm{e}^{-3\lambda(t-x)})(1 - \mathrm{e}^{-\lambda x})2\lambda \mathrm{e}^{-\lambda x}\mathrm{d}x = (1 - \mathrm{e}^{-\lambda t})^3.$$

一般地,由归纳法可证明

$$P\{T_1 + T_2 + \cdots + T_j \leqslant t\} = (1 - \mathrm{e}^{-\lambda t})^j.$$

由于

$$P\{T_1 + T_2 + \cdots + T_j \leqslant t\} = P\{X(t) \geqslant j+1 \mid X(0) = 1\},$$

故

$$p_{1j}(t) = (1 - \mathrm{e}^{-\lambda t})^{j-1} - (1 - \mathrm{e}^{-\lambda t})^j = \mathrm{e}^{-\lambda t}(1 - \mathrm{e}^{-\lambda t})^{j-1}, \quad j \geqslant 1.$$

由此可见,从一个个体开始,在时刻 t 群体的总量具有几何分布,其均值为 $\mathrm{e}^{\lambda t}$. 一般地,如果群体从 i 个个体开始,在时刻 t 群体总量是 i 个独立且有同几何分布的随机变量之和,具有负二项分布,即

$$p_{ij}(t) = \binom{j-1}{i-1}\mathrm{e}^{-\lambda t}(1 - \mathrm{e}^{-\lambda t})^{j-i}, \quad j \geqslant i \geqslant 1.$$

(2) 记 $A(t)$ 为群体在时刻 t 诸成员的年龄之和,则可以证明

$$A(t) = a_0 + \int_0^t X(s)\mathrm{d}s,$$

其中 a_0 是初始个体在 $t = 0$ 时的年龄. 取期望得

$$EA(t) = a_0 + E\left[\int_0^t X(s)\mathrm{d}s\right] = a_0 + \int_0^t E[X(s)]\mathrm{d}s$$

$$= a_0 + \int_0^t \mathrm{e}^{\lambda s}\mathrm{d}s = a_0 + \frac{\mathrm{e}^{\lambda t} - 1}{\lambda}.$$

例 5.6(传染模型)　考虑有 m 个个体的群体,在时刻0由一个已感染的个体与 $m-1$ 个未受到感染但可能被感染的个体组成. 个体一旦受到感染将永远地处于此状态. 假设在任意长为 h 的时间区间内任意一个已感染的人将以概率 $ah + o(h)$ 引起任一指定的未感染者成为感染者. 若我们以 $X(t)$ 记时刻 t 群体中已受感染的个体数,则 $\{X(t), t \geqslant 0\}$ 是一纯生过程,其

$$\lambda_n = \begin{cases} (m-n)na, & n = 1, 2, \cdots, m-1, \\ 0, & \text{其他}. \end{cases}$$

这是因为如有 n 个已受感染的个体,则 $m-n$ 个未受感染者的每一个将以速率 na 变成已感染者.

记 T 为直至整个群体被感染的时间,T_i 为从 i 个已感染者到 $i+1$ 个已感染者的

时间,则

$$T = \sum_{i=1}^{m-1} T_i.$$

由于 T_i 是相互独立的指数随机变量,其参数分别为 $\lambda_i = (m-i)ia$, $i = 1,2,\cdots,m-1$,故

$$ET = \sum_{i=1}^{m-1} ET_i = \frac{1}{a} \sum_{i=1}^{m-1} \frac{1}{i(m-i)},$$

$$DT = \sum_{i=1}^{m-1} DT_i = \frac{1}{a^2} \sum_{i=1}^{m-1} \left(\frac{1}{i(m-i)} \right)^2.$$

对规模合理的群体,ET 渐近地为

$$ET = \frac{1}{ma} \sum_{i=1}^{m-1} \left(\frac{1}{m-i} + \frac{1}{i} \right) \approx \frac{1}{ma} \int_1^{m-1} \left(\frac{1}{m-t} + \frac{1}{t} \right) dt = \frac{2\ln(m-1)}{ma}.$$

例 5.7(机器维修)　设有 m 台机床,s ($s<m$) 个维修工人. 机床或者工作,或者损坏等待修理. 机床损坏后,空着的维修工人立即来修理;若维修工人不空,则机床按先坏先修排队等待维修.

假定在 h 时间内,每台机床从工作转到损坏的概率为 $\lambda h + o(h)$,每台修理的机床转到工作的概率为 $\mu h + o(h)$,用 $X(t)$ 表示时刻 t 损坏的机床台数,则 $\{X(t),t \geqslant 0\}$ 是连续时间马尔可夫链,其状态空间 $I = \{0,1,\cdots,m\}$. 设时刻 t 有 i 台机床损坏,则在 $(t,t+h)$ 内又有一台机床损坏的概率,在不计高阶无穷小时,它应等于原来正在工作的 $m-i$ 台机床中,在 $(t,t+h)$ 内恰有一台损坏的概率,于是

$$p_{i,i+1}(h) = (m-i)\lambda h + o(h), \quad i = 0,1,\cdots,m-1.$$

类似地

$$p_{i,i-1}(h) = \begin{cases} i\mu h + o(h), & 1 \leqslant i \leqslant s, \\ s\mu h + o(h), & s < i \leqslant m, \end{cases}$$

$$p_{ij}(h) = o(h), \quad |i-j| \geqslant 2.$$

显然,这是一个生灭过程,其

$$\lambda_i = (m-i)\lambda, \quad i = 0,1,\cdots,m,$$

$$\mu_i = \begin{cases} i\mu, & 1 \leqslant i \leqslant s, \\ s\mu, & s < i \leqslant m. \end{cases}$$

由(5.14)式知它的平稳分布为

$$\pi_0 = \left[1 + \sum_{j=1}^{s} C_m^j \left(\frac{\lambda}{\mu} \right)^j + \sum_{j=s+1}^{m} C_m^j \frac{(s+1)(s+2)\cdots j}{s^{j-s}} \left(\frac{\lambda}{\mu} \right)^j \right]^{-1}$$

$$\pi_j = \begin{cases} C_m^j \left(\dfrac{\lambda}{\mu} \right)^j \pi_0, & 1 \leqslant j \leqslant s, \\ C_m^j \dfrac{(s+1)(s+2)\cdots j}{s^{j-s}} \left(\dfrac{\lambda}{\mu} \right)^j \pi_0, & s < j \leqslant m. \end{cases}$$

当已知 m,λ,μ 后,可以由上述平稳分布计算出在安排 s 个维修工人时,平均不工作的机床台数 $\sum_{j=1}^{m} j\pi_j$,因而可以适当安排维修工人人数 s.

习　题　5

5.1　设连续时间马尔可夫链 $\{X(t),t\geqslant 0\}$ 具有转移概率

$$p_{ij}(h) = \begin{cases} \lambda_i h + o(h), & j = i+1, \\ 1 - \lambda_i h + o(h), & j = i, \\ 0, & j = i-1, \\ o(h), & |j-i| \geqslant 2, \end{cases}$$

其中 λ_i 是正数，$X(t)$ 表示一个生物群体在时刻 t 的成员总数. 求柯尔莫哥洛夫方程、转移概率 $p_{ij}(t)$. (提示：利用以下结果，若 $g'(t)+kg(t)=h(t)$，k 为实数，$h(t)$ 为连续函数，$a\leqslant t\leqslant b$，则 $g(t) = \int_a^t \mathrm{e}^{-k(t-s)} h(s)\mathrm{d}s + g(a)\mathrm{e}^{-k(t-a)}$.)

5.2　一质点在 1,2,3 点上做随机游动. 若在时刻 t 质点位于这三个点之一，则在 $[t,t+h)$ 内，它以概率 $\frac{1}{2}h+o(h)$ 分别转移到其他二点之一. 试求质点随机游动的柯尔莫哥洛夫方程、转移概率 $p_{ij}(t)$ 及平稳分布.

5.3　设某车间有 M 台车床，由于各种原因车床时而工作、时而停止. 假设时刻 t，一台正在工作的车床，在时刻 $t+h$ 停止工作的概率为 $\mu h+o(h)$，而时刻 t 不工作的车床，在时刻 $t+h$ 开始工作的概率为 $\lambda h+o(h)$，且各车床工作情况是相互独立的. 若 $N(t)$ 表示时刻 t 正在工作的车床数，求：

(1) 齐次马尔可夫过程 $\{N(t),t\geqslant 0\}$ 的平稳分布；

(2) 若 $M=10,\lambda=60,\mu=30$，系统处于平稳状态时有一半以上车床在工作的概率.

5.4　排队问题. 设有一服务台，在 $[0,t)$ 内到达服务台的顾客数是服从泊松分布的随机变量，即顾客流是泊松过程. 单位时间到达服务台的平均人数为 λ. 服务台只有一个服务员，对顾客的服务时间是按指数分布的随机变量，平均服务时间为 $1/\mu$. 如果服务台空闲时到达的顾客立即接受服务；如果顾客到达时服务员正在为另一顾客服务，则他必须排队等候；如果顾客到达时发现已经有二人在等候，则他就离开而不再回来. 设 $X(t)$ 代表在 t 时刻系统内的顾客人数（包括正在被服务的顾客和排队等候的顾客），该人数就是系统所处的状态. 于是这个系统的状态空间为 $I=\{0,1,2,3\}$；又设在 $t=0$ 时系统处于状态 0，即服务员空闲着. 求过程的 Q 矩阵及 t 时刻系统处于状态 j 的绝对概率 $p_j(t)$ 所满足的微分方程.

5.5　一条电路供 m 个焊工用电，每个焊工均是间断用电. 现作如下假设：

① 若一焊工在 t 时用电，而在 $(t,t+\Delta t)$ 内停止用电的概率为 $\mu\Delta t+o(\Delta t)$；

② 若一焊工在 t 时没有用电，而在 $(t,t+\Delta t)$ 内用电的概率为 $\lambda\Delta t+o(\Delta t)$.

每个焊工的工作情况是相互独立的. 设 $X(t)$ 表示在 t 时正在用电的焊工数.

(1) 求该过程的状态空间和 Q 矩阵；

(2) 设 $X(0)=0$，求绝对概率 $p_j(t)$ 满足的微分方程；

(3) 当 $t\to\infty$ 时，求极限分布 p_j.

5.6　设 $[0,t)$ 内到达的顾客服从泊松分布，参数为 λt. 设有单个服务员，服务时间为指数分布的排队系统(M/M/1)，平均服务时间为 $1/\mu$. 试证明：

(1) 在服务员的服务时间内到达顾客的平均数为 λ/μ；

(2) 在服务员的服务时间内无顾客到达的概率为 $\mu/(\lambda+\mu)$.

第6章 平稳随机过程

6.1 平稳过程的概念与例子

第 2 章 2.4 节我们介绍了严平稳过程与宽平稳过程的概念. 在自然科学、工程技术中人们经常遇到这类过程, 例如, 纺织过程中棉纱横截面积的变化, 导弹在飞行中受到湍流影响产生的随机波动, 军舰在海浪中的颠簸, 通信中的干扰噪声等等, 它们都可用平稳过程描述. 这类过程一方面受随机因素的影响产生随机波动, 同时又有一定的惯性, 使在不同时刻的波动特性基本保持不变. 其统计特性是, 当过程随时间的变化而产生随机波动时, 其前后状态是相互联系的, 且这种联系不随时间的推延而改变.

由于严平稳过程的统计特征是由有限维分布函数来决定的, 在应用中比较难以确定, 而宽平稳过程的判别只涉及一、二阶矩的确定, 在实际中比较容易获得, 因此, 我们主要研究宽平稳过程. 这种仅研究与过程一、二阶矩有关性质的理论, 就是所谓**相关理论**. 对于正态过程, 由于其宽平稳性与严平稳性是等价的, 故用相关理论研究它显得特别方便.

本书后面涉及的主要是宽平稳过程, 我们简称它为平稳过程.

例 6.1 设 $\{X_n, n = 0, \pm 1, \pm 2, \cdots\}$ 是实的互不相关随机变量序列, 且 $E[X_n] = 0, D[X_n] = \sigma^2$. 试讨论随机序列的平稳性.

解 因为 $E[X_n] = 0$ 及

$$R_X(n, n-\tau) = E[X_n X_{n-\tau}] = \begin{cases} \sigma^2, & \tau = 0, \\ 0, & \tau \neq 0, \end{cases}$$

其中 τ 为整数, 故随机序列的均值为常数, 相关函数仅与 τ 有关, 因此它是平稳随机序列.

在物理和工程技术中, 称上述随机序列为**白噪声**. 它普遍存在于各类波动现象中, 如电子发射波的波动, 通信设备中电流或电压的波动等. 这是一种较简单的随机干扰的数学模型.

例 6.2 设 $\{Z_n, n = 0, \pm 1, \pm 2, \cdots\}$ 为复随机序列, 且 $E[Z_n] = 0, E[Z_n \overline{Z}_m] = \sigma_n^2 \delta_{nm}, \sum_{n=-\infty}^{\infty} \sigma_n^2 < \infty, \omega_n (n = 0, \pm 1, \pm 2, \cdots)$ 为实数序列. 对于每一个 t, 可以证明级数

$\sum\limits_{n=-\infty}^{\infty} Z_n \mathrm{e}^{\mathrm{i}\omega_n t}$ 在均方意义(见 6.3 节)下收敛.令

$$X(t) = \sum_{n=-\infty}^{\infty} Z_n \mathrm{e}^{\mathrm{i}\omega_n t}.$$

利用随机变量级数均方收敛性质,可以推得

$$E[X(t)] = E\Big[\sum_{n=-\infty}^{\infty} Z_n \mathrm{e}^{\mathrm{i}\omega_n t}\Big] = 0,$$

$$E[X(t)\ \overline{X(t-\tau)}] = E\Big[\sum_{n=-\infty}^{\infty} Z_n \mathrm{e}^{\mathrm{i}\omega_n t}\ \overline{\sum_{m=-\infty}^{\infty} Z_m \mathrm{e}^{\mathrm{i}\omega_m(t-\tau)}}\Big]$$

$$= \sum_{n=-\infty}^{\infty} \sigma_n^2 \mathrm{e}^{\mathrm{i}\omega_n \tau} = \sum_{n=-\infty}^{\infty} E[\mid Z_n \mid^2] \mathrm{e}^{\mathrm{i}\omega_n \tau},$$

所以 $X(t)$ 为平稳过程.

物理上,$\cos(\omega t)$,$\sin(\omega t)$ 或 $\mathrm{e}^{\mathrm{i}\omega t}$ 都是描述简谐振动的,$U_n\cos(\omega_n t)$,$V_n\sin(\omega_n t)$ 或 $\mathrm{e}^{\mathrm{i}\omega_n t}$ 都可以看作是具有随机振幅的简谐振动.上述例题说明,若不同频率的随机振幅互不相关,则这种简谐振动的有限项甚至无限项的叠加(只要它是均方收敛的)都是平稳过程,而且它们的相关函数亦有类似的分解,即可以表示为与随机振动具有相同频率成分的简谐振动之和,其振幅为相应的随机振幅的方差.

例 6.3 设随机过程 $\{N(t),t\geqslant 0\}$ 是具有参数 λ 的泊松过程,随机过程 $\{X(t),t\geqslant 0\}$ 定义为:若随机点在 $[0,t]$ 内出现偶数次(0 也看作偶数),则 $X(t)=1$;若出现奇数次,则 $X(t)=-1$,如图 6.1 所示.

(1) 讨论随机过程 $X(t)$ 的平稳性;

(2) 设随机变量 V 具有概率分布

$$P\{V=1\} = P\{V=-1\} = \frac{1}{2},$$

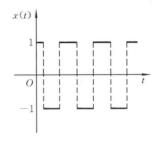

图 6.1

且 V 与 $X(t)$ 独立,令 $Y(t)=VX(t)$,试讨论随机过程 $Y(t)$ 的平稳性.

解 (1)由于随机点 $N(t)$ 是具有参数 λ 的泊松过程,故在 $[0,t]$ 内随机点出现 k 次的概率

$$P_k(t) = \mathrm{e}^{-\lambda t} \frac{(\lambda t)^k}{k!}, \quad k = 0,1,2,\cdots,$$

故 $\quad P\{X(t)=1\} = P_0(t) + P_2(t) + P_4(t) + \cdots$

$$= \mathrm{e}^{-\lambda t}\Big[1 + \frac{(\lambda t)^2}{2!} + \frac{(\lambda t)^4}{4!} + \cdots\Big] = \mathrm{e}^{-\lambda t}\,\mathrm{ch}(\lambda t),$$

$$P\{X(t)=-1\} = P_1(t) + P_3(t) + P_5(t) + \cdots$$

$$= \mathrm{e}^{-\lambda t}\Big[\lambda t + \frac{(\lambda t)^3}{3!} + \frac{(\lambda t)^5}{5!} + \cdots\Big] = \mathrm{e}^{-\lambda t}\,\mathrm{sh}(\lambda t),$$

于是
$$m_X(t) = E[X(t)] = 1 \cdot e^{-\lambda t} \operatorname{ch}(\lambda t) - 1 \cdot e^{-\lambda t} \operatorname{sh}(\lambda t)$$
$$= e^{-\lambda t}[\operatorname{ch}(\lambda t) - \operatorname{sh}(\lambda t)] = e^{-\lambda t} \cdot e^{-\lambda t} = e^{-2\lambda t}.$$

为了求 $X(t)$ 的相关函数,先求 $X(t_1), X(t_2)$ 的联合分布
$$P\{X(t_1) = x_1, X(t_2) = x_2\}$$
$$= P\{X(t_2) = x_2 \mid X(t_1) = x_1\} P\{X(t_1) = x_1\},$$
其中 $x_i = -1$ 或 $1 (i = 1, 2)$.

由上式知,需求 $P\{X(t_1) = x_1\}$ 和 $P\{X(t_2) = x_2 \mid X(t_1) = x_1\}$.

设 $t_2 > t_1$,令 $\tau = t_2 - t_1$,因为事件 $\{X(t_1) = 1, X(t_2) = 1\}$ 等价于事件 $\{X(t_1) = 1,$ 且在 $(t_1, t_2]$ 内随机点出现偶数次$\}$. 由假设知,在 $X(t_1) = 1$ 的条件下,在区间 $(t_1, t_2]$ 内随机点出现偶数次的概率与在区间 $(0, \tau]$ 内随机点出现偶数次的概率相等,故
$$P\{X(t_2) = 1 \mid X(t_1) = 1\} = e^{-\lambda \tau} \operatorname{ch}(\lambda \tau),$$
由于
$$P\{X(t_1) = 1\} = e^{-\lambda t_1} \operatorname{ch}(\lambda t_1),$$
所以
$$P\{X(t_1) = 1, X(t_2) = 1\} = e^{-\lambda t_1} \operatorname{ch}(\lambda t_1) e^{-\lambda \tau} \operatorname{ch}(\lambda \tau).$$
类似可得
$$P\{X(t_1) = -1, X(t_2) = -1\} = e^{-\lambda t_1} \operatorname{sh}(\lambda t_1) e^{-\lambda \tau} \operatorname{ch}(\lambda \tau),$$
$$P\{X(t_1) = -1, X(t_2) = 1\} = e^{-\lambda t_1} \operatorname{sh}(\lambda t_1) e^{-\lambda \tau} \operatorname{sh}(\lambda \tau),$$
$$P\{X(t_1) = 1, X(t_2) = -1\} = e^{-\lambda t_1} \operatorname{ch}(\lambda t_1) e^{-\lambda \tau} \operatorname{sh}(\lambda \tau),$$
因此
$$R_X(t_1, t_2) = E[X(t_1) X(t_2)]$$
$$= 1 \cdot 1 \cdot e^{-\lambda t_1} \operatorname{ch}(\lambda t_1) e^{-\lambda \tau} \operatorname{ch}(\lambda \tau)$$
$$+ (-1) \cdot (-1) e^{-\lambda t_1} \operatorname{sh}(\lambda t_1) e^{-\lambda \tau} \operatorname{ch}(\lambda \tau)$$
$$+ (-1) \cdot 1 \cdot e^{-\lambda t_1} \operatorname{sh}(\lambda t_1) e^{-\lambda \tau} \operatorname{sh}(\lambda \tau)$$
$$+ 1 \cdot (-1) e^{-\lambda t_1} \operatorname{ch}(\lambda t_1) e^{-\lambda \tau} \operatorname{sh}(\lambda \tau)$$
$$= e^{-\lambda(t_1 + \tau)} [\operatorname{ch}(\tau - t_1)\lambda - \operatorname{sh}(\tau - t_1)\lambda]$$
$$= e^{-\lambda(t_1 + \tau)} e^{-\lambda(\tau - t_1)} = e^{-2\lambda \tau} = e^{-2\lambda(t_2 - t_1)}.$$

当 $t_2 < t_1$ 时,同理可得
$$R_X(t_1, t_2) = e^{2\lambda(t_2 - t_1)} = e^{2\lambda \tau},$$
故对于任意 t_1, t_2,有
$$R_X(t_1, t_2) = e^{-2\lambda|t_2 - t_1|} = e^{-2\lambda|\tau|}.$$

由于 $m_X(t) = e^{-2\lambda t}$ 与时间 t 有关,故 $X(t)$ 不是平稳过程. 值得注意的是非平稳过程的相关函数也可以与时间的起点无关.

(2) 由于 $E[V] = 0, E[V^2] = 1$,故由 V 与 $X(t)$ 独立知
$$E[Y(t)] = E[V]E[X(t)] = 0,$$
$$R_Y(t, t - \tau) = E[V^2]E[X(t)X(t - \tau)]$$
$$= e^{-2\lambda|\tau|} = R_Y(\tau),$$
所以 $Y(t)$ 是平稳过程,其相关函数 $R_Y(\tau)$ 如图 6.2 所示.

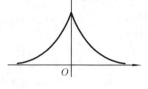

图 6.2

下面我们用一个例子说明宽平稳过程不一定是严平稳过程.

例 6.4 设 $X_n(n=1,2,\cdots)$ 是相互独立且都服从正态分布 $N(0,1)$ 的随机变量序列,$Y_n(n=1,2,\cdots)$ 是相互独立且都服从 $(-\sqrt{3},\sqrt{3})$ 上均匀分布的随机变量序列,$\{X_n,n\geqslant1\}$ 与 $\{Y_n,n\geqslant1\}$ 相互独立. 令

$$Z_n=\begin{cases}X_n, & n\ \text{为奇数},\\ Y_n, & n\ \text{为偶数},\end{cases}$$

证明 $\{Z_n,n\geqslant1\}$ 是宽平稳过程,但不是严平稳过程.

证明 由条件知

$$EX_n=EY_n=0,\quad DX_n=DY_n=1,\quad EZ_n=0,$$

$$R(m,n)=E[Z_mZ_n]=\begin{cases}1, & m=n,\\ 0, & m\neq n,\end{cases}$$

$$E[|Z_n|^2]=1<\infty,$$

故 $\{Z_n,n\geqslant1\}$ 为宽平稳过程. 显然,Z_n 的一维分布与 n 取奇数或偶数时有关,故不是严平稳过程.

例 6.5 设 $X(t)=Xf(t)$ 为复随机过程,其中 X 是均值为 0 的实随机变量,$f(t)$ 是 t 的确定函数. 试证 $X(t)$ 是平稳过程的充要条件是 $f(t)=ce^{i(\omega t+\theta)}$,其中 $i=\sqrt{-1}$,c,ω,θ 为常数.

证 充分性:令 $f(t)=ce^{i(\omega t+\theta)}$,记 $D[X]=\sigma^2$,因为 $E[X]=0$,故

$$m_X(t)=E[X(t)]=E[Xf(t)]=0,$$

由于

$$R_X(t,t-\tau)=E[X(t)\overline{X(t-\tau)}]$$
$$=E[X^2]c^2e^{i(\omega t+\theta)}e^{-i[\omega(t-\tau)+\theta]}=c^2\sigma^2e^{i\omega\tau},$$

所以 $X(t)$ 是平稳过程.

必要性:设 $X(t)$ 是平稳过程,则

$$R_X(t,t-\tau)=E[X(t)\overline{X(t-\tau)}]=E[X^2]f(t)\overline{f(t-\tau)},$$

上式必须与 t 无关,取 $\tau=0$,有

$$|f(t)|^2=c^2(\text{常数}),$$

因此 $f(t)=ce^{i\varphi(t)}$,其中 $\varphi(t)$ 为实函数,于是

$$f(t)\overline{f(t-\tau)}=c^2\exp[i(\varphi(t)-\varphi(t-\tau))].$$

上式应与 t 无关,故

$$\frac{\mathrm{d}}{\mathrm{d}t}[\varphi(t)-\varphi(t-\tau)]=0,$$

即 $\dfrac{\mathrm{d}\varphi(t)}{\mathrm{d}t}=\dfrac{\mathrm{d}\varphi(t-\tau)}{\mathrm{d}t}$ 对一切 τ 成立,于是

$$\varphi(t)=\omega t+\theta,$$

故

$$f(t)=ce^{i(\omega t+\theta)}.\qquad \text{证毕.}$$

6.2 联合平稳过程及相关函数的性质

6.2.1 联合平稳过程

对于两个平稳过程的联合分布和数字特征的讨论,可以用类似于第 2 章的方法.下面我们主要讨论两个平稳过程的联合平稳问题. 如图 6.3 所示,若将两个平稳过程 $X(t)$和 $Y(t)$同时输入加法器中,加法器的输出随机过程 $W(t)=X(t)+Y(t)$是否平稳的问题.

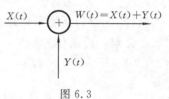

图 6.3

首先分析输出过程要求的平稳条件,由

$$\begin{aligned}E[W(t)\overline{W(t-\tau)}]&=E\{[X(t)+Y(t)][\overline{X(t-\tau)+Y(t-\tau)}]\}\\&=E[X(t)\overline{X(t-\tau)}+Y(t)\overline{Y(t-\tau)}+X(t)\overline{Y(t-\tau)}+Y(t)\overline{X(t-\tau)}]\\&=R_X(\tau)+R_Y(\tau)+E[X(t)\overline{Y(t-\tau)}]+E[Y(t)\overline{X(t-\tau)}].\end{aligned}$$

上式最后两项是 $X(t)$和 $Y(t)$的互相关函数,一般情况下,它们与 t 有关,为使输出过程 $W(t)$是平稳的,必需要求输入的两个平稳过程 $X(t)$和 $Y(t)$的互相关函数与 t 无关.

定义 6.1　设$\{X(t),t\in T\}$和$\{Y(t),t\in T\}$是两个平稳过程,若它们的互相关函数 $E[X(t)\overline{Y(t-\tau)}]$及 $E[Y(t)\overline{X(t-\tau)}]$仅与 τ 有关,而与 t 无关,则称 $X(t)$和$Y(t)$是**联合平稳随机过程**.

由定义有

$$R_{XY}(t,t-\tau)=E[X(t)\overline{Y(t-\tau)}]=R_{XY}(\tau).$$

$$R_{YX}(t,t-\tau)=E[Y(t)\overline{X(t-\tau)}]=R_{YX}(\tau),$$

当两个平稳过程 $X(t),Y(t)$ 是联合平稳时,它们的和 $W(t)=X(t)+Y(t)$ 是平稳过程,此时有

$$E[W(t)\overline{W(t-\tau)}]=R_X(\tau)+R_Y(\tau)+R_{XY}(\tau)+R_{YX}(\tau)=R_W(\tau).$$

6.2.2 相关函数的性质

平稳过程 $X(t)$ 的相关函数 $R_X(\tau)$ 具有如下性质.

定理 6.1　设$\{X(t),t\in T\}$ 为平稳过程,则其相关函数具有下列性质:

(1) $R_X(0)\geqslant 0$;

(2) $\overline{R_X(\tau)}=R_X(-\tau)$;

(3) $|R_X(\tau)|\leqslant R_X(0)$;

(4) $R_X(\tau)$ 是非负定的,即对任意实数 $t_1,t_2,\cdots,t_n$ 及复数 $a_1,a_2,\cdots,a_n$,有 $\sum\limits_{i,j=1}^{n}R_X(t_i,t_j)a_i\overline{a_j}\geqslant 0$;

（5）若 $X(t)$ 是周期为 T 的周期函数，即 $X(t) = X(t+T)$，则 $R_X(\tau) = R_X(\tau+T)$；

（6）若 $X(t)$ 是不含周期分量的非周期过程，当 $|\tau| \to \infty$ 时，$X(t)$ 与 $X(t+\tau)$ 相互独立，则

$$\lim_{|\tau| \to \infty} R_X(\tau) = m_X \overline{m}_X.$$

证　由平稳过程相关函数的定义，得：

（1）$R_X(0) = E[X(t) \overline{X(t)}] = E[|X(t)|^2] \geqslant 0.$

（2）$R_X(\tau) = E[X(t) \overline{X(t-\tau)}] = \overline{E[X(t-\tau) \overline{X(t)}]} = \overline{R_X(-\tau)}$；

对于实平稳过程，由于 $R_X(\tau)$ 为实数，故 $R_X(-\tau) = R_X(\tau)$，即实平稳过程的相关函数是偶函数.

（3）由许瓦兹不等式有

$$|E[X(t) \overline{X(t-\tau)}]|^2 \leqslant [E|X(t) \overline{X(t-\tau)}|]^2$$
$$\leqslant E[|X(t)|^2] E[|\overline{X(t-\tau)}|^2]$$

即　　　　　　$|R_X(\tau)|^2 \leqslant [R_X(0)]^2, \quad |R_X(\tau)| \leqslant R_X(0).$

（4）第 2 章定理 2.2 已证.

（5）$R_X(\tau+T) = E[X(t) \overline{X(t-\tau-T)}] = E[X(t) \overline{X(t-\tau)}] = R_X(\tau).$

（6）$\lim\limits_{|\tau| \to \infty} R_X(\tau) = \lim\limits_{|\tau| \to \infty} E[X(t) \overline{X(t-\tau)}]$

$$= \lim_{|\tau| \to \infty} E[X(t)] E[\overline{X(t-\tau)}] = m_X \overline{m}_X.$$

类似地，联合平稳过程 $X(t)$ 和 $Y(t)$ 的互相关函数有下列性质：

（1）$|R_{XY}(\tau)|^2 \leqslant R_X(0) R_Y(0), \ |R_{YX}(\tau)|^2 \leqslant R_X(0) R_Y(0)$；

（2）$R_{XY}(-\tau) = \overline{R_{YX}(\tau)}.$

证　（1）由许瓦兹不等式，有

$$|R_{XY}(\tau)|^2 = |E[X(t) Y(t-\tau)]|^2 \leqslant [E|X(t) Y(t-\tau)|]^2$$
$$\leqslant E[|X(t)|^2] E[|Y(t-\tau)|^2]$$
$$= R_X(0) R_Y(0).$$

（2）$R_{XY}(-\tau) = E[X(t-\tau) \overline{Y(t)}] = \overline{E[Y(t) \overline{X(t-\tau)}]} = \overline{R_{YX}(\tau)}.$

当 $X(t), Y(t)$ 是实联合平稳相关过程时，（2）变成

$$R_{XY}(-\tau) = R_{YX}(\tau).$$

这表明 $R_{XY}(\tau)$ 与 $R_{YX}(\tau)$ 在一般情况下是不相等的，且它们不是 τ 的偶函数.

例 6.6　设 $X(t) = A\sin(\omega t + \Theta), Y(t) = B\sin(\omega t + \Theta - \varphi)$ 为两个平稳过程，其中 A, B, ω 为常数，Θ 在 $(0, 2\pi)$ 上服从均匀分布. 求 $R_{XY}(\tau)$ 和 $R_{YX}(\tau)$.

解　$R_{XY}(\tau) = E[X(t) Y(t-\tau)]$

$$= E[A\sin(\omega t + \Theta) B\sin(\omega t - \omega\tau + \Theta - \varphi)]$$
$$= \int_0^{2\pi} AB\sin(\omega t + \theta)\sin(\omega t - \omega\tau + \theta - \varphi) \frac{1}{2\pi} \mathrm{d}\theta$$

$$= \frac{AB}{2\pi} \int_0^{2\pi} \sin(\omega t + \theta) \big[\sin(\omega t + \theta) \cos(\omega \tau + \varphi)$$
$$- \cos(\omega t + \theta) \sin(\omega \tau + \varphi) \big] d\theta$$
$$= \frac{1}{2} AB \cos(\omega \tau + \varphi).$$

同理可得

$$R_{YX}(\tau) = \frac{1}{2} AB \cos(\omega \tau - \varphi).$$

6.3　随 机 分 析

在普通函数的微积分中,连续、导数和积分等概念都是建立在极限概念的基础上的. 对于随机过程的研究,也需要建立随机过程的连续性、导数和积分等概念,而且这些概念都是建立在随机序列极限的基础上的,有关这部分内容统称为随机分析.

在随机分析中,随机序列极限的定义有多种,下面简单介绍几种常用的定义. 由于我们主要研究宽平稳过程,故以下所讨论的随机过程都假定为二阶矩过程.

6.3.1　收敛性概念

由微积分知,若对于任给 $\varepsilon > 0$,都存在正整数 N,使对一切 $n > N$,恒有不等式

$$| x_n - a | < \varepsilon \tag{6.1}$$

成立,则称序列 $\{x_n\}$ 以 a 为极限,记作 $\lim\limits_{n \to \infty} x_n = a$.

对于概率空间 $(\Omega, \mathscr{F}, P)$ 上的随机序列 $\{X_n\}$,每个试验结果 e 都对应一序列

$$X_1(e), X_2(e), \cdots, X_n(e), \cdots, \tag{6.2}$$

故随机序列 $\{X_n\}$ 实际上代表一族(6.2)式的序列,故不能用(6.1)式定义整个族的收敛性. 如果(6.2)式对每个 e 都收敛,则称随机序列 $\{X_n\}$ **处处收敛**,即满足

$$\lim_{n \to \infty} X_n = X,$$

其中 X 为随机变量.

上面这种收敛定义太苛求了. 下面介绍随机序列在较弱意义下的收敛定义,它们不一定要求对每个 e 都收敛.

定义 6.2　设 $X_n(e), n \geqslant 1, X(e)$ 均为二阶矩随机变量,若使

$$\lim_{n \to \infty} X_n(e) = X(e)$$

成立的 e 的集合的概率为 1,即

$$P\{e : \lim_{n \to \infty} X_n(e) = X(e)\} = 1,$$

则称 X_n **以概率 1 收敛**于 X,或称 $\{X_n(e)\}$ **几乎处处收敛**于 $X(e)$,记作 $X_n \xrightarrow{a.e} X$.

定义 6.3　设 $X_n(e), n \geqslant 1, X(e)$ 均为二阶矩随机变量,若对于任给 $\varepsilon > 0$,有

$$\lim_{n\to\infty}P\{\,|\,X_n(e)-X(e)\,|\geqslant\varepsilon\}=0,$$

则称 X_n **以概率收敛**于 X，记作 $X_n\xrightarrow{p}X$．

定义 6.4　设 $X_n,n\geqslant1,X$ 均为二阶矩随机变量，若有

$$\lim_{n\to\infty}E[\,|\,X_n-X\,|^2]=0 \tag{6.3}$$

成立，则称 $\{X_n\}$ **均方收敛**于 X，记作 $X_n\xrightarrow{m.s}X$．

(6.3)式的极限常写成

$$\mathrm{l.\,i.\,m}_{n\to\infty}X_n=X\quad\text{或}\quad\mathrm{l.\,i.\,m}X_n=X$$

(l. i. m 是 limit in mean 的缩写)．

定义 6.5　设二阶矩随机序列 $\{X_n\}$ 与二阶矩随机变量 X 对应的分布函数分别为 $\{F_n(x)\}$ 与 $F(x)$，若对 $F(x)$ 的每一个连续点处，有

$$\lim_{n\to\infty}F_n(x)=F(x),$$

则称 X_n **依分布收敛**于 X，记作 $X_n\xrightarrow{d}X$．

对于以上四种收敛定义进行比较，有下列关系：

(1) 若 $X_n\xrightarrow{m.s}X$，则 $X_n\xrightarrow{p}X$；

(2) 若 $X_n\xrightarrow{a.e}X$，则 $X_n\xrightarrow{p}X$；

(3) 若 $X_n\xrightarrow{p}X$，则 $X_n\xrightarrow{d}X$．

或如图 6.4 所示．

下面给出(1)和(2)的证明((3)参阅参考文献[3])．

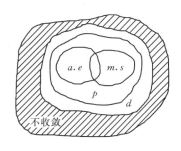

图 6.4

证　(1) 由切比雪夫不等式得

$$P\{\,|\,X_n-X\,|\geqslant\varepsilon\}\leqslant\frac{E[\,|\,X_n-X\,|^2]}{\varepsilon^2},$$

若有 $\lim\limits_{n\to\infty}E[\,|\,X_n-X\,|^2]=0$，则对任给 $\varepsilon>0$，有

$$\lim_{n\to\infty}P\{\,|\,X_n-X\,|\geqslant\varepsilon\}=0.$$

(2) 由于 $P\{\lim\limits_{n\to\infty}X_n=X\}=1$，故

$$\lim_{n\to\infty}P\{\,|\,X_n-X\,|\to0\}=1.$$

因此，对任给 $\varepsilon>0$，有

$$\lim_{n\to\infty}P\{\,|\,X_n-X\,|<\varepsilon\}=1\quad\text{即}\quad\lim_{n\to\infty}P\{\,|\,X_n-X\,|\geqslant\varepsilon\}=0.$$

证毕．

值得注意，在四种收敛定义中，均方收敛是最简单的收敛形式，它只涉及单独一个序列．下面我们讨论的随机序列的收敛性，都是指均方收敛．

定理 6.2　二阶矩随机序列 $\{X_n\}$ 收敛于二阶矩随机变量 X 的充要条件为

$$\lim_{n,m\to\infty} E[\,|\,X_n - X_m\,|^2\,] = 0,$$

证明略.

定理 6.3　设 $\{X_n\},\{Y_n\}$ 都是二阶矩随机序列,U 为二阶矩随机变量,$\{c_n\}$ 为常数序列,a,b,c 为常数. 若 l.i.m $X_n = X$, l.i.m $Y_n = Y$, $\lim\limits_{n\to\infty} c_n = c$. 则:

(1) l.i.m $c_n = \lim\limits_{n\to\infty} c_n = c$;

(2) l.i.m $U = U$;

(3) l.i.m $(c_n U) = cU$;

(4) l.i.m $(aX_n + bY_n) = aX + bY$;

(5) $\lim\limits_{n\to\infty} E[X_n] = E[X] = E[\text{l.i.m}\,X_n]$;

(6) $\lim\limits_{n,m\to\infty} E[X_n\overline{Y}_m] = E[X\overline{Y}] = E[(\text{l.i.m}\,X_n)(\text{l.i.m}\,\overline{Y}_m)]$;

特别有　　　　　$\lim\limits_{n\to\infty} E[\,|\,X_n\,|^2\,] = E[\,|\,X\,|^2\,] = E[\,|\,\text{l.i.m}\,X_n\,|^2\,]$.

证　(1)式、(2)式、(3)式由均方收敛定义可以得证.

(4)式:因为当 $n\to\infty$ 时,有

$$E[\,|\,aX_n + bY_n - (aX + bY)\,|^2\,]$$
$$= E[\,|\,a(X_n - X) + b(Y_n - Y)\,|^2\,]$$
$$\leqslant 2a^2 E[\,|\,X_n - X\,|^2\,] + 2b^2 E[\,|\,Y_n - Y\,|^2\,] \to 0.$$

故由均方收敛定义知(4)式得证.

(5)式:由许瓦兹不等式,有

$$(E[\,|\,Y\,|\,])^2 = (E\,|\,Y\cdot 1\,|\,)^2 \leqslant E[\,|\,Y\,|^2\,]\cdot 1,$$

令 $Y = X_n - X$,代入上式,得

$$0 \leqslant |\,E[X_n] - E[X]\,|^2 = |\,E[X_n - X]\,|^2$$
$$\leqslant E[\,|\,X_n - X\,|^2\,] \to 0, \quad 当 n\to\infty 时,$$

所以　　　　　$\lim\limits_{n\to\infty} E[X_n] = E[X] = E[\text{l.i.m}\,X_n]$.

(6)式:由许瓦兹不等式,有

$$|\,E[X_n\overline{Y}_m] - E[X\overline{Y}]\,| = |\,E(X_n\overline{Y}_m - X\overline{Y})\,|$$
$$= |\,E[(X_n - X)(\overline{Y}_m - \overline{Y}) + X_n\overline{Y} + X\overline{Y}_m - 2X\overline{Y}]\,|$$
$$= |\,E[(X_n - X)\overline{(Y_m - Y)}] + E[(X_n - X)\overline{Y}] + E[(\overline{Y}_m - \overline{Y})X]\,|$$
$$\leqslant |\,E[(X_n - X)\overline{(Y_m - Y)}]\,| + |\,E[X_n - X]\overline{Y}\,| + |\,E\overline{[Y_m - Y]}X\,|$$
$$\leqslant \sqrt{E[\,|\,X_n - X\,|^2\,]E[\,|\,Y_m - Y\,|^2\,]} + \sqrt{E[\,|\,X_n - X\,|^2\,]E[\,|\,Y\,|^2\,]}$$
$$+ \sqrt{E[\,|\,Y_m - Y\,|^2\,]E[\,|\,X\,|^2\,]} \to 0, 当 n,m\to\infty 时,$$

所以　　　　　$\lim\limits_{n,m\to\infty} E[X_n\overline{Y}_m] = E[X\overline{Y}]$.

定理 6.3 的(2)式和(4)式与普通极限相似,(5)式和(6)式表明极限运算和求数学期望运算可以交换顺序.

定理 6.4　设 $\{X_n\}$ 为二阶矩随机序列,则 $\{X_n\}$ 均方收敛的充要条件为下列极限存在:

$$\lim_{n,m\to\infty} E[X_n\overline{X}_m].$$

证　必要性由定理 6.3 之(6)易知. 现在证充分性. 设

$$\lim_{n,m\to\infty} E[X_n\overline{X}_m] = E\mid X\mid^2 = c,$$

由于

$$E[\mid X_n - X_m \mid^2] = E[\mid X_n \mid^2 - X_n\overline{X}_m - \overline{X}_n X_m + \mid X_m \mid^2]$$
$$= E[\mid X_n \mid^2] - E[X_n\overline{X}_m] - E[\overline{X}_n X_m] + E[\mid X_m \mid^2],$$

故　　　　　　　　　　$$\lim_{n,m\to\infty} E[\mid X_n - X_m \mid^2] = c - 2c + c = 0,$$

根据定理 6.2 知 $\{X_n\}$ 均方收敛. 证毕.

以上讨论了具有二阶矩的随机序列均方极限的性质. 对于一般的二阶矩过程 $\{X(t),t\in T\}$,可以类似地定义它的均方极限,且有类似的均方极限性质,不再重述.

6.3.2　均方连续

下面在讨论随机过程 $\{X(t),t\in T\}$ 的均方连续、导数、积分等概念中,假定 $\{X(t), t\in T\}$ 是二阶矩过程,参数集 T 为直线上的一个有限区间(也可以为无穷区间).

定义 6.6　设有二阶矩过程 $\{X(t),t\in T\}$,若对每一个 $t\in T$,有

$$\lim_{h\to 0} E[\mid X(t+h) - X(t) \mid^2] = 0,$$

则称 $X(t)$ 在 t **点均方连续**,记作 $\underset{h\to 0}{\mathrm{l.i.m}} X(t+h) = X(t)$. 若对 T 中一切点都均方连续,则称 $X(t)$ 在 T **上均方连续**.

考虑到

$$E[\mid X(t+h) - X(t) \mid^2]$$
$$= R_X(t+h,t+h) - R_X(t,t+h) - R_X(t+h,t) + R_X(t,t), \qquad (6.4)$$

因此,随机过程 $X(t)$ 在点 t 处的连续性与相关函数 $R_X(t_1,t_2)$ 在 t_1,t_2 处的连续性密切相关,有如下定理.

定理 6.5(均方连续准则)　二阶矩过程 $\{X(t),t\in T\}$ 在 t 点均方连续的充要条件为相关函数 $R_X(t_1,t_2)$ 在点 (t,t) 处连续.

证　必要性:若 $\underset{h\to 0}{\mathrm{l.i.m}} X(t+h) = X(t)$,则由定理 6.3 之(6)得

$$\lim_{\substack{t_1\to t\\ t_2\to t}} R_X(t_1,t_2) = \lim_{\substack{t_1\to t\\ t_2\to t}} E[X(t_1)\overline{X(t_2)}] = E[X(t)\overline{X(t)}] = R_X(t,t).$$

充分性:若 $R_X(t_1,t_2)$ 在点 (t,t) 处连续,令(6.4)式的 $h\to 0$,取极限即可得证. 证毕.

推论　若相关函数 $R_X(t_1,t_2)$ 在 $\{(t,t),t\in T\}$ 上连续,则它在 $T\times T$ 上连续.

证　若 $R_X(t_1,t_2)$ 在 $\{(t,t),t\in T\}$ 上连续,则由定理 6.5 知 $X(t)$ 在 T 上均方连续,故

$$\mathrm{l.\,i.\,m}_{s\to t_1}X(s) = X(t_1), \quad \mathrm{l.\,i.\,m}_{s\to t_2}X(s) = X(t_2).$$

再由定理 6.3 之(6),得

$$\lim_{\substack{s\to t_1\\t\to t_2}}R_X(s,t) = \lim_{\substack{s\to t_1\\t\to t_2}}E[X(s)\,\overline{X(t)}] = E[X(t_1)\,\overline{X(t_2)}] = R_X(t_1,t_2),$$

知 $R_X(t_1,t_2)$ 在 $T\times T$ 上连续. 证毕.

定理 6.5 说明,二阶矩过程在 T 上均方连续性与它的相关函数在 $T\times T$ 上的连续性等价,而相关函数在 $T\times T$ 上的连续性又等价于它在对角线 $\{(t,t),t\in T\}$ 上的连续性.

6.3.3　均方导数

定义 6.7　设 $\{X(t),t\in T\}$ 为二阶矩过程,若存在二阶矩过程 $X'(t)$,满足

$$\lim_{h\to 0}E\left[\left|\frac{X(t+h)-X(t)}{h} - X'(t)\right|^2\right] = 0,$$

则称 $X(t)$ 在 t **点均方可微**,记作

$$X'(t) = \frac{\mathrm{d}X(t)}{\mathrm{d}t} = \mathrm{l.\,i.\,m}_{h\to 0}\frac{X(t+h)-X(t)}{h}.$$

并称 $X'(t)$ 为 $X(t)$ 在 t **点的均方导数**. 若 $X(t)$ 在 T 上每一点 t 均方可微,则称它在 T **上均方可微**.

类似地,若随机过程 $\{X'(t),t\in T\}$ 在 t 点均方可微,则称 $X(t)$ 在 t 点二次均方可微. $X'(t)$ 的均方导数记为

$$X''(t) \quad 或 \quad \frac{\mathrm{d}^2 X}{\mathrm{d}t^2},$$

并称它为二阶矩过程 $X(t)$ 的二阶均方导数. 同理可定义更高阶均方导数.

为了叙述均方可微准则,我们把相关函数 $R_X(t_1,t_2)$ 的如下极限(若存在)

$$\lim_{\substack{h_1\to 0\\h_2\to 0}}\left[\frac{R_X(t_1+h_1,t_2+h_2)-R_X(t_1+h_1,t_2)}{h_1 h_2} - \frac{R_X(t_1,t_2+h_2)-R_X(t_1,t_2)}{h_1 h_2}\right]$$

称为 $R_X(t_1,t_2)$ 在点 (t_1,t_2) 的**广义二阶导数**,记作

$$\frac{\partial^2 R_X(t_1,t_2)}{\partial t_1 \partial t_2}.$$

定理 6.6(均方可微准则)　二阶矩过程 $\{X(t),t\in T\}$ 在 t 点均方可微的充要条件为相关函数 $R_X(t_1,t_2)$ 在点 (t,t) 的广义二阶导数存在.

证　由定理 6.4 知,$X(t)$ 在 t 点均方可微的充要条件为

$$\lim_{\substack{h_1\to 0\\h_2\to 0}}E\left[\left(\frac{X(t+h_1)-X(t)}{h_1}\right)\left(\overline{\frac{X(t+h_2)-X(t)}{h_2}}\right)\right]$$

存在. 将上式展开得

$$\lim_{\substack{h_1\to 0\\h_2\to 0}}\left[\frac{R_X(t+h_1,t+h_2)-R_X(t+h_1,t)-R_X(t,t+h_2)}{h_1 h_2} + \frac{R_X(t,t)}{h_1 h_2}\right],$$

上式极限存在的充要条件为 $R_X(t_1,t_2)$ 在点 (t,t) 的广义二阶导数存在. 证毕.

推论 1　二阶矩过程 $\{X(t), t \in T\}$ 在 T 上均方可微的充要条件为相关函数 $R_X(t_1,t_2)$ 在 $\{(t,t), t \in T\}$ 上每一点广义二阶可微.

推论 2　若 $R_X(t_1,t_2)$ 在 $\{(t,t), t \in T\}$ 上每一点广义二阶可微, 则 $\dfrac{\mathrm{d}m_X(t)}{\mathrm{d}t}$ 在 T

上以及 $\dfrac{\partial}{\partial t_1}R_X(t_1,t_2),\dfrac{\partial}{\partial t_2}R_X(t_1,t_2),\dfrac{\partial^2}{\partial t_1 \partial t_2}R_X(t_1,t_2)$ 在 $T \times T$ 上存在, 且有

(1)　$\dfrac{\mathrm{d}m_X(t)}{\mathrm{d}t} = \dfrac{\mathrm{d}E[X(t)]}{\mathrm{d}t} = E[X'(t)]$;

(2)　$\dfrac{\partial R_X(t_1,t_2)}{\partial t_1} = \dfrac{\partial}{\partial t_1}E[X(t_1)\,\overline{X(t_2)}] = E[X'(t_1)\,\overline{X(t_2)}]$;

(3)　$\dfrac{\partial R_X(t_1,t_2)}{\partial t_2} = \dfrac{\partial}{\partial t_2}E[X(t_1)\,\overline{X(t_2)}] = E[X(t_1)\,\overline{X(t_2)'}]$;

(4)　$\dfrac{\partial^2 R_X(t_1,t_2)}{\partial t_1 \partial t_2} = \dfrac{\partial^2 R_X(t_1,t_2)}{\partial t_2 \partial t_1} = E[X'(t_1)\,\overline{X(t_2)'}]$.

证　(1) 由推论 1 知 $X'(t)$ 存在, 又由定理 6.3 之 (5), 有

$$\frac{\mathrm{d}m_X(t)}{\mathrm{d}t} = \frac{\mathrm{d}E[X(t)]}{\mathrm{d}t} = \lim_{h \to 0}\frac{E[X(t+h)] - E[X(t)]}{h}$$

$$= \lim_{h \to 0}E\left[\frac{X(t+h) - X(t)}{h}\right]$$

$$= E\left[\mathop{\mathrm{l.i.m}}_{h \to 0}\frac{X(t+h) - X(t)}{h}\right] = E[X'(t)].$$

(2) 由定理 6.3 之 (6), 有

$$\frac{\partial}{\partial t_1}R_X(t_1,t_2) = \frac{\partial}{\partial t_1}E[X(t_1)\,\overline{X(t_2)}]$$

$$= \lim_{h \to 0}E\left[\frac{X(t_1+h) - X(t_1)}{h}\,\overline{X(t_2)}\right]$$

$$= E\left[\mathop{\mathrm{l.i.m}}_{h \to 0}\frac{X(t_1+h) - X(t_1)}{h}\,\overline{X(t_2)}\right]$$

$$= E[X'(t_1)\,\overline{X(t_2)}].$$

其余各式类似可证, 证毕.

推论 2 表明数学期望运算与求导数运算可以交换顺序.

此外, 均方导数还有许多类似于普通函数导数的性质, 如均方导数唯一性; $X(t)$ 均方可微, 则它均方连续; 任一随机变量 X (或常数) 的均方导数为零; $[aX(t) + bY(t)]' = aX'(t) + bY'(t)$, 其中 a,b 为常数, 等等.

6.3.4　均方积分

设 $\{X(t), t \in T\}$ 为二阶矩过程, $f(t)$ 为普通函数, 其中 $T = [a,b]$. 设 T 的任一划分为

$$a = t_0 < t_1 < \cdots < t_n = b,$$

记 $\max\limits_{1 \leqslant i \leqslant n} \{(t_i - t_{i-1})\} = \Delta_n$,作和式

$$S_n = \sum_{i=1}^{n} f(t_i') X(t_i')(t_i - t_{i-1}),$$

其中 $t_{i-1} \leqslant t_i' \leqslant t_i (i=1,2,\cdots,n)$.

定义 6.8　如果当 $\Delta_n \to 0$ 时,S_n 均方收敛于 S,即

$$\lim_{\Delta_n \to 0} E[|S_n - S|^2] = 0,$$

则称 $f(t)X(t)$ 在区间 $[a,b]$ 上**均方可积**,并记为

$$S = \int_a^b f(t)X(t)\mathrm{d}t = \mathop{\text{l.i.m}}\limits_{\Delta_n \to 0} \sum_{i=1}^{n} f(t_i')X(t_i')(t_i - t_{i-1}). \tag{6.5}$$

称(6.5)式为 $f(t)X(t)$ 在区间 $[a,b]$ 上的均方积分.

定理 6.7(均方可积准则)　$f(t)X(t)$ 在区间 $[a,b]$ 上均方可积的充要条件为

$$\int_a^b \int_a^b f(t_1)\overline{f(t_2)}R_X(t_1,t_2)\mathrm{d}t_1\mathrm{d}t_2$$

存在.特别地,二阶矩过程 $X(t)$ 在区间 $[a,b]$ 上均方可积的充要条件为 $R_X(t_1,t_2)$ 在 $[a,b] \times [a,b]$ 上可积.

证明略(证明详见参考文献[2]).

定理 6.8　设 $f(t)X(t)$ 在区间 $[a,b]$ 上均方可积,则:

(1) $E\left[\int_a^b f(t)X(t)\mathrm{d}t\right] = \int_a^b f(t)E[X(t)]\mathrm{d}t.$

特别有

$$E\left[\int_a^b X(t)\mathrm{d}t\right] = \int_a^b E[X(t)]\mathrm{d}t;$$

(2) $E\left[\int_a^b f(t_1)X(t_1)\mathrm{d}t_1 \overline{\int_a^b f(t_2)X(t_2)\mathrm{d}t_2}\right] = \int_a^b \int_a^b f(t_1)\overline{f(t_2)}R_X(t_1,t_2)\mathrm{d}t_1\mathrm{d}t_2.$

特别有

$$E\left[\left|\int_a^b X(t)\mathrm{d}t\right|^2\right] = \int_a^b \int_a^b R_X(t_1,t_2)\mathrm{d}t_1\mathrm{d}t_2.$$

证　(1) 由定理 6.3 之(5),有

$$E\left[\int_a^b f(t)X(t)\mathrm{d}t\right] = E\left[\mathop{\text{l.i.m}}\limits_{\Delta_n \to 0} \sum_{i=1}^{n} f(t_i')X(t_i')(t_i - t_{i-1})\right]$$

$$= \lim_{\Delta_n \to 0} E\left[\sum_{i=1}^{n} f(t_i')X(t_i')(t_i - t_{i-1})\right]$$

$$= \lim_{\Delta_n \to 0} \sum_{i=1}^{n} f(t_i')E[X(t_i')](t_i - t_{i-1})$$

$$= \int_a^b f(t)E[X(t)]\mathrm{d}t.$$

(2) 类似地由定理 6.3 之(6)可证(2)式.

定理 6.8 表明,若 $f(t)X(t)$ 均方可积,则数学期望和积分两种运算可以交换

顺序.

均方积分有类似于普通函数积分的许多性质,如 $X(t)$ 均方连续,则它均方可积;均方积分唯一性,对于 $a<c<b$,有 $\int_a^b f(t)X(t)\mathrm{d}t = \int_a^c f(t)X(t)\mathrm{d}t + \int_c^b f(t)X(t)\mathrm{d}t$;若 $X(t),Y(t)$ 在区间 $[a,b]$ 上均方连续,则

$$\int_a^b [\alpha X(t) + \beta Y(t)]\mathrm{d}t = \alpha \int_a^b X(t)\mathrm{d}t + \beta \int_a^b Y(t)\mathrm{d}t,$$

其中 α,β 为常数,等等.

定理 6.9 设二阶矩过程 $\{X(t),t \in T\}$ 在区间 $[a,b]$ 上均方连续,则

$$Y(t) = \int_a^t X(\tau)\mathrm{d}\tau, \quad a \leqslant t \leqslant b$$

在均方意义下存在,且随机过程 $\{Y(t),t \in T\}$ 在区间 $[a,b]$ 上均方可微,$Y'(t) = X(t)$.

证明略.

推论 设 $X(t)$ 均方可微,且 $X'(t)$ 均方连续,则

$$X(t) - X(a) = \int_a^t X'(t)\mathrm{d}t. \tag{6.6}$$

特别有

$$X(b) - X(a) = \int_a^b X'(t)\mathrm{d}t.$$

(6.6)式即相当于普通积分中的牛顿-莱布尼斯公式.

例 6.7 设 $\{X(t),t \in T\}$ 是实均方可微过程,求其导数过程 $\{X'(t),t \in T\}$ 的协方差函数 $B_{X'}(s,t)$.

解 由(6.6)式,有

$$m_X(t) - m_X(a) = \int_a^t m_{X'}(s)\mathrm{d}s,$$

$$\frac{\mathrm{d}m_X(t)}{\mathrm{d}t} = m_{X'}(t),$$

所以
$$\begin{aligned}
B_{X'}(s,t) &= E[(X'(s) - m_{X'}(s))(X'(t) - m_{X'}(t))] \\
&= E[X'(s)X'(t)] - m_{X'}(s)m_{X'}(t) \\
&= R_{X'}(s,t) - m_{X'}(s)m_{X'}(t) \\
&= \frac{\partial^2}{\partial s\partial t}[R_X(s,t) - m_X(s)m_X(t)] \\
&= \frac{\partial^2}{\partial s\partial t}B_X(s,t).
\end{aligned}$$

上述结论也可由定理 6.6 中的推论 2 的(1)和(4)直接得到.

6.4 平稳过程的各态历经性

平稳随机过程的统计特征完全由其前二阶矩函数确定.我们知道,对固定的时刻

t,均值函数和协方差函数是随机变量 $X(t)$ 的取值在样本空间 Ω 上的概率平均,是由 $X(t)$ 的分布函数确定的,通常很难求得.实际中,如果我们已经得到一个较长时间的样本记录,是否可由此获得平稳过程的数字特征的充分依据,即按时间取平均来代替统计平均呢?为此,我们来回顾一下大数定律.

设独立同分布的随机变量序列 $\{X_n, n = 1, 2, \cdots\}$ 具有 $E[X_n] = m, D[X_n] = \sigma^2 (n = 1, 2, \cdots)$,则

$$\lim_{N \to \infty} P\left\{\left|\frac{1}{N}\sum_{k=1}^{N} X_k - m\right| < \varepsilon\right\} = 1.$$

这里,若将随机序列 $\{X_n, n = 1, 2, \cdots\}$ 看作是具有离散参数的随机过程,则 $\frac{1}{N}\sum_{k=1}^{N} X_k$ 可视为随机过程的样本函数按不同时刻取平均,它随样本不同而变,是个随机变量.而 $m = E[X_n]$ 是随机过程的均值,即任意时刻的过程取值的统计平均.大数定律表明,随时间 n 的无限增长,随机过程的样本函数按时间平均以越来越大的概率近似于过程的统计平均.也就是说,只要观测的时间足够长,则随机过程的每个样本函数都能够"遍历"各种可能状态.随机过程的这种特性即谓**遍历性**或**埃尔古德性**,或叫**各态历经性**.

根据随机过程的定义知,对于每一个固定的 $t \in T, X(t)$ 是一个随机变量,$E[X(t)] = m_X(t)$ 为统计平均;对于每一个固定的 $e \in \Omega, X(t)$ 为普通的时间函数,若在 T 上对 t 取平均,即得时间平均.

定义 6.9　设 $\{X(t), -\infty < t < \infty\}$ 为均方连续的平稳过程,则分别称

$$\langle X(t) \rangle = \mathop{\text{l.i.m}}_{T \to \infty} \frac{1}{2T}\int_{-T}^{T} X(t)\mathrm{d}t,$$

$$\langle X(t)\,\overline{X(t-\tau)} \rangle = \mathop{\text{l.i.m}}_{T \to \infty} \frac{1}{2T}\int_{-T}^{T} X(t)\,\overline{X(t-\tau)}\mathrm{d}t$$

为该过程的**时间均值**和**时间相关函数**.

定义 6.10　设 $\{X(t), -\infty < t < \infty\}$ 是均方连续的平稳过程,若 $\langle X(t) \rangle \overset{\text{Pr.1}}{=} E[X(t)]$,即

$$\mathop{\text{l.i.m}}_{T \to \infty} \frac{1}{2T}\int_{-T}^{T} X(t)\mathrm{d}t = m_X \tag{6.7}$$

以概率 1 成立,则称该平稳过程的均值具有各态历经性.

若 $\langle X(t)\overline{X(t-\tau)} \rangle \overset{\text{Pr.1}}{=} E[X(t)\overline{X(t-\tau)}]$,即

$$\mathop{\text{l.i.m}}_{T \to \infty} \frac{1}{2T}\int_{-T}^{T} X(t)\,\overline{X(t-\tau)}\mathrm{d}t = R_X(\tau) \tag{6.8}$$

以概率 1 成立,则称该平稳过程的相关函数具有各态历经性.

定义 6.11　如果均方连续的平稳过程 $\{X(t), t \in T\}$ 的均值和相关函数都具有各态历经性,则称该平稳过程为具有各态历经性或遍历性.

从上面的讨论知,随机过程的时间平均是对给定的 e,样本函数对 t 的积分值再取平均,显然积分值依赖于 e,一般地,随机过程的时间平均是个随机变量.如果 $X(t)$ 是各态历经过程,则 $\langle X(t)\rangle$ 和 $\langle X(t)\overline{X(t-\tau)}\rangle$ 不再依赖 e,而是以概率 1 分别等于 $E[X(t)]$ 和 $E[X(t)\overline{X(t-\tau)}]$.这一方面表明各态历经过程各样本函数的时间平均实际上可以认为是相同的,于是随机过程的统计可以用任一个样本函数的时间平均代替.另一方面也表明 $E[X(t)]$ 和 $E[X(t)\overline{X(t-\tau)}]$ 必定与 t 无关,即各态历经过程必是平稳过程.但是,平稳过程在什么条件下才具有各态历经性呢? 下面先讨论平稳过程的均值具有遍历性的条件.

定理 6.10　设 $\{X(t),-\infty<t<\infty\}$ 是均方连续的平稳过程,则它的均值具有各态历经性的充要条件为

$$\lim_{T\to\infty}\frac{1}{2T}\int_{-2T}^{2T}\left(1-\frac{|\tau|}{2T}\right)[R_X(\tau)-|m_X|^2]\mathrm{d}\tau=0. \tag{6.9}$$

证　因 $\langle X(t)\rangle$ 是随机变量,先求它的均值和方差.得

$$E[\langle X(t)\rangle]=E\left[\underset{T\to\infty}{\mathrm{l.i.m}}\frac{1}{2T}\int_{-T}^{T}X(t)\mathrm{d}t\right]=\lim_{T\to\infty}\frac{1}{2T}\int_{-T}^{T}E[X(t)]\mathrm{d}t=m_X,$$

故随机变量 $\langle X(t)\rangle$ 的均值为常数 $E[X(t)]=m_X$.由方差的性质知,若能证明 $D[\langle X(t)\rangle]=0$,则 $\langle X(t)\rangle$ 依概率 1 等于 $E[X(t)]$.所以要证明 $X(t)$ 的均值具有各态历经性等价于证 $D[\langle X(t)\rangle]=0$.

由于
$$D[\langle X(t)\rangle]=E[|\langle X(t)\rangle|^2]-|m_X|^2, \tag{6.10}$$

而
$$E[|\langle X(t)\rangle|^2]=E\left[\left|\underset{T\to\infty}{\mathrm{l.i.m}}\frac{1}{2T}\int_{-T}^{T}X(t)\mathrm{d}t\right|^2\right]$$

$$=\lim_{T\to\infty}E\left[\frac{1}{4T^2}\int_{-T}^{T}X(t_2)\mathrm{d}t_2\int_{-T}^{T}\overline{X(t_1)}\mathrm{d}t_1\right]$$

$$=\lim_{T\to\infty}\frac{1}{4T^2}\int_{-T}^{T}\int_{-T}^{T}E[X(t_2)\overline{X(t_1)}]\mathrm{d}t_1\mathrm{d}t_2$$

$$=\lim_{T\to\infty}\frac{1}{4T^2}\int_{-T}^{T}\int_{-T}^{T}R_X(t_2-t_1)\mathrm{d}t_1\mathrm{d}t_2.$$

作变换 $\tau_1=t_1+t_2,\tau_2=t_2-t_1$,变换的雅可比式为

$$\left|\frac{\partial(t_1,t_2)}{\partial(\tau_1,\tau_2)}\right|=\frac{1}{2}.$$

在上述变换下,将正方形积分域 G_1 变成菱形域 G_2,如图 6.5 所示.于是

$$E[|\langle X(t)\rangle|^2]=\lim_{T\to\infty}\frac{1}{4T^2}\iint_{G_2}\frac{1}{2}R_X(\tau_2)\mathrm{d}\tau_1\mathrm{d}\tau_2$$

$$=\lim_{T\to\infty}\frac{1}{4T^2}\int_{-2T}^{2T}\int_{-2T+|\tau_2|}^{2T-|\tau_2|}\frac{1}{2}R_X(\tau_2)\mathrm{d}\tau_1\mathrm{d}\tau_2$$

$$=\lim_{T\to\infty}\frac{1}{2T}\int_{-2T}^{2T}R_X(\tau_2)\left(1-\frac{|\tau_2|}{2T}\right)\mathrm{d}\tau_2. \tag{6.11}$$

又因为
$$\frac{1}{2T}\int_{-2T}^{2T}\left(1-\frac{|\tau_2|}{2T}\right)\mathrm{d}\tau_2=1,$$

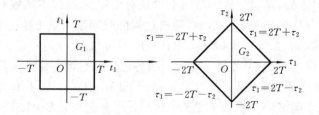

图 6.5

故
$$|m_X|^2 = \frac{1}{2T}\int_{-2T}^{2T}|m_X|^2\left(1-\frac{|\tau_2|}{2T}\right)\mathrm{d}\tau_2. \tag{6.12}$$

将(6.11)式和(6.12)式代入(6.10)式,得
$$D[\langle X(t)\rangle] = \lim_{T\to\infty}\frac{1}{2T}\int_{-2T}^{2T}\left(1-\frac{|\tau|}{2T}\right)[R_X(\tau)-|m_X|^2]\mathrm{d}\tau. \tag{6.13}$$

(6.13)式等于零就是$\langle X(t)\rangle$以概率 1 等于$E[X(t)]=m_X$的充要条件. 证毕.

当$X(t)$为实均方连续平稳过程时,$R_X(\tau)$为偶函数,过程$X(t)$的均值各态历经性的充要条件可写成
$$\lim_{T\to\infty}\frac{1}{T}\int_0^{2T}\left(1-\frac{\tau}{2T}\right)[R_X(\tau)-m_X^2]\mathrm{d}\tau = 0. \tag{6.14}$$

由于$B_X(\tau)=R_X(\tau)-|m_X|^2$,故充要条件(6.9)式等价于
$$\lim_{T\to\infty}\frac{1}{2T}\int_{-2T}^{2T}\left(1-\frac{|\tau|}{2T}\right)B_X(\tau)\mathrm{d}\tau = 0.$$

(6.14)式等价于
$$\lim_{T\to\infty}\frac{1}{T}\int_0^{2T}\left(1-\frac{\tau}{2T}\right)B_X(\tau)\mathrm{d}\tau = 0.$$

定理 6.11　设$\{X(t),-\infty<t<\infty\}$为均方连续的平稳过程,则其相关函数具有各态历经性的充要条件为
$$\lim_{T\to\infty}\frac{1}{2T}\int_{-2T}^{2T}\left(1-\frac{|\tau_1|}{2T}\right)[B(\tau_1)-|R_X(\tau)|^2]\mathrm{d}\tau_1 = 0, \tag{6.15}$$

其中
$$B(\tau_1) = E[X(t)\overline{X(t-\tau)}\,\overline{X(t-\tau_1)\overline{X(t-\tau-\tau_1)}}]. \tag{6.16}$$

证　对于固定的τ,记$Y(t)=X(t)\overline{X(t-\tau)}$,则$Y(t)$为均方连续的平稳过程,且
$$m_Y = E[Y(t)] = E[X(t)\overline{X(t-\tau)}] = R_X(\tau),$$

故$R_X(\tau)$的各态历经性相当于$E[Y(t)]$的各态历经性. 由于
$$R_Y(\tau_1) = E[Y(t)\overline{Y(t-\tau_1)}]$$
$$= E[X(t)\overline{X(t-\tau)}\,\overline{X(t-\tau_1)\overline{X(t-\tau-\tau_1)}}] = B(\tau_1),$$

故根据定理 6.10 知定理 6.11 得证.

由于实际应用中只考虑定义在$0\leqslant t<\infty$上的均方连续的平稳过程,故定理6.10

和定理 6.11 相应地可以写成下列形式.

定理 6.12　对于均方连续平稳过程 $\{X(t), 0 \leqslant t < \infty\}$，等式

$$\mathop{\text{l.i.m}}_{T \to \infty} \frac{1}{T} \int_0^T X(t) \mathrm{d}t = m_X$$

以概率 1 成立的充要条件为

$$\lim_{T \to \infty} \frac{1}{2T} \int_{-T}^T \left(1 - \frac{|\tau|}{T}\right) B_X(\tau) \mathrm{d}\tau = 0.$$

若 $X(t)$ 为实平稳过程，则上式变为

$$\lim_{T \to \infty} \frac{1}{T} \int_0^T \left(1 - \frac{\tau}{T}\right) B_X(\tau) \mathrm{d}\tau = 0.$$

定理 6.13　对于均方连续平稳过程 $\{X(t), 0 \leqslant t < \infty\}$，等式

$$\mathop{\text{l.i.m}}_{T \to \infty} \frac{1}{T} \int_0^T X(t) \overline{X(t-\tau)} \mathrm{d}\tau = R_X(\tau)$$

以概率 1 成立的充要条件为

$$\lim_{T \to \infty} \frac{1}{2T} \int_{-T}^T \left(1 - \frac{|\tau_1|}{T}\right) [B(\tau_1) - |R_X(\tau)|^2] \mathrm{d}\tau_1 = 0,$$

其中 $B(\tau_1)$ 与 (6.16) 式相同.

若 $X(t)$ 为实平稳过程，则上式变为

$$\lim_{T \to \infty} \frac{1}{T} \int_0^T \left(1 - \frac{\tau_1}{T}\right) [B(\tau_1) - R_X^2(\tau)] \mathrm{d}\tau_1 = 0.$$

例 6.8　考虑例 6.3 的随机电报信号过程 $Y(t)$ 的均值的各态历经性. 因为它是实平稳过程，且 $E[Y(t)] = 0, R_Y(\tau) = \mathrm{e}^{-2\lambda|\tau|}$ ，

$$\lim_{T \to \infty} \frac{1}{T} \int_0^T \left(1 - \frac{\tau}{T}\right) [\mathrm{e}^{-2\lambda|\tau|} - 0] \mathrm{d}\tau = 0.$$

(6.14) 式成立，所以 $Y(t)$ 是均值具有各态历经性的平稳过程.

例 6.9　设有随机相位过程 $X(t) = a\cos(\omega t + \Theta)$，$a, \omega$ 为常数，Θ 为 $(0, 2\pi)$ 上服从均匀分布的随机变量. 问 $X(t)$ 是否为各态历经过程.

解　因为　　　　$E[X(t)] = \int_0^{2\pi} a\cos(\omega t + \theta) \frac{1}{2\pi} \mathrm{d}\theta = 0,$

$$R_X(t, t-\tau) = E[a\cos(\omega t + \Theta) a\cos(\omega t - \omega\tau + \Theta)]$$

$$= \int_0^{2\pi} \frac{a^2}{2\pi} \cos(\omega t + \theta) \cos(\omega t - \omega\tau + \theta) \mathrm{d}\theta$$

$$= \frac{a^2}{2} \cos(\omega\tau) = R_X(\tau),$$

而　　　　$\langle X(t) \rangle = \mathop{\text{l.i.m}}_{T \to \infty} \frac{1}{2T} \int_{-T}^T a\cos(\omega t + \Theta) \mathrm{d}t$

$$= \mathop{\text{l.i.m}}_{T \to \infty} \frac{a}{2T} \frac{\sin(\omega T + \Theta) - \sin(-\omega T + \Theta)}{\omega} = 0,$$

故有　　　　　　　　$\langle X(t) \rangle = E[X(t)].$

又因为 $\langle X(t)\,\overline{X(t-\tau)}\rangle = \mathop{\text{l. i. m}}\limits_{T\to\infty}\dfrac{1}{2T}\displaystyle\int_{-T}^{T}a^2\cos(\omega t+\Theta)\cos(\omega t-\omega\tau+\Theta)\mathrm{d}t$

$$= \mathop{\text{l. i. m}}\limits_{T\to\infty}\dfrac{a^2}{2T}\int_{-T}^{T}\dfrac{1}{2}\big[\cos(\omega\tau)+\cos(2\omega t-\omega\tau+2\Theta)\big]\mathrm{d}t$$

$$= \dfrac{a^2}{2}\cos(\omega\tau),$$

故　　　　　　　　　　　　　$\langle X(t)\,\overline{X(t-\tau)}\rangle = R_X(\tau).$

过程 $X(t)$ 的均值和相关函数都具有各态历经性,所以随机相位过程是各态历经的.

例 6.10　讨论随机过程 $X(t)=Y$ 的各态历经性,其中 Y 是方差不为零的随机变量.

解　易知 $X(t)=Y$ 是平稳过程,事实上

$$E[X(t)] = E[Y] = m_X(\text{常数}),$$

$$R_X(t,t-\tau) = E[Y^2] = D[Y]+m_X^2(\text{与 } t \text{ 无关}).$$

但此过程不具有各态历经性,因为

$$\langle X(t)\rangle = \mathop{\text{l. i. m}}\limits_{T\to\infty}\dfrac{1}{2T}\int_{-T}^{T}Y\mathrm{d}t = Y,$$

Y 非常数,不等于 $E[X(t)]$. 所以 $X(t)=Y$ 的均值不具有各态历经性.

类似可证其相关函数也不具有各态历经性.

实际问题中,要严格验证平稳过程是否满足各态历经条件是比较困难的. 但各态历经性定理的条件较宽,工程中所遇到的平稳过程大多数都能满足.

各态历经定理的重要意义在于它从理论上给出如下的结论:一个实平稳过程,如果它是各态历经的,则可用任意一个样本函数的时间平均代替平稳过程的统计平均,即

$$m_X = \mathop{\text{l. i. m}}\limits_{T\to\infty}\dfrac{1}{T}\int_0^{T}x(t)\mathrm{d}t,\quad R_X(\tau) = \mathop{\text{l. i. m}}\limits_{T\to\infty}\dfrac{1}{T}\int_0^{T}x(t)\,x(t+\tau)\mathrm{d}t.$$

若样本函数 $x(t)$ 只在有限区间 $[0,T]$ 上给出,则对于实平稳过程有下列估计式

$$m_X \approx \hat{m}_X = \dfrac{1}{T}\int_0^{T}x(t)\mathrm{d}t, \tag{6.17}$$

$$R_X(\tau) \approx \hat{R}_X(\tau) = \dfrac{1}{T-\tau}\int_0^{T-\tau}x(t)x(t+\tau)\mathrm{d}t. \tag{6.18}$$

(6.18)式取积分区间 $[0,T-\tau]$,是因为 $x(t+\tau)$ 只对 $t+\tau\leqslant T$ 为已知,即 $0\leqslant t\leqslant T-\tau$.

实际计算中,一般不可能给出 $x(t)$ 的表达式,通常采用模拟方法或数字方法来测量或计算(6.17) 式和(6.18) 式的估计值. 现在扼要地介绍如下:

(1) 采用模拟相关分析仪.

这种仪器的功能是当输入样本函数时,在 X-Y 记录仪上能自动描绘出自相关函数曲线. 它的框图如图 6.6 所示.

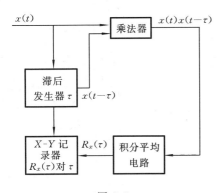

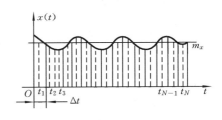

图 6.6　　　　　　　　　　　　　　　　　　图 6.7

对于时间连续变化的信号 $X(t)$ 进行数字处理时,必须先对信号离散取值(也称**采样**).一般是每隔定长的时间 Δt 后,对 $X(t)$ 进行测量,从而获得 $X(t)$ 在 $t_k = k\Delta t (k = 0,1,\cdots)$ 的一系列数值 $x_k = x(k\Delta t)(k = 0,1,\cdots)$,如图 6.7 所示.但是,$\Delta t$ 取多长进行采样呢? 一般地,采样的时间间隔的选择是这样的:对于非随机的确定信号 $x(t)$,当 $x(t)$ 的傅氏变换 $F(\omega)$ 只在频率域 $|\omega| \leqslant \omega_c$ 上不等于 0,其他频率上均为 0,则按采样定理,应取采样时间间隔 Δt 不超过区间 π/ω_c,即当 $\Delta t < \pi/\omega_c$ 时,理论上可以证明由采样值$\{x(k\Delta t), k = 0,1,\cdots\}$ 唯一地确定信号 $x(t)$.对于平稳过程,也有类似的结论.

定理 6.14　设有确定信号 $x(t)$,$F(\omega)$ 是它的傅氏变换,若
$$F(\omega) = 0, \quad |\omega| > \omega_c,$$

则 $x(t)$ 能由它在相等时间间隔 $\Delta t = \dfrac{\pi}{\omega_c}$ 上的采样值 $x(k\Delta t)$ 完全唯一地复原,且

$$x(t) = \sum_{k=-\infty}^{\infty} x(k\Delta t) \frac{\sin[\omega_c(t - k\Delta t)]}{\omega_c(t - k\Delta t)}.$$

定理 6.15　对于均方连续平稳过程 $\{X(t), t \in T\}$,若它的谱函数 $F(\omega)$ 满足
$$\mathrm{d}F(\omega) = 0, \quad |\omega| > \omega_c,$$

若取 $\Delta t < \dfrac{\pi}{\omega_c}$,则在均方意义下 $X(t)$ 可唯一地复原,且

$$X(t) = \sum_{k=-\infty}^{\infty} X(k\Delta t) \frac{\sin[\omega_c(t - k\Delta t)]}{\omega_c(t - k\Delta t)}.$$

(2) 采用数字方法.

如图 6.7 所示,将区间 $[0, T]$ 等分为 N 个长度为 $\Delta t = \dfrac{T}{N}$ 的小区间,然后在时刻 $t_k = \left(k - \dfrac{1}{2}\right)\Delta t (k = 1, 2, \cdots, N)$,对 $X(t)$ 取样,得 N 个测量值 $x_k = x(t_k)(k = 1, 2, \cdots, N)$.再将(6.17)式和(6.18)式的积分用近似和式代替,即得近似数字估计式

$$\hat{m}_X = \frac{1}{T}\int_0^T x(t)\mathrm{d}t \approx \frac{1}{T}\sum_{k=1}^{N} x_k \Delta t = \frac{1}{N}\sum_{k=1}^{N} x_k,$$

$$\hat{R}_X(\tau) = \frac{1}{T-\tau}\int_0^{T-\tau} x(t)x(t+\tau)\,\mathrm{d}t$$

$$\approx \frac{1}{T-\tau_r}\sum_{k=1}^{N-r} x_k x_{k+r}\Delta t = \frac{1}{N-r}\sum_{k=1}^{N-r} x_k x_{k+r},$$

$$r = 0,1,\cdots,m, \quad m < N.$$

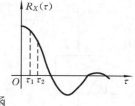

图 6.8

这个估计式算出相关函数的一系列近似值,就可以作出相关函数的近似图形,如图 6.8 所示.

习　题　6

6.1　设有随机过程 $X(t)=\cos(\omega t+\Theta)$,其中 $\omega>0$ 为常数,Θ 是在区间 $(0,2\pi)$ 上服从均匀分布的随机变量. 问 $X(t)$ 是否为平稳过程.

6.2　设有随机过程 $X(t)=A\cos(\pi t)$,其中 A 是均值为零、方差为 σ^2 的正态随机变量. 求:

(1) $X(1)$ 和 $X\left(\dfrac{1}{4}\right)$ 的概率密度;

(2) $X(t)$ 是否为平稳过程.

6.3　设有随机过程 $X(t)=A\cos(\omega t+\Theta)$,其中 A 是服从瑞利分布的随机变量,其概率密度

$$f(a) = \begin{cases} \dfrac{a}{\sigma^2}\exp\left\{-\dfrac{a^2}{2\sigma^2}\right\}, & a>0, \\ 0, & a\leqslant 0, \end{cases}$$

Θ 是在 $(0,2\pi)$ 上服从均匀分布且与 A 相互独立的随机变量,ω 为常数. 问 $X(t)$ 是否为平稳过程. (提示:若 X 与 Y 是两个相互独立的随机变量,$f(x)$ 和 $g(y)$ 是连续函数,则 $f(X)$ 和 $g(Y)$ 也是相互独立的随机变量.)

6.4　设有随机过程 $X(t)=f(t+\Theta)$,其中 $f(x)$ 是周期为 T 的实值连续函数,Θ 是在 $(0,T]$ 上服从均匀分布的随机变量,证明 $X(t)$ 是平稳过程并求相关函数 $R_X(\tau)$.

6.5　设 $X(t)$ 和 $Y(t)$ 为平稳过程,且相互独立. 求 $Z(t)=X(t)Y(t)$ 的相关函数,$Z(t)$ 是否为平稳过程.

6.6　设 $X(t)$ 为实平稳过程,若存在 $T>0$,$R_X(T)=R_X(0)$,试证:

(1) 它以概率 1 对所有 t 有 $X(t+T)=X(t)$ 成立;

(2) 对所有 τ,有 $R_X(\tau+T)=R_X(\tau)$,即随机过程的相关函数是具有周期 T 的周期函数.

6.7　设随机过程 $X(t)$ 是二阶矩过程,即 $E[|X(t)|^2]<\infty$,均值 $E[X(t)]=\alpha+\beta t$,协方差 $B_X(t_1,t_2)=\mathrm{e}^{-\lambda|t_1-t_2|}$. 令 $Y(t)=X(t+1)-X(t)$,则 $Y(t)$ 为平稳过程. 求它的均值和相关函数.

6.8　设 $X(t)$ 是雷达的发射信号,遇到目标后返回接收机的微弱信号为 $aX(t-\tau_1)$,$a\ll 1$,τ_1 是信号返回时间. 由于接收到的信号伴有噪声,记噪声为 $N(t)$,故接收到的全信号为 $Y(t)=aX(t-\tau_1)+N(t)$,

(1) 若 $X(t)$ 和 $Y(t)$ 是单独且联合平稳过程,求互相关函数 $R_{XY}(\tau)$;

(2) 在(1)的条件下,假定 $N(t)$ 的均值为零,且与 $X(t)$ 是相互独立的,求 $R_{XY}(\tau)$.

6.9　设 $\{X_n,n=0,\pm1,\pm2,\cdots\}$ 是具有零均值、方差为 1 的独立同分布的随机序列,令 $Y_n=\sum_{l=0}^{k} a_l X_{n-l}$ $(n=0,\pm1,\pm2,\cdots)$,其中 a_l 为常数. 试证 $\{Y_n,n=0,\pm1,\pm2,\cdots\}$ 是平稳过程.

6.10　设 $\{N(t), t \geqslant 0\}$ 为泊松过程,令 $X(t) = N(t+L) - N(t)$,其中 L 为正常数. 若 $N(t)$ 表示某事件在区间 $(0, t]$ 内发生的次数,则 $X(t)$ 表示该事件在起点为 t,长为 L 的区间内发生的次数. 求随机过程 $X(t)$ 的均值和协方差函数.

6.11　设 $\{X(t), t \geqslant 0\}$ 为维纳过程,令 $Y(t) = \int_0^t X(s) ds$,试判别 $\{Y(t), t \geqslant 0\}$ 是否为平稳过程.

6.12　设 $X(t)$ 和 $Y(t)$ 是具有均值为零,方差分别为 $\sigma_X^2 = 5, \sigma_Y^2 = 10$ 的两个平稳过程,且它们是联合平稳的,试说明下列函数是否为相关函数,为什么?

(1) $R_X(\tau) = 6e^{-2\tau}$;　　　　　(2) $R_X(\tau) = 5\sin(5\tau)$;

(3) $R_{XY}(\tau) = 9(1 + 2\tau^2)^{-1}$;　　(4) $R_Y(\tau) = -e^{-|\tau|}\cos(6\tau)$;

(5) $R_Y(\tau) = 5\left(\dfrac{\sin(3\tau)}{3\tau}\right)^2$;　　(6) $R_Y(\tau) = 6 + 4\left(\dfrac{\sin\tau}{\tau}\right)$.

6.13　设正态随机过程具有均值为零,相关函数为 $R_X(\tau) = 6e^{-|\tau|/2}$,求给定 t 时随机变量 $X(t), X(t+1), X(t+2)$ 和 $X(t+3)$ 的协方差矩阵.

6.14　试证随机过程 $X(t) = U\cos(\lambda t) + V\sin(\lambda t)(-\infty < t < \infty)$ 是平稳过程的充要条件为 U 和 V 是具有零均值、相同方差的互不相关的随机变量.

6.15　设随机过程 $X(t) = a\cos(\omega t + \varphi)$ 和 $Y(t) = b\sin(\omega t + \varphi)$ 是单独且联合平稳随机过程,其中 a, b, ω 为常数,φ 是在 $(0, \pi)$ 上服从均匀分布的随机变量. 求 $R_{XY}(\tau)$ 和 $R_{YX}(\tau)$.

6.16　设有随机过程 $X(t)$ 和 $Y(t)$ 都不是平稳的,且 $X(t) = A(t)\cos t, Y(t) = B(t)\sin t$,其中 $A(t)$ 和 $B(t)$ 是均值为零的相互独立的平稳过程,它们有相同的相关函数. 求证 $Z(t) = X(t) + Y(t)$ 是平稳过程.

6.17　验证复随机过程 $Z(t) = \exp[\mathrm{i}(\omega_0 t + \varphi)]$ 的平稳性,其中 φ 是在 $(0, 2\pi)$ 上均匀分布的随机变量,ω_0 为常数.

6.18　设 $X_1(t), X_2(t), Y_1(t)$ 和 $Y_2(t)$ 都是零均值实随机过程,定义复随机过程
$$Z_1(t) = X_1(t) + \mathrm{i}Y_1(t), \quad Z_2(t) = X_2(t) + \mathrm{i}Y_2(t),$$
求下列情况下的 $Z_1(t)$ 与 $Z_2(t)$ 的互相关函数,

(1) 所有实随机过程是相关的;

(2) 所有实随机过程互不相关.

6.19　设 $X(t)$ 是具有相关函数为 $R_X(\tau)$ 的平稳过程,令 $Y = \int_a^{a+T} X(t) dt$,其中 $T > 0, a$ 是实数. 试证 $E[|Y|^2] = \int_{-T}^{T} (T - |\tau|) R_X(\tau) d\tau$.

6.20　设 $X(t)$ 为平稳过程,令 $Y(t) = X(t)\cos(\omega_0 t + \Phi), W(t) = X(t)\cos[(\omega_0 + \omega_1)t + \Phi]$,$\omega_0$,$\omega_1$ 为常数,Φ 是在 $(0, 2\pi)$ 上均匀分布的随机变量,Φ 与 $X(t)$ 独立. 试证 $W(t) + Y(t)$ 是非平稳过程.

6.21　设随机过程 $X(t) = A\sin(\lambda t) + B\cos(\lambda t)$,其中 A, B 是均值为零、方差为 σ^2 的相互独立的正态随机变量,λ 为常数,试问:

(1) $X(t)$ 的均值是否各态历经的?

(2) $X(t)$ 的均方值 $E[X(t)]^2$ 是否各态历经的?

(3) 若 $A = -\sqrt{2}\sigma\sin\Phi, B = \sqrt{2}\sigma\cos\Phi, \Phi$ 是 $(0, 2\pi)$ 上服从均匀分布的随机变量,此时 $E[X(t)]^2$ 是否各态历经的?

6.22　试验证第 6.4 题的随机相位过程 $X(t) = f(t + \Theta)$ 是各态历经的.

第7章 平稳过程的谱分析

平稳过程 $\{X(t), t \in T\}$ 的相关函数 $R_x(\tau)$ 在时域上描述了过程的统计特征,为描述平稳过程在频域上的统计特征,我们引进谱密度的概念.本章主要讨论平稳过程的谱密度及相关函数 $R_x(\tau)$ 的谱分析.

7.1 平稳过程的谱密度

谱密度的概念在平稳过程的理论和应用上都很重要.从数学上看,谱密度是相关函数的傅里叶变换(简称傅氏变换),它的物理意义是功率谱密度.

我们首先简要介绍普通时间函数 $x(t)$ 的频谱、能谱密度的概念.

设 $x(t)$ 绝对可积,即 $\int_{-\infty}^{\infty} \mid x(t) \mid \mathrm{d}t < \infty$,则 $x(t)$ 的傅氏变换存在,或者说 $x(t)$ 具有频谱

$$F_x(\omega) = \int_{-\infty}^{\infty} x(t)\mathrm{e}^{-\mathrm{i}\omega t} \mathrm{d}t. \tag{7.1}$$

一般地,$F_x(\omega)$ 是复值函数,有

$$F_x(-\omega) = \int_{-\infty}^{\infty} x(t)\mathrm{e}^{\mathrm{i}\omega t} \mathrm{d}t = \overline{F_x(\omega)}.$$

$F_x(\omega)$ 的傅氏反变换为

$$x(t) = \frac{1}{2\pi}\int_{-\infty}^{\infty} F_x(\omega)\mathrm{e}^{\mathrm{i}\omega t} \mathrm{d}\omega. \tag{7.2}$$

利用(7.1)式和(7.2)式,可得

$$\int_{-\infty}^{\infty} x^2(t)\mathrm{d}t = \int_{-\infty}^{\infty} x(t) \frac{1}{2\pi}\int_{-\infty}^{\infty} F_x(\omega)\mathrm{e}^{\mathrm{i}\omega t} \mathrm{d}\omega \mathrm{d}t$$

$$= \frac{1}{2\pi}\int_{-\infty}^{\infty} F_x(\omega)\int_{-\infty}^{\infty} x(t)\mathrm{e}^{\mathrm{i}\omega t} \mathrm{d}t \mathrm{d}\omega = \frac{1}{2\pi}\int_{-\infty}^{\infty} F_x(\omega) \overline{F_x(\omega)}\mathrm{d}\omega,$$

故

$$\int_{-\infty}^{\infty} x^2(t)\mathrm{d}t = \frac{1}{2\pi}\int_{-\infty}^{\infty} \mid F_x(\omega) \mid^2 \mathrm{d}\omega. \tag{7.3}$$

(7.3)式称为**帕塞伐公式**.若把 $x(t)$ 看作是通过 $1\ \Omega$ 电阻上的电流或电压,则左边的积分表示消耗在 $1\ \Omega$ 电阻上的总能量,故右边的被积函数 $\mid F_x(\omega) \mid^2$ 相应地称为**能谱密度**.帕塞伐公式即可看作总能量的谱表示式.

在实际问题中,大多数时间函数的总能量都是无限的,因而不能满足傅氏变换条

件. 为此我们考虑平均功率及功率密度.

作一截尾函数

$$x_T(t) = \begin{cases} x(t), & |t| \leqslant T, \\ 0, & |t| > T, \end{cases}$$

因为 $x_T(t)$ 有限, 其傅氏变换存在, 于是有

$$F_x(\omega, T) = \int_{-\infty}^{\infty} x_T(t) e^{-i\omega t} dt = \int_{-T}^{T} x(t) e^{-i\omega t} dt,$$

$F_x(\omega, T)$ 的傅氏反变换为

$$x_T(t) = \frac{1}{2\pi} \int_{-\infty}^{\infty} F_x(\omega, T) e^{i\omega t} d\omega.$$

根据 (7.3) 式的帕塞伐公式, 有

$$\int_{-\infty}^{\infty} x_T^2(t) dt = \int_{-T}^{T} x^2(t) dt = \frac{1}{2\pi} \int_{-\infty}^{\infty} |F_x(\omega, T)|^2 d\omega,$$

故

$$\lim_{T \to \infty} \frac{1}{2T} \int_{-T}^{T} x^2(t) dt = \lim_{T \to \infty} \frac{1}{4\pi T} \int_{-\infty}^{\infty} |F_x(\omega, T)|^2 d\omega$$

$$= \frac{1}{2\pi} \int_{-\infty}^{\infty} \lim_{T \to \infty} \frac{1}{2T} |F_x(\omega, T)|^2 d\omega.$$

显然, 上式左边可以看作是 $x(t)$ 消耗在 $1\ \Omega$ 电阻上的平均功率, 相应地, 称右边的被积函数

$$\lim_{T \to \infty} \frac{1}{2T} |F_x(\omega, T)|^2$$

为**功率谱密度**.

以上讨论的是普通时间的实值函数的频谱分析, 对于随机过程 $\{X(t), -\infty < t < \infty\}$ 可以作类似的分析.

设 $X(t)$ 是均方连续随机过程, 作截尾随机过程

$$X_T(t) = \begin{cases} X(t), & |t| \leqslant T, \\ 0, & |t| > T. \end{cases}$$

因为 $X_T(t)$ 均方可积, 故存在傅氏变换

$$F_X(\omega, T) = \int_{-\infty}^{\infty} X_T(t) e^{-i\omega t} dt = \int_{-T}^{T} X(t) e^{-i\omega t} dt. \tag{7.4}$$

利用帕塞伐公式及傅氏反变换, 可得

$$\int_{-\infty}^{\infty} |X(t)|^2 dt = \int_{-T}^{T} |X(t)|^2 dt = \frac{1}{2\pi} \int_{-\infty}^{\infty} |F_X(\omega, T)|^2 d\omega.$$

因为 $X(t)$ 是随机过程, 故上式两边都是随机变量, 要求取平均值. 这时不仅要对时间区间 $[-T, T]$ 取平均, 还要求概率意义下的统计平均, 于是有

$$\lim_{T \to \infty} E\left[\frac{1}{2T} \int_{-T}^{T} |X(t)|^2 dt\right] = \lim_{T \to \infty} \frac{1}{2\pi} \int_{-\infty}^{\infty} E\left[\frac{1}{2T} |F_X(\omega, T)|^2\right] d\omega$$

$$= \frac{1}{2\pi} \int_{-\infty}^{\infty} \lim_{T \to \infty} \frac{1}{2T} E\left[|F_X(\omega, T)|^2\right] d\omega. \tag{7.5}$$

上式就是随机过程 $X(t)$ 的平均功率和功率密度关系的表达式. 于是有如下定义.

定义 7.1　设 $\{X(t), -\infty < t < \infty\}$ 为均方连续随机过程,称

$$\psi^2 = \lim_{T \to \infty} E\left[\frac{1}{2T}\int_{-T}^{T} |X(t)|^2 dt\right] \tag{7.6}$$

为 $X(t)$ 的**平均功率**;称

$$s_X(\omega) = \lim_{T \to \infty} \frac{1}{2T}E[|F_X(\omega, T)|^2] \tag{7.7}$$

为 $X(t)$ 的**功率谱密度**,简称**谱密度**.

当 $X(t)$ 是均方连续平稳过程时,由于 $E|X(t)|^2$ 是与 t 无关的常数,利用均方积分性质可以将(7.6)式化简得

$$\psi^2 = \lim_{T \to \infty} E\left[\frac{1}{2T}\int_{-T}^{T} |X(t)|^2 dt\right] = \lim_{T \to \infty} \frac{1}{2T}\int_{-T}^{T} E[|X(t)|^2]dt$$

$$= E[|X(t)|^2] = R_X(0). \tag{7.8}$$

由(7.8)式和(7.5)式看出,平稳过程的平均功率等于该过程的均方值,或等于它的谱密度在频域上的积分,即

$$\psi^2 = \frac{1}{2\pi}\int_{-\infty}^{\infty} s_X(\omega)d\omega. \tag{7.9}$$

(7.9)式是平稳过程 $X(t)$ 的平均功率的频谱展开式,$s_X(\omega)$ 描述了各种频率成分所具有的能量大小.

例 7.1　设有随机过程 $X(t) = a\cos(\omega_0 t + \Theta)$,$a$,$\omega_0$ 为常数,在下列情况下,求 $X(t)$ 的平均功率.

(1) Θ 是在 $(0, 2\pi)$ 上服从均匀分布的随机变量;

(2) Θ 是在 $\left(0, \dfrac{\pi}{2}\right)$ 上服从均匀分布的随机变量.

解　(1) 由第 6 章例 6.9 知,此时随机过程 $X(t)$ 是平稳过程,且相关函数 $R_X(\tau) = \dfrac{a^2}{2}\cos(\omega_0\tau)$. 于是由(7.8)式得 $X(t)$ 的平均功率为

$$\psi^2 = R_X(0) = \frac{a^2}{2}.$$

(2) 因为

$$E[X^2(t)] = E[a^2\cos^2(\omega_0 t + \Theta)] = E\left[\frac{a^2}{2} + \frac{a^2}{2}\cos(2\omega_0 t + 2\Theta)\right]$$

$$= \frac{a^2}{2} + \frac{a^2}{2}\int_0^{\frac{\pi}{2}} \cos(2\omega_0 t + 2\theta)\frac{2}{\pi}d\theta = \frac{a^2}{2} - \frac{a^2}{\pi}\sin(2\omega_0 t),$$

故此时 $X(t)$ 为非平稳过程. 由(7.6)式得 $X(t)$ 的平均功率为

$$\psi^2 = \lim_{T \to \infty} \frac{1}{2T}\int_{-T}^{T} E[X^2(t)]dt = \lim_{T \to \infty} \frac{1}{2T}\int_{-T}^{T}\left[\frac{a^2}{2} - \frac{a^2}{\pi}\sin(2\omega_0 t)\right]dt = \frac{a^2}{2}.$$

7.2　谱密度的性质

对于平稳过程 $X(t)$ 的统计规律描述,第 6 章是从时域角度对相关函数 $R_X(\tau)$ 进行讨论,而在 7.1 节中则从频域的角度对谱密度进行讨论.$R_X(\tau)$ 和 $s_X(\omega)$ 都是平稳过程 $X(t)$ 的特征,它们必定存在某种关系.下面针对平稳过程进行讨论.

设 $\{X(t),-\infty<t<\infty\}$ 是均方连续平稳过程,$R_X(\tau)$ 为它的相关函数,$s_X(\omega)$ 为它的功率谱密度.$s_X(\omega)$ 具有下列性质.

(1) 若 $\int_{-\infty}^{\infty}|R_X(\tau)|\,\mathrm{d}\tau<\infty$,则 $s_X(\omega)$ 是 $R_X(\tau)$ 的傅氏变换,即

$$s_X(\omega)=\int_{-\infty}^{\infty}R_X(\tau)\mathrm{e}^{-\mathrm{i}\omega\tau}\,\mathrm{d}\tau. \tag{7.10}$$

证　将(7.4)式代入(7.7)式得

$$s_X(\omega)=\lim_{T\to\infty}\frac{1}{2T}E\Big[\Big|\int_{-T}^{T}X(t)\mathrm{e}^{-\mathrm{i}\omega t}\,\mathrm{d}t\Big|^2\Big]. \tag{7.11}$$

由于

$$\frac{1}{2T}E\Big[\Big|\int_{-T}^{T}X(t)\mathrm{e}^{-\mathrm{i}\omega t}\,\mathrm{d}t\Big|^2\Big]=\frac{1}{2T}E\Big[\int_{-T}^{T}X(t)\mathrm{e}^{-\mathrm{i}\omega t}\,\mathrm{d}t\overline{\int_{-T}^{T}X(s)\mathrm{e}^{-\mathrm{i}\omega s}\,\mathrm{d}s}\Big]$$

$$=\frac{1}{2T}E\Big[\int_{-T}^{T}\int_{-T}^{T}X(t)\,\overline{X(s)}\mathrm{e}^{-\mathrm{i}\omega(t-s)}\,\mathrm{d}t\mathrm{d}s\Big]$$

$$=\frac{1}{2T}\int_{-T}^{T}\int_{-T}^{T}E[X(t)\,\overline{X(s)}]\mathrm{e}^{-\mathrm{i}\omega(t-s)}\,\mathrm{d}t\mathrm{d}s$$

$$=\frac{1}{2T}\int_{-T}^{T}\int_{-T}^{T}R_X(t-s)\mathrm{e}^{-\mathrm{i}\omega(t-s)}\,\mathrm{d}t\mathrm{d}s.$$

仿照第 6 章定理 6.10 的推证步骤,可得

$$\frac{1}{2T}E\Big[\Big|\int_{-T}^{T}X(t)\mathrm{e}^{-\mathrm{i}\omega t}\,\mathrm{d}t\Big|^2\Big]=\int_{-2T}^{2T}\Big(1-\frac{|\tau|}{2T}\Big)R_X(\tau)\mathrm{e}^{-\mathrm{i}\omega\tau}\,\mathrm{d}\tau,$$

于是有

$$s_X(\omega)=\lim_{T\to\infty}\int_{-2T}^{2T}\Big(1-\frac{|\tau|}{2T}\Big)R_X(\tau)\mathrm{e}^{-\mathrm{i}\omega\tau}\,\mathrm{d}\tau.$$

令

$$R_X(\tau,T)=\begin{cases}\Big(1-\dfrac{|\tau|}{2T}\Big)R_X(\tau),&|\tau|\leqslant 2T,\\[2mm]0,&|\tau|>2T.\end{cases}$$

显然 $\lim\limits_{T\to\infty}R_X(\tau,T)=R_X(\tau)$,故

$$s_X(\omega)=\lim_{T\to\infty}\int_{-2T}^{2T}\Big(1-\frac{|\tau|}{2T}\Big)R_X(\tau)\mathrm{e}^{-\mathrm{i}\omega\tau}\,\mathrm{d}\tau$$

$$=\lim_{T\to\infty}\int_{-\infty}^{\infty}R_X(\tau,T)\mathrm{e}^{-\mathrm{i}\omega\tau}\,\mathrm{d}\tau=\int_{-\infty}^{\infty}\lim_{T\to\infty}R_X(\tau,T)\mathrm{e}^{-\mathrm{i}\omega\tau}\,\mathrm{d}t$$

$$=\int_{-\infty}^{\infty}R_X(\tau)\mathrm{e}^{-\mathrm{i}\omega\tau}\,\mathrm{d}\tau.\qquad\text{证毕.}$$

对(7.10)式作傅氏反变换得

$$R_X(\tau) = \frac{1}{2\pi}\int_{-\infty}^{\infty} s_X(\omega)\mathrm{e}^{\mathrm{i}\omega\tau}\,\mathrm{d}\omega. \tag{7.12}$$

(7.10)式与(7.12)式说明了平稳过程的相关函数与谱密度之间构成一对傅氏变换. 在(7.12)式中令 $\tau = 0$,得平均功率 $\frac{1}{2\pi}\int_{-\infty}^{\infty} s_X(\omega)\mathrm{d}\omega = R_X(0)$,只有当它有限时, (7.12)式才成立.

当 $X(t)$ 为实平稳过程时,

$$s_X(\omega) = 2\int_0^{\infty} R_X(\tau)\cos(\omega\tau)\,\mathrm{d}\tau, \quad R_X(\tau) = \frac{1}{\pi}\int_0^{\infty} s_X(\omega)\cos(\omega\tau)\,\mathrm{d}\omega.$$

事实上,因为 $R_X(\tau)$ 是偶函数,故

$$s_X(\omega) = \int_{-\infty}^{\infty} R_X(\tau)\mathrm{e}^{-\mathrm{i}\omega\tau}\,\mathrm{d}\tau = \int_{-\infty}^{\infty} R_X(\tau)\big[\cos(\omega\tau) - \mathrm{i}\sin(\omega\tau)\big]\mathrm{d}\tau$$

$$= 2\int_0^{\infty} R_X(\tau)\cos(\omega\tau)\,\mathrm{d}\tau.$$

同理因为 $s_X(\omega)$ 是 ω 的偶函数(见性质(2)),故有

$$R_X(\tau) = \frac{1}{\pi}\int_0^{\infty} s_X(\omega)\cos(\omega\tau)\,\mathrm{d}\omega.$$

(2) $s_X(\omega)$ 是 ω 的实的、非负偶函数.

证　因为 $\left|\int_{-T}^{T} X(t)\mathrm{e}^{-\mathrm{i}\omega t}\,\mathrm{d}t\right|^2$ 是 ω 的实的、非负偶函数,故其均值当 $T \to \infty$ 时的极限也必然是 ω 的实的、非负偶函数,由(7.11)式,性质(2)得证.

(3) 当 $s_X(\omega)$ 是 ω 的有理函数时,其形式必为

$$s_X(\omega) = \frac{a_{2n}\omega^{2n} + a_{2n-2}\omega^{2n-2} + \cdots + a_0}{\omega^{2m} + b_{2m-2}\omega^{2m-2} + \cdots + b_0},$$

其中 a_{2n-i}, b_{2m-j} $(i = 0, 2, \cdots, 2n, j = 2, 4, \cdots, 2m)$ 为常数,且 $a_{2n} > 0, m > n$,分母无实根.

证　根据性质(2)及平均功率有限即可证明.

有理谱密度是常用的一类功率谱. 在工程中,由于只在正的频率范围内进行测量,根据平稳过程的谱密度 $s_X(\omega)$ 是偶函数的性质,因而可将负的频率范围内的值折算到正的频率范围内,得到所谓**单边功率谱**. 单边功率谱 $G_X(\omega)$ 定义为

$$G_X(\omega) = \begin{cases} 2\lim\limits_{T\to\infty}\dfrac{1}{T}E\left[\left|\int_0^T X(t)\mathrm{e}^{-\mathrm{i}\omega t}\,\mathrm{d}t\right|^2\right], & \omega \geqslant 0, \\ 0, & \omega < 0. \end{cases}$$

它与 $s_X(\omega)$ 有如下关系:

$$G_X(\omega) = \begin{cases} 2s_X(\omega), & \omega \geqslant 0, \\ 0, & \omega < 0. \end{cases}$$

相应地, $s_X(\omega)$ 可称为**双边功率谱**. 它们的图形关系如图 7.1 所示.

以上讨论了平稳过程的谱密度,对于平稳随机序列的谱分析,我们类似地给出以

下结果.

设 $\{X_n, n = 0, \pm 1, \pm 2, \cdots\}$ 为平稳随机序列,均值为零. 若 τ 只取离散值,且相关函数 $R_X(\tau)$ 满足 $\sum\limits_{n=-\infty}^{\infty} \mid R_X(n) \mid < \infty$. 当 ω 在 $[-\pi, \pi]$ 上取值时,若

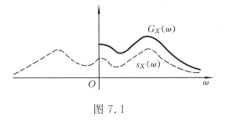

图 7.1

$$s_X(\omega) = \sum_{n=-\infty}^{\infty} R_X(n) e^{-in\omega} \tag{7.13}$$

绝对一致收敛,则 $s_X(\omega)$ 是 $[-\pi, \pi]$ 上的连续函数,且对上式取绝对值再积分,有

$$\int_{-\pi}^{\pi} \mid s_X(\omega) \mid \mathrm{d}\omega \leqslant \sum_{n=-\infty}^{\infty} \mid R_X(n) \mid \int_{-\pi}^{\pi} \mid e^{-in\omega} \mid \mathrm{d}\omega < \infty,$$

故 $\int_{-\pi}^{\pi} s_X(\omega) e^{in\omega} \mathrm{d}\omega$ 存在. 于是 (7.13) 式是以

$$R_X(n) = \frac{1}{2\pi} \int_{-\pi}^{\pi} s_X(\omega) e^{in\omega} \mathrm{d}\omega, \quad n = 0, \pm 1, \pm 2, \cdots \tag{7.14}$$

为傅氏系数的 $s_X(\omega)$ 的傅氏级数.

定义 7.2　设 $\{X_n, n = 0, \pm 1, \pm 2, \cdots\}$ 是平稳随机序列,若相关函数满足 $\sum\limits_{n=-\infty}^{\infty} \mid R_X(n) \mid < \infty$,则称

$$s_X(\omega) = \sum_{n=-\infty}^{\infty} R_X(n) e^{-in\omega}, \quad -\pi \leqslant \omega \leqslant \pi$$

为 $\{X_n, n = 0, \pm 1, \pm 2, \cdots\}$ 的谱密度.

(7.13) 式与 (7.14) 式给出了平稳随机序列的相关函数与谱密度之间的关系.

例 7.2　已知平稳过程的相关函数为 $R_X(\tau) = e^{-a|\tau|} \cos(\omega_0 \tau)$,其中 $a > 0$,ω_0 为常数.求谱密度 $s_X(\omega)$.

解　$s_X(\omega) = 2 \int_0^\infty e^{-a\tau} \cos(\omega_0 \tau) \cos(\omega \tau) \mathrm{d}\tau$

$$= \int_0^\infty e^{-a\tau} [\cos(\omega_0 + \omega)\tau + \cos(\omega_0 - \omega)\tau] \mathrm{d}\tau$$

$$= \frac{a}{a^2 + (\omega_0 + \omega)^2} + \frac{a}{a^2 + (\omega - \omega_0)^2}.$$

例 7.3　已知平稳过程的谱密度 $s_X(\omega) = \dfrac{2Aa^3}{\pi^2 (\omega^2 + a^2)^2}$,求相关函数 $R_X(\tau)$ 及平均功率 ψ^2.

解　$R_X(\tau) = \dfrac{Aa^3}{\pi^3} \int_{-\infty}^\infty \dfrac{e^{i\omega\tau}}{(\omega^2 + a^2)^2} \mathrm{d}\omega$

$$= \frac{Aa^3}{\pi^3} 2\pi i \left\{ \frac{e^{i|\tau|z}}{(z^2 + a^2)^2} \text{ 在 } z = \pm ai \text{ 处的留数} \right\}$$

$$= \frac{A(1+a\mid\tau\mid)}{2\pi}\mathrm{e}^{-a\mid\tau\mid},$$

$$\psi^2 = R_X(0) = \frac{A}{2\pi}.$$

例 7.4　设 $\{X_n, n = 0, \pm1, \pm2, \cdots\}$ 是具有零均值的平稳随机序列,且

$$R_X(n) = \begin{cases} \sigma^2, & n = 0, \\ 0, & n \neq 0. \end{cases}$$

因为 $\displaystyle\sum_{n=-\infty}^{\infty}\mid R_X(n)\mid < \infty$,故由(7.13)式得

$$s_X(\omega) = \sum_{n=-\infty}^{\infty} R_X(n)\mathrm{e}^{-in\omega} = \sigma^2, \quad -\pi \leqslant \omega \leqslant \pi.$$

例 7.5　设平稳随机序列的谱密度为

$$s_X(\omega) = \frac{\sigma^2}{\mid 1 - \varphi\,\mathrm{e}^{-i\omega}\mid^2}, \quad \mid\varphi\mid < 1,$$

求相关函数 $R_X(n)$.

解　由(7.14)式得

$$R_X(n) = \frac{1}{2\pi}\int_{-\pi}^{\pi} s_X(\omega)\mathrm{e}^{in\omega}\,\mathrm{d}\omega = \frac{1}{2\pi}\int_{-\pi}^{\pi}\frac{\sigma^2}{\mid 1 - \varphi\,\mathrm{e}^{-i\omega}\mid^2}\mathrm{e}^{in\omega}\,\mathrm{d}\omega$$

$$= \frac{\sigma^2}{2\pi}\int_{-\pi}^{\pi}\frac{\cos(n\omega)}{1 - 2\varphi\cos\omega + \varphi^2}\mathrm{d}\omega = \frac{\sigma^2\,\varphi^n}{1 - \varphi^2}, \quad n = 0, 1, \cdots.$$

表 7.1 列出了几个常见的平稳过程的相关函数 $R_X(\tau)$ 及相应的谱密度 $s_X(\omega)$.

表 7.1

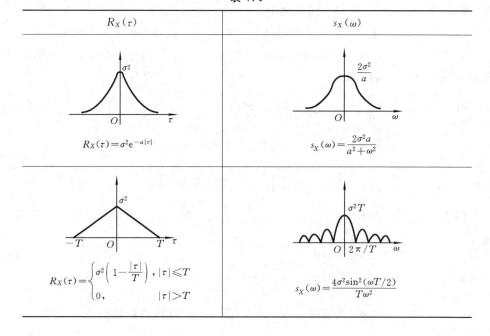

$R_X(\tau)$	$s_X(\omega)$
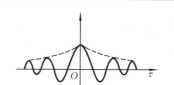 $$R_X(\tau)=\mathrm{e}^{-a|\tau|}\cos(\omega_0\tau)$$	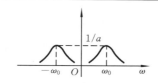 $$s_X(\omega)=\dfrac{a}{a^2+(\omega+\omega_0)^2}+\dfrac{a}{a^2+(\omega-\omega_0)^2}$$
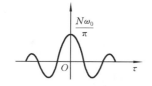 $$R_X(\tau)=N\dfrac{\sin\omega_0\tau}{\pi\tau}$$	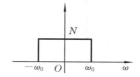 $$s_X(\omega)=\begin{cases}N, & |\omega|\leqslant\omega_0\\ 0, & |\omega|>\omega_0\end{cases}$$
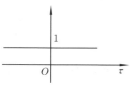 $$R_X(\tau)=1$$	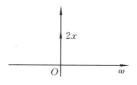 $$s_X(\omega)=2\pi\delta(\omega)$$
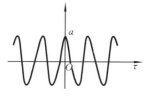 $$R_X(\tau)=a\cos(\omega_0\tau)$$	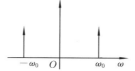 $$s_X(\omega)=a\pi[\delta(\omega+\omega_0)+\delta(\omega-\omega_0)]$$
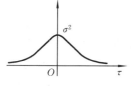 $$R_X(\tau)=\sigma^2\mathrm{e}^{-a\tau^2}$$	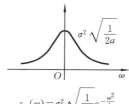 $$s_X(\omega)=\sigma^2\sqrt{\dfrac{1}{2a}}\mathrm{e}^{-\frac{\omega^2}{4a}}$$

7.3　窄带过程及白噪声过程的功率谱密度

一般地,信号的频谱是可以分布在整个频率轴上的,即 $-\infty < \omega < \infty$. 但是在实际应用中,人们关心的是这样一些信号,它们的频率谱的主要成分集中于频率的某个范围之内,而在此范围之外的信号频率分量很小,可以忽略不计. 当一个随机过程的谱密度为图 7.2 所示的形式时,即谱密度限制在很窄的一段频率范围内,则称该过程为**窄带随机过程**.

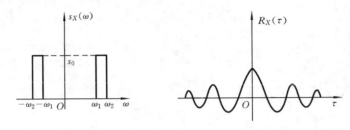

图 7.2

例 7.6　已知如图 7.2 所示的窄带平稳过程的谱密度 $s_X(\omega)$,求该过程的均方值及相关函数.

解　均方值为

$$E[X^2(t)] = R_X(0) = \frac{1}{2\pi}\int_{-\infty}^{\infty} s_X(\omega)\,\mathrm{d}\omega = \frac{1}{\pi}\int_{\omega_1}^{\omega_2} s_0\,\mathrm{d}\omega = \frac{1}{\pi}s_0(\omega_2 - \omega_1).$$

相关函数为

$$R_X(\tau) = \frac{1}{\pi}\int_0^{\infty} s_X(\omega)\cos(\omega\tau)\,\mathrm{d}\omega = \frac{1}{\pi}\int_{\omega_1}^{\omega_2} s_0\cos(\omega\tau)\,\mathrm{d}\omega$$

$$= \frac{s_0}{\pi\tau}\big[\sin(\omega_2\tau) - \sin(\omega_1\tau)\big]$$

$$= \frac{2s_0}{\pi\tau}\cos\Big[\Big(\frac{\omega_1 + \omega_2}{2}\Big)\tau\Big]\sin\Big[\Big(\frac{\omega_2 - \omega_1}{2}\Big)\tau\Big].$$

如果一个随机过程的谱密度的值不变,且其频带延伸到整个频率轴上,则称该频谱为白噪声频谱. 相应的白噪声过程定义如下.

定义 7.3　设 $\{X(t), -\infty < t < \infty\}$ 为实值平稳过程,若它的均值为零,且谱密度在所有频率范围内为非零的常数,即 $s_X(\omega) = N_0(-\infty < \omega < \infty)$,则称 $X(t)$ 为**白噪声过程**.

由于白噪声过程有类似于白光的性质,其能量谱在各种频率上均匀分布,故有"白"噪声之称. 又由于它的主要统计特性不随时间推移而改变,故它是平稳过程. 但是它的相关函数在通常的意义下的傅氏反变换不存在,所以,为了对白噪声过程进行频谱分析,下面引进 δ 函数的傅氏变换概念.

具有下列性质的函数称为 δ 函数:

(1) $\delta(x) = \begin{cases} 0, & x \neq 0, \\ \infty, & x = 0; \end{cases}$　　　(2) $\int_{-\infty}^{\infty} \delta(x)\mathrm{d}x = 1.$

δ 函数有一个非常重要的运算性质,即对任何连续函数 $f(x)$,有

$$\int_{-\infty}^{\infty} f(x)\delta(x)\mathrm{d}x = f(0),\tag{7.15}$$

或

$$\int_{-\infty}^{\infty} f(x)\delta(x-T)\mathrm{d}x = f(T).$$

由(7.15)式知,δ 函数的傅氏变换为

$$\int_{-\infty}^{\infty} \delta(\tau)\mathrm{e}^{-\mathrm{i}\omega\tau}\mathrm{d}\tau = \mathrm{e}^{-\mathrm{i}\omega\tau}\mid_{\tau=0} = 1.\tag{7.16}$$

因此,由傅氏反变换,可得 δ 函数的傅氏积分表达式为

$$\delta(\tau) = \frac{1}{2\pi}\int_{-\infty}^{\infty} 1 \cdot \mathrm{e}^{\mathrm{i}\omega\tau}\mathrm{d}\omega,\tag{7.17}$$

或

$$\int_{-\infty}^{\infty} 1 \cdot \mathrm{e}^{\mathrm{i}\omega\tau}\mathrm{d}\omega = 2\pi\delta(\tau).\tag{7.18}$$

(7.17)式与(7.18)式说明,$\delta(\tau)$ 函数与 1 构成一对傅氏变换.

同理,由(7.15)式可得

$$\frac{1}{2\pi}\int_{-\infty}^{\infty} \delta(\omega)\mathrm{e}^{\mathrm{i}\omega\tau}\mathrm{d}\omega = \frac{1}{2\pi},$$

或

$$\frac{1}{2\pi}\int_{-\infty}^{\infty} 2\pi\delta(\omega)\mathrm{e}^{\mathrm{i}\omega\tau}\mathrm{d}\omega = 1.\tag{7.19}$$

相应地有

$$\int_{-\infty}^{\infty} 1 \cdot \mathrm{e}^{-\mathrm{i}\omega\tau}\mathrm{d}\tau = 2\pi\delta(\omega).\tag{7.20}$$

(7.19)式与(7.20)式说明,1 与 $2\pi\delta(\omega)$ 构成一对傅氏变换.换言之,若相关函数 $R_X(\tau) = 1$,则它的谱密度为 $s_X(\tau) = 2\pi\delta(\tau)$.它们的图形见表 7.1.

例 7.7　已知白噪声过程的谱密度为

$$s_X(\omega) = N_0(常数),\quad -\infty < \omega < \infty,$$

求它的相关函数 $R_X(\tau)$.

解　由(7.18)式得

$$R_X(\tau) = \frac{1}{2\pi}\int_{-\infty}^{\infty} s_X(\omega)\mathrm{e}^{\mathrm{i}\omega\tau}\mathrm{d}\omega = \frac{N_0}{2\pi}\int_{-\infty}^{\infty} \mathrm{e}^{\mathrm{i}\omega\tau}\mathrm{d}\omega = N_0\delta(\tau).$$

由本例看出,白噪声过程也可以定义为均值为零、相关函数为 $N_0\delta(\tau)$ 的平稳过程.这表明,在任何两个时刻 t_1 和 t_2,$X(t_1)$ 与 $X(t_2)$ 不相关,即白噪声随时间变化的起伏极快,而过程的功率谱极宽,对不同输入频率的信号都能产生干扰.

例 7.8　已知相关函数 $R_X(\tau) = a\cos(\omega_0\tau)$,其中 a,ω_0 为常数,求谱密度 $s_X(\omega)$.

解　由(7.20)式得

$$s_X(\omega) = \int_{-\infty}^{\infty} R_X(\tau)\mathrm{e}^{-\mathrm{i}\omega\tau}\mathrm{d}\tau = \int_{-\infty}^{\infty} a\cos(\omega_0\tau)\mathrm{e}^{-\mathrm{i}\omega\tau}\mathrm{d}\tau$$

$$= \frac{a}{2} \int_{-\infty}^{\infty} \left[e^{i\omega_0 \tau} + e^{-i\omega_0 \tau} \right] e^{-i\omega \tau} d\tau$$

$$= \frac{a}{2} \left[\int_{-\infty}^{\infty} e^{-i(\omega - \omega_0)\tau} d\tau + \int_{-\infty}^{\infty} e^{-i(\omega + \omega_0)\tau} d\tau \right]$$

$$= a\pi [\delta(\omega - \omega_0) + \delta(\omega + \omega_0)].$$

$R_X(\tau)$ 与 $s_X(\omega)$ 的图形见表 7.1.

　　正如 δ 函数是象征性函数一样,白噪声过程也是一种理想化的数学模型,实际上并不存在.因为在连续参数的情况下,根据白噪声过程的定义,它的平均功率 $R_X(0)$ 是无限的,而实际的随机信号过程只有有限的功率,并且在非常接近的两个时刻,随机过程的取值总是相关的,其相关函数也不能是 δ 函数形式的表达式.但是,实际中所遇到的各种随机干扰,只要它的谱密度在比信号频带宽得多的频率范围内存在,且分布近似均匀,通常就把这种干扰当做白噪声处理.

　　以上讨论白噪声过程的谱密度结构时,并未涉及它的概率分布,因此,它可以是具有不同分布的白噪声,诸如正态白噪声,具有瑞利分布律的白噪声等.

7.4　联合平稳过程的互谱密度

　　在 6.2 节中已经讨论过两个平稳过程的联合平稳概念及两个平稳过程的互相关函数.现在讨论联合平稳过程的互谱密度.

　　定义 7.4　设 $X(t)$ 和 $Y(t)$ 是两个平稳过程,且它们是联合平稳的(平稳相关的),若它们的互相关函数 $R_{XY}(\tau)$ 满足 $\int_{-\infty}^{\infty} |R_{XY}(\tau)| d\tau < \infty$,则称 $R_{XY}(\tau)$ 的傅氏变换

$$s_{XY}(\omega) = \int_{-\infty}^{\infty} R_{XY}(\tau) e^{-i\omega \tau} d\tau \tag{7.21}$$

是 $X(t)$ 与 $Y(t)$ 的**互功率谱密度**,简称**互谱密度**.

　　由傅氏反变换得

$$R_{XY}(\tau) = \frac{1}{2\pi} \int_{-\infty}^{\infty} s_{XY}(\omega) e^{i\omega \tau} d\omega. \tag{7.22}$$

因此互谱密度 $s_{YX}(\omega)$ 与互相关函数 $R_{YX}(\tau)$ 的关系如下:

$$s_{YX}(\omega) = \int_{-\infty}^{\infty} R_{YX}(\tau) e^{-i\omega \tau} d\tau,$$

$$R_{YX}(\tau) = \frac{1}{2\pi} \int_{-\infty}^{\infty} s_{YX}(\omega) e^{i\omega \tau} d\omega.$$

由定义看出,互谱密度一般是复值的,没有谱密度 $s_X(\omega)$ 所具有的实的、非负偶函数性质.

　　令(7.22)式的 $\tau = 0$,则有

$$R_{XY}(0) = E[X(t) \overline{Y(t)}] = \frac{1}{2\pi} \int_{-\infty}^{\infty} s_{XY}(\omega) \mathrm{d}\omega. \qquad (7.23)$$

若将 $X(t)$ 看作是通过某系统的电压，$Y(t)$ 是所产生的电流，且 $X(t)$ 和 $Y(t)$ 是各态历经过程，则(7.23)式左边表示输入到该系统的功率，故右边的被积函数 $s_{XY}(\omega)$ 就是相应的互谱密度.

互谱密度具有下列性质：

（1）$s_{XY}(\omega) = \overline{s_{YX}(\omega)}$，即 $s_{XY}(\omega)$ 与 $s_{YX}(\omega)$ 互为共轭；

（2）$\mathrm{Re}[s_{XY}(\omega)]$ 和 $\mathrm{Re}[s_{YX}(\omega)]$ 是 ω 的偶函数，而 $\mathrm{Im}[s_{XY}(\omega)]$ 和 $\mathrm{Im}[s_{YX}(\omega)]$ 是 ω 的奇函数；

（3）$s_{XY}(\omega)$ 与 $s_X(\omega)$ 和 $s_Y(\omega)$ 满足下列关系式：
$$| s_{XY}(\omega) |^2 \leqslant | s_X(\omega) | | s_Y(\omega) |.$$

（4）若 $X(t)$ 和 $Y(t)$ 相互正交，则 $s_{XY}(\omega) = s_{YX}(\omega) = 0$.

证　（1）利用互相关函数性质，得
$$\begin{aligned}
s_{XY}(\omega) &= \int_{-\infty}^{\infty} R_{XY}(\tau) \mathrm{e}^{-\mathrm{i}\omega\tau} \mathrm{d}\tau = \int_{-\infty}^{\infty} \overline{R_{YX}(-\tau)} \mathrm{e}^{-\mathrm{i}\omega\tau} \mathrm{d}\tau \\
&= \int_{-\infty}^{\infty} \overline{R_{YX}(\tau_1)} \mathrm{e}^{\mathrm{i}\omega\tau_1} \mathrm{d}\tau_1 \quad (\tau_1 = -\tau) \\
&= \overline{\int_{-\infty}^{\infty} R_{YX}(\tau_1) \mathrm{e}^{-\mathrm{i}\omega\tau_1} \mathrm{d}\tau_1} = \overline{s_{YX}(\omega)}.
\end{aligned}$$

（2）由于　$s_{XY}(\omega) = \int_{-\infty}^{\infty} R_{XY}(\tau) \cos(\omega\tau) \mathrm{d}\tau - \mathrm{i} \int_{-\infty}^{\infty} R_{XY}(\tau) \sin(\omega\tau) \mathrm{d}\tau$,

故其实部为 ω 的偶函数，虚部为 ω 的奇函数.

（3）利用(7.21)式及许瓦兹不等式即可证得.

（4）由正交定义有 $R_{XY}(\tau) = 0$，再根据(7.21)式及(1)即可证得.

互谱密度没有(自)谱密度那样具有明显的物理意义，引进这个概念主要是为了能在频率域上描述两个平稳过程的相关性. 在实际应用中，常常利用测定线性系统输入、输出的互谱密度来确定该系统的统计特性. 这在下一节将进一步讨论.

例 7.9　设 $X(t)$ 和 $Y(t)$ 为平稳过程，且它们是平稳相关的，则过程 $W(t) = X(t) + Y(t)$ 的相关函数为
$$R_W(\tau) = R_X(\tau) + R_Y(\tau) + R_{XY}(\tau) + R_{YX}(\tau),$$
易知其谱密度为
$$\begin{aligned}
s_W(\omega) &= s_X(\omega) + s_Y(\omega) + s_{XY}(\omega) + s_{YX}(\omega) \\
&= s_X(\omega) + s_Y(\omega) + 2\mathrm{Re}[s_{XY}(\omega)].
\end{aligned}$$
显然，$s_W(\omega)$ 是实数.

当两个过程 $X(t)$ 与 $Y(t)$ 互不相关时，且它们的均值为零，则 $R_{XY}(\tau) = R_{YX}(\tau) = 0$，$R_W(\tau) = R_X(\tau) + R_Y(\tau)$，从而
$$s_W(\omega) = s_X(\omega) + s_Y(\omega).$$

例 7.10 已知平稳过程 $X(t)$ 和 $Y(t)$ 的互谱密度为

$$s_{XY}(\omega) = \begin{cases} (a+ib\omega)/\omega_0, & |\omega| < \omega_0, \\ 0, & |\omega| \geqslant \omega_0, \end{cases}$$

其中 a, b, ω_0 为实常数. 求互相关函数 $R_{XY}(\tau)$.

解　由(7.22)式得

$$R_{XY}(\tau) = \frac{1}{2\pi} \int_{-\infty}^{\infty} s_{XY}(\omega) e^{i\omega\tau} d\omega = \frac{1}{2\pi} \int_{-\omega_0}^{\omega_0} \frac{a+ib\omega}{\omega_0} e^{i\omega\tau} d\omega$$

$$= \frac{1}{\pi\omega_0\tau^2} [(a\omega_0\tau - b)\sin(\omega_0\tau) + b\omega_0\tau\cos(\omega_0\tau)].$$

例 7.11 设随机过程 $Y(t)$ 是由一个各态历经的白噪声过程 $X(t)$ 延迟时间 T 后产生的. 若 $X(t)$ 和 $Y(t)$ 的谱密度为 s_0. 求互相关函数 $R_{XY}(\tau)$ 和 $R_{YX}(\tau)$ 及互谱密度 $s_{XY}(\omega)$ 和 $s_{YX}(\omega)$.

解　因为 $R_{XY}(\tau) = E[X(t)\overline{Y(t-\tau)}] = R_{YX}(-\tau)$,其中 $Y(t+T) = X(t)$,故

$$Y(t) = X(t-T), \quad Y(t-\tau) = X(t-\tau-T),$$

于是

$$R_{XY}(\tau) = E[X(t)\overline{X(t-\tau-T)}] = R_{YX}(-\tau),$$

$$E[X(t)\overline{X(t-\tau-T)}] = R_X(\tau+T),$$

所以

$$R_{XY}(\tau) = R_X(\tau+T) = s_0\delta(\tau+T) = R_{YX}(-\tau),$$

$$s_{XY}(\omega) = \int_{-\infty}^{\infty} R_{XY}(\tau) e^{-i\omega\tau} d\tau = \int_{-\infty}^{\infty} s_0\delta(\tau+T) e^{-i\omega\tau} d\tau = s_0 e^{i\omega T},$$

$$s_{YX}(\omega) = \int_{-\infty}^{\infty} R_{YX}(\tau) e^{-i\omega\tau} d\tau$$

$$= \int_{-\infty}^{\infty} s_0\delta(-\tau+T) e^{-i\omega\tau} d\tau = s_0 e^{-i\omega T}.$$

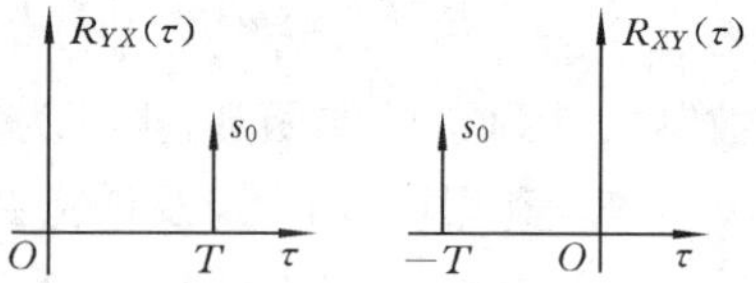

例中因为 $X(t)$ 和 $Y(t)$ 都是白噪声过程,它们的互相关函数除在 $\tau = T$ 处有值外,其余各点为零,所以 $R_{XY}(-T) = R_X(0) = R_{YX}(T)$,它们的图形如图 7.3 所示.

图 7.3

7.5　平稳过程通过线性系统的分析

平稳过程的一个重要应用是线性系统对随机输入的响应. 在自动控制、无线电技术、机械振动等方面,经常遇到的各类随机过程是与"系统"相联系的. 所谓系统就是指能对各种输入按一定的要求产生输出的装置. 如放大器、滤波器、无源网络等都是系统. 本节所讨论的系统是指线性系统.

7.5.1　线性时不变系统

设对系统输入 $x(t)$ 时,系统的作用为 L,其输出为 $y(t)$,则它们的关系为

$$y(t) = L[x(t)]. \tag{7.24}$$

(7.24)式中的"L"在数学上代表算子,它可以是加法、乘法、微分、积分和微分方程求解等数学运算.

定义 7.5　称满足下列条件的算子为**线性算子**. 若 $y_1(t) = L[x_1(t)]$,$y_2(t) = L[x_2(t)]$,则对任意常数 α、β 有

$$L[\alpha x_1(t) + \beta x_2(t)] = \alpha L[x_1(t)] + \beta L[x_2(t)] = \alpha y_1(t) + \beta y_2(t).$$

对于一个系统,若算子 L 是线性的,则称该系统为**线性系统**.

定义 7.6　若系统有 $y(t) = L[x(t)]$,并对任一时间平移 τ 都有

$$y(t + \tau) = L[x(t + \tau)],$$

则称该系统为**时不变系统**.

例 7.12　微分算子 $L = \dfrac{\mathrm{d}}{\mathrm{d}t}$ 是线性时不变的.

解　设 $y(t) = L[x(t)] = \dfrac{\mathrm{d}}{\mathrm{d}t}x(t)$,由导数运算性质知,微分算子满足线性条件,且

$$L[x(t + \tau)] = \frac{\mathrm{d}}{\mathrm{d}t}x(t + \tau) = \frac{\mathrm{d}x(t + \tau)}{\mathrm{d}(t + \tau)} = y(t + \tau).$$

例 7.13　积分算子 $L = \displaystyle\int_{-\infty}^{t} (\quad)\mathrm{d}u$ 是线性时不变的.

解　设　$y(t) = L[x(t)] = \displaystyle\int_{-\infty}^{t} x(u)\mathrm{d}u$,且 $y(-\infty) = 0$.

由积分运算性质知,积分算子满足线性条件,且

$$L[x(t + \tau)] = \int_{-\infty}^{t} x(u + \tau)\mathrm{d}u = \int_{-\infty}^{t+\tau} x(u)\mathrm{d}(u) = y(t + \tau).$$

由上面的定义知,一个系统的线性性质,表现为该系统满足叠加原理;系统的时不变性质,表现为输出对输入的关系不随时间推移而变化. 因此,一个线性时不变系统,叠加原理的数学表达式为

$$y(t) = L\Big[\sum_{h=1}^{n} a_h x_h(t)\Big] = \sum_{h=1}^{n} a_h L[x_h(t)] = \sum_{h=1}^{n} a_h y_h(t).$$

在工程实际中,属于这类较简单而又重要的系统,是输入与输出之间可以用下列常系数线性微分方程来描述的系统

$$b_n \frac{\mathrm{d}^n y}{\mathrm{d}t^n} + b_{n-1} \frac{\mathrm{d}^{n-1} y}{\mathrm{d}t^{n-1}} + \cdots + b_0 y = a_m \frac{\mathrm{d}^m x}{\mathrm{d}t^m} + a_{m-1} \frac{\mathrm{d}^{m-1} x}{\mathrm{d}t^{m-1}} + \cdots + a_0 x,$$

其中 $n > m$, $-\infty < t < \infty$.

7.5.2　频率响应与脉冲响应

下面分别从时域和频域角度讨论线性时不变系统输入与输出的关系. 当系统输入端输入一个激励信号时,输出端出现一个对应的响应信号. 激励信号与响应信号之间的对应关系 L,又称为**响应特性**.

定理 7.1　设 L 为线性时不变系统,若输入一谐波信号 $x(t) = \mathrm{e}^{\mathrm{i}\omega t}$,则输出为

$$y(t) = L[\mathrm{e}^{\mathrm{i}\omega t}] = H(\omega)\mathrm{e}^{\mathrm{i}\omega t}, \tag{7.25}$$

其中 $H(\omega) = L[\mathrm{e}^{\mathrm{i}\omega t}]\,|_{t=0}$.

证　令 $y(t) = L[\mathrm{e}^{\mathrm{i}\omega t}]$,由系统的线性时不变性,则对固定的 τ 和任意的 t,有

$$y(t+\tau) = L[\mathrm{e}^{\mathrm{i}\omega(t+\tau)}] = \mathrm{e}^{\mathrm{i}\omega \tau}L[\mathrm{e}^{\mathrm{i}\omega t}].$$

令 $t = 0$,得

$$y(\tau) = \mathrm{e}^{\mathrm{i}\omega \tau}L[\mathrm{e}^{\mathrm{i}\omega t}]\,|_{t=0} = H(\omega)\mathrm{e}^{\mathrm{i}\omega \tau}. \qquad 证毕.$$

定理 7.1 表明,对线性时不变系统输入一谐波信号时,其输出也是同频率的谐波,只不过振幅和相位有所变化.其中 $H(\omega)$ 表示了这个变化,称它为系统的**频率响应函数**,一般地,它是复值函数.

例如,当 $\dfrac{\mathrm{d}}{\mathrm{d}t} = L$ 时,系统的频率响应

$$H(\omega) = L[\mathrm{e}^{\mathrm{i}\omega t}]\,|_{t=0} = \frac{\mathrm{d}}{\mathrm{d}t}\mathrm{e}^{\mathrm{i}\omega t}\,|_{t=0} = \mathrm{i}\omega.$$

下面讨论系统的时域分析和频域分析.

根据 δ 函数的性质,有

$$x(t) = \int_{-\infty}^{\infty} x(\tau)\delta(t-\tau)\mathrm{d}\tau. \tag{7.26}$$

将(7.26)式代入(7.24)式,并注意到 L 只对时间函数进行运算,有

$$\begin{aligned}
y(t) = L[x(t)] &= L\left[\int_{-\infty}^{\infty} x(\tau)\delta(t-\tau)\mathrm{d}\tau\right]\\
&= \int_{-\infty}^{\infty} x(\tau)L[\delta(t-\tau)]\mathrm{d}\tau\\
&= \int_{-\infty}^{\infty} x(\tau)h(t-\tau)\mathrm{d}\tau,
\end{aligned} \tag{7.27}$$

其中 $h(t-\tau) = L[\delta(t-\tau)]$.

若输入 $x(t)$ 为表示脉冲的 δ 函数,则(7.27) 式为

$$y(t) = \int_{-\infty}^{\infty} h(t-\tau)\delta(\tau)\mathrm{d}\tau = h(t). \tag{7.28}$$

(7.28)式表明, $h(t)$ 是输入为脉冲时的输出,故称它为系统的**脉冲响应**.

例如,设 $y(t) = \displaystyle\int_{-\infty}^{\infty} x(u)\mathrm{e}^{-a^2(t-u)}\mathrm{d}u$,则系统的脉冲响应为

$$h(t) = \int_{-\infty}^{\infty} \delta(u)\mathrm{e}^{-a^2(t-u)}\mathrm{d}u$$

$$= \mathrm{e}^{-a^2 t}\int_{-\infty}^{\infty} \delta(u)\mathrm{e}^{-a^2 u}\mathrm{d}u = \begin{cases} \mathrm{e}^{-a^2 t}, & t > 0,\\ 0, & t < 0. \end{cases}$$

通过变量代换,(7.27)式又可写成

$$y(t) = \int_{-\infty}^{\infty} x(t-\tau)h(\tau)\mathrm{d}\tau. \tag{7.29}$$

(7.27)式与(7.29)式是从时域上研究系统输入 $x(t)$ 与输出 $y(t)$ 的关系式,表明线性时不变系统的输出 $y(t)$ 等于输入 $x(t)$ 与脉冲响应 $h(t)$ 的卷积,即

$$y(t) = h(t) * x(t). \tag{7.30}$$

设输入 $x(t)$、输出 $y(t)$ 和脉冲响应 $h(t)$ 都满足傅氏变换条件,且它们的傅氏变换分别为 $X(\omega)$,$Y(\omega)$ 和 $H(\omega)$,则有下列傅氏变换对

$$X(\omega) = \int_{-\infty}^{\infty} x(t) e^{-i\omega t} dt, \tag{7.31}$$

$$x(t) = \frac{1}{2\pi} \int_{-\infty}^{\infty} X(\omega) e^{i\omega t} d\omega; \tag{7.32}$$

$$Y(\omega) = \int_{-\infty}^{\infty} y(t) e^{-i\omega t} dt, \tag{7.33}$$

$$y(t) = \frac{1}{2\pi} \int_{-\infty}^{\infty} Y(\omega) e^{i\omega t} d\omega; \tag{7.34}$$

$$H(\omega) = \int_{-\infty}^{\infty} h(t) e^{-i\omega t} dt, \tag{7.35}$$

$$h(t) = \frac{1}{2\pi} \int_{-\infty}^{\infty} H(\omega) e^{i\omega t} d\omega. \tag{7.36}$$

为了求出输入与输出之间的频谱关系,利用(7.32)式和(7.25)式,得

$$y(t) = L[x(t)] = L\left[\frac{1}{2\pi} \int_{-\infty}^{\infty} X(\omega) e^{i\omega t} d\omega\right]$$

$$= \frac{1}{2\pi} \int_{-\infty}^{\infty} X(\omega) L(e^{i\omega t}) d\omega = \frac{1}{2\pi} \int_{-\infty}^{\infty} X(\omega) H(\omega) e^{i\omega t} d\omega. \tag{7.37}$$

比较(7.34)式和(7.37)式,得

$$Y(\omega) = H(\omega) X(\omega). \tag{7.38}$$

(7.38)式就是在频域上系统输入频谱 $X(\omega)$ 与输出频谱 $Y(\omega)$ 的关系式,它表明线性时不变系统响应的傅氏变换等于输入信号的傅氏变换与系统脉冲响应的傅氏变换的乘积.

在实际应用中,在研究平稳过程的输入与输出关系时,可以根据问题的条件选用(7.30) 式或(7.38)式.一般地,为了满足信号加入之前系统不产生响应,必须要求脉冲函数符合条件

$$h(t) = 0, \quad \text{当 } t < 0 \text{ 时}.$$

相应地,(7.29)式和(7.35)式变成

$$y(t) = \int_0^{\infty} h(\tau) x(t - \tau) d\tau, \quad H(\omega) = \int_0^{\infty} h(t) e^{-i\omega t} dt.$$

7.5.3 线性系统输出的均值和相关函数

设 $X(t)$,$Y(t)$ 为均方连续平稳过程,由卷积公式(7.27)或(7.29)知,对于过程 $X(t)$ 的任一样本函数 $x(t)$,有

$$y(t) = \int_{-\infty}^{\infty} h(t-\tau)x(\tau)\mathrm{d}\tau = \int_{-\infty}^{\infty} h(\tau)x(t-\tau)\mathrm{d}\tau.$$

根据均方积分的性质知,当系统输入过程 $X(t)$ 时,其输出

$$Y(t) = \int_{-\infty}^{\infty} h(t-\tau)X(\tau)\mathrm{d}\tau = \int_{-\infty}^{\infty} h(\tau)X(t-\tau)\mathrm{d}\tau$$

也是随机过程.

下面讨论输入过程 $X(t)$ 的均值和相关函数与输出过程的均值和相关函数的关系.

定理 7.2　设输入平稳过程 $X(t)$ 的均值为 m_X,相关函数为 $R_X(\tau)$,则输出过程

$$Y(t) = \int_{-\infty}^{\infty} h(t-\tau)X(\tau)\mathrm{d}\tau$$

的均值和相关函数分别为

$$m_Y(t) = m_X \int_{-\infty}^{\infty} h(u)\mathrm{d}u = 常数;$$

$$R_Y(t_1, t_2) = \int_{-\infty}^{\infty}\int_{-\infty}^{\infty} h(u)\,\overline{h(v)}R_X(\tau-u+v)\mathrm{d}u\mathrm{d}v$$

$$= R_Y(\tau), \quad \tau = t_1 - t_2. \tag{7.39}$$

证　$m_Y(t) = E[Y(t)] = E\left[\int_{-\infty}^{\infty} h(u)X(t-u)\mathrm{d}u\right]$

$$= \int_{-\infty}^{\infty} h(u)E[X(t-u)]\mathrm{d}u = m_X\int_{-\infty}^{\infty} h(u)\mathrm{d}u = 常数.$$

关于输出相关函数(7.39)式的证明,下面采用先求 $Y(t)$ 与 $X(t)$ 的互相关函数,利用它再求 $Y(t)$ 的相关函数的方法.

(1) 求 $R_{YX}(t_1, t_2)$.

$$R_{YX}(t_1, t_2) = E[Y(t_1)\,\overline{X(t_2)}] = E\left[\int_{-\infty}^{\infty} h(t_1-w)X(w)\,\overline{X(t_2)}\mathrm{d}w\right]$$

$$= \int_{-\infty}^{\infty} h(t_1-w)E[X(w)\,\overline{X(t_2)}]\mathrm{d}w$$

$$= \int_{-\infty}^{\infty} h(t_1-w)R_X(w-t_2)\mathrm{d}w = \int_{-\infty}^{\infty} h(u)R_X(t_1-t_2-u)\mathrm{d}u$$

$$= \int_{-\infty}^{\infty} h(u)R_X(\tau-u)\mathrm{d}u = R_{YX}(\tau),$$

即　　　　　　　$R_{YX}(\tau) = R_X(\tau) * h(\tau), \quad \tau = t_1 - t_2. \tag{7.40}$

(2) 求 $R_Y(t_1, t_2)$. 利用(1)的结果及(7.27)式,有

$$R_Y(t_1, t_2) = E[Y(t_1)\,\overline{Y(t_2)}] = E\left[Y(t_1)\int_{-\infty}^{\infty} \overline{h(t_2-s)X(s)}\mathrm{d}s\right]$$

$$= \int_{-\infty}^{\infty} \overline{h(t_2-s)}E[Y(t_1)\,\overline{X(s)}]\mathrm{d}s = \int_{-\infty}^{\infty} \overline{h(t_2-s)}R_{YX}(t_1-s)\mathrm{d}s$$

$$= \int_{-\infty}^{\infty} \overline{h(t_2-s)}\int_{-\infty}^{\infty} h(t_1-w)R_X(w-s)\mathrm{d}w\mathrm{d}s.$$

令 $t_2 - s = v, t_1 - w = u$，得

$$R_Y(t_1, t_2) = \int_{-\infty}^{\infty} \overline{h(v)} \int_{-\infty}^{\infty} h(u) R_X(t_1 - t_2 - u + v) \mathrm{d}u \mathrm{d}v$$

$$= \int_{-\infty}^{\infty} \int_{-\infty}^{\infty} h(u) \overline{h(v)} R_X(\tau - u + v) \mathrm{d}u \mathrm{d}v = R_Y(\tau),$$

证毕.

从定理 7.2 看出，当输入平稳过程 $X(t)$ 时，输出过程的均值 $E[Y(t)]$ 为常数，相关函数 $R_Y(t_1, t_2) = R_Y(\tau)$ 只是时间差 $t_1 - t_2 = \tau$ 的函数，故输出过程是平稳的. 从 (7.40) 式看出，输出过程 $Y(t)$ 与输入过程 $X(t)$ 之间还是联合平稳的.

在 (7.39) 式中，令 $v = -t$，利用 (1) 得

$$R_Y(\tau) = \int_{-\infty}^{\infty} \int_{-\infty}^{\infty} h(u) \overline{h(-t)} R_X(\tau - u - t) \mathrm{d}u \mathrm{d}t$$

$$= \int_{-\infty}^{\infty} \overline{h(-t)} R_{YX}(\tau - t) \mathrm{d}t,$$

即

$$R_Y(\tau) = R_{YX}(\tau) * \overline{h(-\tau)}. \tag{7.41}$$

将 (7.40) 式代入得

$$R_Y(\tau) = R_X(\tau) * h(\tau) * \overline{h(-\tau)}.$$

从定理 7.2 的证明过程说明，输出相关函数可以通过两次卷积产生. 第一次是输入相关函数与脉冲响应的卷积，其结果是 $Y(t)$ 与 $X(t)$ 的互相关函数；第二次是 $R_{YX}(\tau)$ 与 $\overline{h(-\tau)}$ 的卷积，其结果是 $R_Y(\tau)$. 或者说，以 $R_X(\tau)$ 作为具有脉冲响应 $h(\tau)$ 的系统的输入，得到输出 $R_{YX}(\tau)$，再以 $R_{YX}(\tau)$ 作为具有脉冲响应 $\overline{h(-\tau)}$ 的系统的输入，可以得到输出为 $R_Y(\tau)$. 它们的关系如图 7.4 所示.

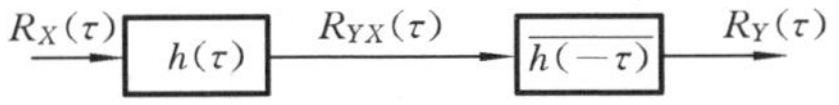

图 7.4

例 7.14 设线性系统输入一个白噪声过程 $X(t)$，由例 7.7 知 $R_X(\tau) = N_0 \delta(\tau)$. 将它代入 (7.40) 式得

$$R_{YX}(\tau) = \int_{-\infty}^{\infty} N_0 \delta(\tau - u) h(u) \mathrm{d}u = N_0 h(\tau),$$

故

$$h(\tau) = \frac{1}{N_0} R_{YX}(\tau).$$

利用上式，从实测的互相关函数资料可以估计线性系统未知的脉冲响应.

对于物理上可以实现的系统，当 $t < 0$ 时，$h(t) = 0$，故

$$R_{YX}(\tau) = N_0 h(\tau) = 0, \quad \text{当 } \tau < 0 \text{ 时}.$$

当 $\tau > 0$ 时，假定过程 $X(t)$ 和 $Y(t)$ 还是各态历经的，则对充分大的 T，有

$$h(\tau) = \frac{1}{N_0} R_{YX}(\tau) \approx \frac{1}{N_0 T} \int_0^T y(t) x(t + \tau) \mathrm{d}t,$$

其中 $x(t)$ 和 $y(t)$ 分别为输入过程 $X(t)$ 和输出过程 $Y(t)$ 的一个样本函数.

7.5.4 　线性系统的谱密度

现在讨论具有频率响应 $H(\omega)$ 的线性系统,其输出的谱密度 $s_Y(\omega)$ 与输入谱密度 $s_X(\omega)$ 的关系.

定理 7.3 设输入的平稳过程 $X(t)$ 具有谱密度 $s_X(\omega)$,则输出平稳过程 $Y(t)$ 的谱密度为

$$s_Y(\omega) = | H(\omega) |^2 s_X(\omega), \tag{7.42}$$

其中 $H(\omega)$ 是系统的频率响应函数.称 $| H(\omega) |^2$ 为系统的**频率增益因子**或**频率传输函数**.

证 由(7.39)式可得

$$s_Y(\omega) = \int_{-\infty}^{\infty} R_Y(\tau) e^{-i\omega\tau} d\tau$$

$$= \int_{-\infty}^{\infty} \left[\int_{-\infty}^{\infty} \int_{-\infty}^{\infty} h(u) \overline{h(v)} R_X(\tau - u + v) du dv \right] e^{-i\omega\tau} d\tau,$$

令 $\tau - u + v = s$,则

$$s_Y(\omega) = \int_{-\infty}^{\infty} \int_{-\infty}^{\infty} \int_{-\infty}^{\infty} h(u) \overline{h(v)} R_X(s) e^{-i\omega(s+u-v)} du dv ds$$

$$= \int_{-\infty}^{\infty} h(u) e^{-i\omega u} du \int_{-\infty}^{\infty} \overline{h(v)} e^{i\omega v} dv \int_{-\infty}^{\infty} R_X(s) e^{-i\omega s} ds$$

$$= H(\omega) \overline{H(\omega)} s_X(\omega) = | H(\omega) |^2 s_X(\omega). \qquad 证毕.$$

(7.42)式是一个重要的公式,它表明线性系统的输出谱密度等于输入谱密度乘以增益因子.对于从频域上研究输入谱密度与输出谱密度的关系,它是很方便的.在实际研究中,由平稳过程的相关函数 $R_X(\tau)$,求 $R_{YX}(\tau)$ 和 $R_Y(\tau)$,往往会遇到较复杂的计算.因此,可以通过(7.42)式求出 $s_Y(\omega)$,再通过傅氏反变换得到输出相关函数

$$R_Y(\tau) = \frac{1}{2\pi} \int_{-\infty}^{\infty} s_Y(\omega) e^{i\omega\tau} d\omega = \frac{1}{2\pi} \int_{-\infty}^{\infty} s_X(\omega) | H(\omega) |^2 e^{i\omega\tau} d\omega \tag{7.43}$$

及输出的平均功率(均方值)

$$R_Y(0) = \frac{1}{2\pi} \int_{-\infty}^{\infty} s_X(\omega) | H(\omega) |^2 d\omega.$$

(7.39)式和(7.43)式都是求 $R_Y(\tau)$ 的公式,可以根据条件选择用之.

例 7.15 如图 7.5 所示的 RC 电路,若输入白噪声电压 $X(t)$,其相关函数为 $R_X(\tau) = N_0 \delta(\tau)$.求输出电压 $Y(t)$ 的相关函数和平均功率.

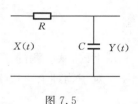

图 7.5

解 因为输入样本函数 $x(t)$ 与输出样本函数 $y(t)$ 满足微分方程

$$RC \frac{dy(t)}{dt} + y(t) = x(t).$$

这是一个常系数线性微分方程,是一个线性时不变系统.取 $x(t) = e^{i\omega t}$,根据定理

7.1,有 $y(t) = H(\omega)\mathrm{e}^{\mathrm{i}\omega t}$,代入上式得

$$RC\frac{\mathrm{d}\left[H(\omega)\mathrm{e}^{\mathrm{i}\omega t}\right]}{\mathrm{d}t} + H(\omega)\mathrm{e}^{\mathrm{i}\omega t} = \mathrm{e}^{\mathrm{i}\omega t},$$

故 RC 电路系统的频率响应函数为

$$H(\omega) = \frac{1}{\mathrm{i}\omega RC + 1} = \frac{\alpha}{\mathrm{i}\omega + \alpha},$$

其中 $\alpha = 1/(RC)$. 由(7.36)式得

$$h(t) = \frac{1}{2\pi}\int_{-\infty}^{\infty}\frac{\alpha}{\mathrm{i}\omega + \alpha}\mathrm{e}^{\mathrm{i}\omega t}\,\mathrm{d}\omega = \frac{1}{2\pi}\int_{-\infty}^{\infty}\frac{\alpha\mathrm{e}^{\mathrm{i}\omega t}}{\mathrm{i}(\omega - \mathrm{i}\alpha)}\,\mathrm{d}\omega.$$

因为 $\dfrac{\alpha}{\mathrm{i}(\omega - \mathrm{i}\alpha)}$ 在上半平面有一阶极点,故当 $t > 0$ 时,有

$$h(t) = \mathrm{Res}(\mathrm{i}\alpha) = \alpha\mathrm{e}^{-\alpha t},$$

$$h(t) = \begin{cases} \alpha\mathrm{e}^{-\alpha t}, & t > 0, \\ 0, & t < 0. \end{cases}$$

由(7.39)式有

$$\begin{aligned}
R_Y(\tau) &= \int_{-\infty}^{\infty}\int_{-\infty}^{\infty} h(u)\,\overline{h(v)}\,N_0\delta(\tau - u + v)\,\mathrm{d}u\,\mathrm{d}v \\
&= N_0\int_{-\infty}^{\infty} h(u)\,\mathrm{d}u\int_{-\infty}^{\infty}\overline{h(v)}\,\delta(\tau - u + v)\,\mathrm{d}v \\
&= N_0\int_{-\infty}^{\infty} h(u)\,\overline{h(u - \tau)}\,\mathrm{d}u \\
&= \begin{cases} N_0\displaystyle\int_{\tau}^{\infty}\alpha^2\mathrm{e}^{-\alpha u}\mathrm{e}^{-\alpha(u - \tau)}\,\mathrm{d}u, & \tau \geqslant 0 \\ N_0\displaystyle\int_{0}^{\infty}\alpha^2\mathrm{e}^{-\alpha u}\mathrm{e}^{-\alpha(u - \tau)}\,\mathrm{d}u, & \tau < 0 \end{cases} \\
&= \begin{cases} \dfrac{\alpha N_0}{2}\mathrm{e}^{-\alpha\tau}, & \tau \geqslant 0 \\ \dfrac{\alpha N_0}{2}\mathrm{e}^{\alpha\tau}, & \tau < 0 \end{cases} \\
&= \frac{\alpha N_0}{2}\mathrm{e}^{-\alpha|\tau|}, \quad -\infty < \tau < \infty.
\end{aligned}$$

令 $\tau = 0$,得输出平均功率为 $R_Y(0) = \dfrac{\alpha N_0}{2}$.

例 7.16　设如图 7.6 所示的系统的激励函数 $x(t)$ 的谱密度 $s_X(\omega) = s_0$,试求输出位移 $y(t)$ 的谱密度和平均功率.

解　因为滑车的运动位移 $y(t)$ 满足微分方程

$$m\frac{\mathrm{d}^2 y(t)}{\mathrm{d}t^2} + r\frac{\mathrm{d}y(t)}{\mathrm{d}t} + ky(t) = x(t).$$

令 $x(t) = \mathrm{e}^{\mathrm{i}\omega t}$,则 $y(t) = H(\omega)\mathrm{e}^{\mathrm{i}\omega t}$,代入上式得

$$(-m\omega^2 + ir\omega + k)H(\omega) = 1,$$

故　　　　$H(\omega) = \dfrac{1}{-m\omega^2 + ir\omega + k}, \quad |H(\omega)|^2 = \dfrac{1}{(k-m\omega^2)^2 + r^2\omega^2},$

所以位移输出谱密度为

$$s_Y(\omega) = |H(\omega)|^2 s_X(\omega) = \dfrac{s_0}{(k-m\omega^2)^2 + r^2\omega^2}.$$

输出平均功率为

$$R_Y(0) = E[Y(t)]^2 = \dfrac{1}{2\pi}\int_{-\infty}^{\infty} |H(\omega)|^2 s_X(\omega)\mathrm{d}\omega$$

$$= \dfrac{s_0}{2\pi}\int_{-\infty}^{\infty}\left|\dfrac{1}{-m\omega^2 + ir\omega + k}\right|^2 \mathrm{d}\omega = \dfrac{s_0}{2kr}.$$

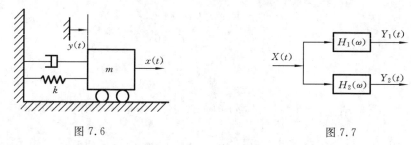

图 7.6　　　　　　　　　　　　　　　　图 7.7

例 7.17　设有两个线性时不变系统如图 7.7 所示. 它们的频率响应函数分别为 $H_1(\omega)$ 和 $H_2(\omega)$. 若两个系统输入同一个均值为零的平稳过程 $X(t)$, 它们的输出分别为 $Y_1(t)$ 和 $Y_2(t)$. 问如何设计 $H_1(\omega)$ 和 $H_2(\omega)$ 才能使 $Y_1(t)$ 和 $Y_2(t)$ 互不相关.

解　根据两个过程互不相关概念, 题意要求它们的协方差函数为零.
由(7.27)式, 有

$$E[Y_1(t)] = \int_{-\infty}^{\infty} h_1(t-u)E[X(t)]\mathrm{d}u = 0,$$

$$E[Y_2(t)] = \int_{-\infty}^{\infty} h_2(t-v)E[X(t)]\mathrm{d}v = 0;$$

$$E[Y_1(t_1)\overline{Y_2(t_2)}] = E\left[\int_{-\infty}^{\infty}\int_{-\infty}^{\infty} h_1(u)\overline{h_2(v)}X(t_1-u)\overline{X(t_2-v)}\mathrm{d}u\mathrm{d}v\right]$$

$$= \int_{-\infty}^{\infty}\int_{-\infty}^{\infty} h_1(u)\overline{h_2(v)}E[X(t_1-u)\overline{X(t_2-v)}]\mathrm{d}u\mathrm{d}v$$

$$= \int_{-\infty}^{\infty}\int_{-\infty}^{\infty} h_1(u)\overline{h_2(v)}R_X(\tau-u+v)\mathrm{d}u\mathrm{d}v = R_{Y_1Y_2}(\tau),$$

其中 $\tau = t_1 - t_2$. 上式表明 $Y_1(t)$ 与 $Y_2(t)$ 的互相关函数只是时间差 τ 的函数.

$$s_{Y_1Y_2}(\omega) = \int_{-\infty}^{\infty} R_{Y_1Y_2}(\tau)\mathrm{e}^{-i\omega\tau}\mathrm{d}\tau$$

$$= \int_{-\infty}^{\infty}\left[\int_{-\infty}^{\infty}\int_{-\infty}^{\infty} h_1(u)\overline{h_2(v)}R_X(\tau-u+v)\mathrm{d}u\mathrm{d}v\right]\mathrm{e}^{-i\omega\tau}\mathrm{d}\tau$$

$$= \int_{-\infty}^{\infty} h_1(u)\mathrm{e}^{-i\omega u}\mathrm{d}u\int_{-\infty}^{\infty}\overline{h_2(v)}\mathrm{e}^{i\omega v}\mathrm{d}v\int_{-\infty}^{\infty} R_X(s)\mathrm{e}^{-i\omega s}\mathrm{d}s$$

$$= H_1(\omega)\,\overline{H_2(\omega)}s_X(\omega),$$

故当设计两个系统的频率响应函数的振幅频率特性没有重叠时,如图 7.8 所示,$s_{Y_1Y_2}(\omega) = 0$,从而有 $R_{Y_1Y_2}(\tau) = 0 = B_{Y_1Y_2}(\tau)$,即 $Y_1(t)$ 和 $Y_2(t)$ 互不相关.

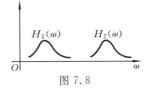

图 7.8

习　题　7

7.1　下列函数中哪些是谱密度的正确表达式,为什么?

(1) $s(\omega) = \dfrac{\omega^2 + 9}{(\omega^2 + 4)(\omega^2 + 1)^2}$;　　　(2) $s(\omega) = \dfrac{\omega^2 + 1}{\omega^4 + 5\omega^2 + 6}$;

(3) $s(\omega) = \dfrac{\omega^2 + 4}{\omega^4 - 4\omega^2 + 3}$;　　　(4) $s(\omega) = \dfrac{\omega^2}{\omega^4 + 3\omega^2 + 2}$;

(5) $s(\omega) = \dfrac{\mathrm{e}^{-\mathrm{i}\omega^2}}{\omega^2 + 2}$.

7.2　设平稳过程 $X(t)$ 的相关函数 $R_X(\tau) = \mathrm{e}^{-a|\tau|}$,求 $X(t)$ 的谱密度.

7.3　设有平稳过程 $X(t) = a\cos(\omega_0 t + \Theta)$,其中 a,ω_0 为常数,Θ 是在 $(-\pi,\pi)$ 上服从均匀分布的随机变量.求 $X(t)$ 的谱密度.

7.4　已知平稳过程的相关函数为 $R_X(\tau) = 4\mathrm{e}^{-|\tau|}\cos(\pi\tau) + \cos(3\pi\tau)$,求谱密度 $s_X(\omega)$.

7.5　设平稳过程 $X(t)$ 的谱密度为 $s_X = 1/(1+\omega^2)^2$,求相关函数 $R_X(\tau)$.

7.6　当平稳过程 $X(t)$ 通过如图 7.9 所示的系统时,证明输出 $Y(t)$ 的谱密度为 $s_Y(\omega) = 2s_X(\omega)(1 + \cos(\omega T))$.

7.7　已知平稳过程 $X(t)$ 的谱密度为

$$s_X(\omega) = \begin{cases} 0, & 0 \leqslant |\omega| < \omega_0, \\ c^2, & \omega_0 \leqslant |\omega| < 2\omega_0, \\ 0, & |\omega| \geqslant 2\omega_0. \end{cases}$$

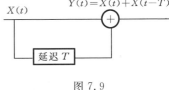

图 7.9

求相关函数 $R_X(\tau)$.

7.8　设有平稳过程 $X(t) = a\cos(\Theta t + \varphi)$,其中 a 为常数,φ 是在 $(0,2\pi)$ 上服从均匀分布的随机变量,Θ 是分布密度函数满足 $f(\omega) = f(-\omega)$ 的随机变量,且 φ 与 Θ 相互独立.求证 $X(t)$ 的谱密度为 $s_X(\omega) = \pi a^2 f(\omega)$.

7.9　设 $X(t)$ 和 $Y(t)$ 是单独且联合平稳的随机过程,试证 $\mathrm{Re}[s_{XY}(\omega)] = \mathrm{Re}[s_{YX}(\omega)]$,$\mathrm{Im}[s_{XY}(\omega)] = -\mathrm{Im}[s_{YX}(\omega)]$.

7.10　设 $X(t)$ 为平稳过程,令 $Y(t) = X(t+a) - X(t-a)$,a 为常数,试证:

$$s_Y(\omega) = 4s_X(\omega)\sin^2(a\omega),$$
$$R_Y(\tau) = 2R_X(\tau) - R_X(\tau + 2a) - R_X(\tau - 2a).$$

7.11　设 $X(t)$ 和 $Y(t)$ 是两个相互独立的平稳过程,均值 m_X 和 m_Y 都不为零.令 $Z(t) = X(t) + Y(t)$,求 $s_{XY}(\omega)$ 和 $s_{XZ}(\omega)$.

7.12　设零均值平稳过程 $X(t)$ 的谱密度 $s_X(\omega)$ 存在二阶导数,试证 $\mathrm{d}^2 s_X(\omega)/\mathrm{d}\omega^2$ 不是谱密度.

7.13　设线性时不变系统输入一个均值为零的实平稳过程 $\{X(t), t \geqslant 0\}$,其相关函数为 $R_X(\tau) = \delta(\tau)$.若系统的脉冲响应为

$$h(t) = \begin{cases} 1, & 0 < t < T, \\ 0, & \text{其他}, \end{cases}$$

试求系统输出过程 $Y(t)$ 的相关函数、谱密度及 $X(t)$ 与 $Y(t)$ 的互谱密度.

7.14 设 $\{X(t), t \in T\}$,$\{Y(t), t \in T\}$ 是均值为零的实平稳过程,它们的相关函数分别为 $R_X(\tau)$,$R_Y(\tau)$,互相关函数为 $R_{XY}(\tau)$. 如果

$$R_X(\tau) = R_Y(\tau), \quad R_{XY}(\tau) = -R_{XY}(-\tau),$$

试证 $Z(t) = X(t)\cos(\omega_0 t) + Y(t)\sin(\omega_0 t)$ 是平稳过程(ω_0 为常数).

若 $X(t)$,$Y(t)$ 的谱密度为 $s_X(\omega)$,$s_Y(\omega)$,互谱密度为 $s_{XY}(\omega)$. 试求 $Z(t)$ 的谱密度.

7.15 设一个线性系统由微分方程

$$\frac{\mathrm{d}y(t)}{\mathrm{d}t} + by(t) = ax(t)$$

给出,其中 a,b 为常数,$x(t)$,$y(t)$ 分别为输入平稳过程 $X(t)$ 和输出平稳过程 $Y(t)$ 的样本函数,且输入过程均值为零,初始条件为零,$R_X(\tau) = \sigma^2 \mathrm{e}^{-\beta|\tau|}$. 求输出的谱密度 $s_Y(\omega)$ 和相关函数 $R_Y(\tau)$.

7.16 设一个线性系统输入平稳过程为 $X(t)$,其相关函数为 $R_X(\tau) = \beta \mathrm{e}^{-\alpha|\tau|}$. 若输入、输出过程的样本函数满足微分方程

$$\frac{\mathrm{d}y(t)}{\mathrm{d}t} + by(t) = \frac{\mathrm{d}x(t)}{\mathrm{d}t} + ax(t),$$

其中 a,b 为常数. 求输出过程 $Y(t)$ 的谱密度 $s_Y(\omega)$ 和相关函数 $R_Y(\tau)$.

7.17 设有如图 7.10 所示的电路系统,输入零均值的平稳过程 $X(t)$,且相关函数为 $R_X(\tau) = \sigma^2 \mathrm{e}^{-\beta|\tau|}$. 求 $Y_1(t)$,$Y_2(t)$ 的谱密度及两者的互谱密度.

7.18 设 $\{X(t), -\infty < t < \infty\}$ 是均值为零的正交增量过程,$E \mid X(t_2) - X(t_1) \mid^2 = \mid t_2 - t_1 \mid$,若 $Y(t) = X(t) - X(t-1)$,

(1) 证明 $\{Y(t), -\infty < t < \infty\}$ 是平稳过程;

(2) 求 $\{Y(t)\}$ 的功率谱密度.

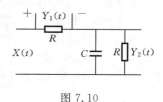

图 7.10

第8章　时间序列分析

时间序列是指按时间先后顺序排列的随机序列,或者说是定义在概率空间$(\Omega, \mathscr{F}, P)$上的一串有序随机变量集合$\{X_t, t=0, \pm 1, \cdots\}$,简记为$\{X_t\}$;它的每一个样本(现实)序列,是指按时间先后顺序对X_t所反映的具体随机现象或系统进行观测或试验所得到的一串动态数据$\{x_t, t=0, \pm 1, \cdots\}$.所谓时间序列分析,就是根据有序随机变量或者观测得到的有序数据之间相互依赖所包含的信息,用概率统计方法定量地建立一个合适的数学模型,并根据这个模型对相应序列所反映的过程或系统作出预报或进行控制.

本章主要以平稳时间序列为讨论对象,着重介绍一类具体的,在自然科学、工程技术及社会、经济学的建模分析中起着非常重要作用的平稳时间序列模型——自回归滑动平均模型,简称 ARMA 模型.

8.1　ARMA 模型

8.1.1　自回归模型

设$\{X_t\}$为零均值的实平稳时间序列,**阶数为 p 的自回归模型**定义为
$$X_t = \varphi_1 X_{t-1} + \varphi_2 X_{t-2} + \cdots + \varphi_p X_{t-p} + a_t, \tag{8.1}$$
其
$$E[a_t] = 0, \quad E[a_s a_t] = \begin{cases} \sigma_a^2, & t=s, \\ 0, & t \neq s, \end{cases} \quad E[a_s X_t] = 0, \quad s > t.$$

模型(8.1)简记为 AR(p).它是一个动态模型,是时间序列$\{X_t\}$自身回归的表达式,所以称自回归模型.满足 AR(p)模型的随机序列称为 AR(p)**序列**,其中$\{\varphi_k, k=1, 2, \cdots, p\}$称为**自回归系数**.从白噪声序列$\{a_t\}$所满足的条件看出,$a_t$之间互不相关,且$a_t$与以前的观测值也不相关,$\{a_t\}$亦称为**新信息序列**,在时间序列分析的预报理论中有重要应用.

为方便起见,引进延迟算子概念.令
$$BX_t = X_{t-1}, \quad B^2 X_t = B(BX_t) = X_{t-2}.$$
一般有$B^k X_t = X_{t-k}(k=1, 2, 3, \cdots)$,称 B 为**一步延迟算子**,B^k 为 k **步延迟算子**.

于是(8.1)式可以写成
$$\varphi(B) X_t = a_t, \tag{8.2}$$

其中
$$\varphi(B) = 1 - \varphi_1 B - \cdots - \varphi_p B^p. \tag{8.3}$$

对于(8.2)式的 AR(p)模型,若满足条件:$\varphi(B) = 0$ 的根全在单位圆外,即所有根的模都大于 1,则称此条件为 AR(p)模型的**平稳性条件**.当模型(8.2)满足平稳性条件时,$\varphi^{-1}(B)$存在且一般是 B 的幂级数,于是(8.1)式又可写成是

$$X_t = \varphi^{-1}(B)a_t,$$

称为**逆转形式**.模型(8.2)可以看作是把相关的$\{X_t\}$变为一个互不相关序列$\{a_t\}$的系统.

8.1.2　滑动平均模型

设$\{X_t\}$为零均值的实平稳时间序列,**阶数为 q 的滑动平均模型**定义为

$$X_t = a_t - \theta_1 a_{t-1} - \cdots - \theta_q a_{t-q}, \tag{8.4}$$

其中$\{\theta_k, k=1,2,\cdots q\}$称为**滑动平均系数**,并简记(8.4)模型为 MA(q).满足MA(q)模型的随机序列称为 MA(q)**序列**.用延迟算子表示,(8.4)式可以写成

$$X_t = \theta(B)a_t, \tag{8.5}$$

其中
$$\theta(B) = 1 - \theta_1 B - \cdots - \theta_q B^q. \tag{8.6}$$

对于(8.5)式的 MA(q)模型,若满足条件:$\theta(B) = 0$ 的根全在单位圆外,即所有根的模大于 1,则称此条件为 MA(q)模型的**可逆性条件**.当模型(8.5)满足可逆性条件时,$\theta^{-1}(B)$存在,此时(8.5)式可以写成

$$a_t = \theta^{-1}(B)X_t,$$

它称为逆转形式.模型(8.5)中的 X_t 可以看作是白噪声序列$\{a_t\}$输入线性系统中的输出.

8.1.3　自回归滑动平均模型

设$\{X_t\}$是零均值的实平稳时间序列,**p 阶自回归 q 阶滑动平均混合模型**定义为

$$X_t - \varphi_1 X_{t-1} - \cdots - \varphi_p X_{t-p} = a_t - \theta_1 a_{t-1} - \cdots - \theta_q a_{t-q}, \tag{8.7}$$

或
$$\varphi(B)X_t = \theta(B)a_t. \tag{8.8}$$

其中$\varphi(B)$和$\theta(B)$分别为(8.3)式和(8.6)式所表示,且 $\varphi(B)$ 与 $\theta(B)$ 无公共因子,$\varphi(B)$满足平稳性条件,$\theta(B)$满足可逆性条件.模型(8.7)记为 ARMA(p,q).满足ARMA(p,q)模型的随机序列,称为 ARMA(p,q)**序列**.

显然,当 $q=0$ 时,ARMA($p,0$)就是 AR(p);当 $p=0$ 时,ARMA($0,q$)就是MA(q).

像平稳过程的时域分析与频域分析有对应关系一样,这里介绍 ARMA(p,q)序列与具有有理谱密度的平稳序列之间存在的对应关系,并指出一个平稳序列在什么条件下是 ARMA(p,q)序列.

定义 8.1　设$\{X_t\}$是零均值平稳序列,它的谱密度 $f(\lambda)$是 $e^{-i2\pi\lambda}$的有理函数:

$$f(\lambda) = \sigma_a^2 \frac{\mid \theta(\mathrm{e}^{-\mathrm{i}2\pi\lambda}) \mid^2}{\mid \varphi(\mathrm{e}^{-\mathrm{i}2\pi\lambda}) \mid^2}, \quad -\frac{1}{2} \leqslant \lambda \leqslant \frac{1}{2}, \tag{8.9}$$

其中 $\varphi(\lambda)$ 和 $\theta(\lambda)$ 是形如 (8.3) 和 (8.6) 式的多项式, 且它们无公共因子, $\varphi(\lambda)$ 满足平稳性条件, $\theta(\lambda)$ 满足可逆性条件, 则称 $\{X_t\}$ 是具有有理谱密度的平稳序列.

定理 8.1　均值为零的平稳时间序列 $\{X_t\}$ 满足 (8.8) 式的充要条件为, $\{X_t\}$ 具有形如 (8.9) 式的有理谱密度.

证明略 (详见参考文献 [9]).

从定理 8.1 看出, 只要平稳序列的谱密度是有理函数形式, 则它一定是一个 ARMA(p,q) 序列. 因此, 总可以找到一个 ARMA(p,q) 序列, 满足预先给定的精度去逼近所研究的平稳序列.

8.2　模型的识别

对于一个平稳时间序列预测问题, 首先要考虑的是寻求与它拟合最好的预测模型. 而模型的识别与阶数的确定则是选择模型的关键. 本节先对 AR(p), MA(q) 与 ARMA(p,q) 序列作相关分析, 讨论其理论自相关函数和偏相关函数所具有的特性, 从而找到识别模型的方法. 下节再讨论模型阶数的确定.

8.2.1　MA(q) 序列的自相关函数

用 X_{t-k} 乘以 (8.4) 式两边, 再取均值 (由于序列的均值为零, 故自相关函数与协方差函数相同), 为了不致混淆, 记所得协方差函数为 γ_k, 则

$$\begin{aligned}
\gamma_k &= E[X_t X_{t-k}] \\
&= E[(a_t - \theta_1 a_{t-1} - \cdots - \theta_q a_{t-q})(a_{t-k} - \theta_1 a_{t-k-1} - \cdots - \theta_q a_{t-k-q})] \\
&= E[a_t a_{t-k}] - \sum_{j=1}^{q} \theta_j E[a_t a_{t-k-j}] - \sum_{i=1}^{q} \theta_i E[a_{t-i} a_{t-k}] + \sum_{i=1}^{q} \sum_{j=1}^{q} \theta_i \theta_j E[a_{t-i} a_{t-k-j}].
\end{aligned}$$

利用
$$E[a_s a_t] = \begin{cases} \sigma_a^2, & t = s, \\ 0, & t \neq s, \end{cases}$$

显然上式第二项对一切 k 都为零, 其余各项依赖于 k.

(1) 当 $k=0$ 时, 有

$$\gamma_0 = E[a_t^2] + \sum_{i=1}^{q} \theta_i^2 E[a_{t-i}^2] = \sigma_a^2 + \sum_{i=1}^{q} \theta_i^2 \sigma_a^2;$$

(2) 当 $1 \leqslant k \leqslant q$ 时, 有

$$\gamma_k = -\theta_k E[a_{t-k}^2] + \sum_{i=k+1}^{q} \theta_i \theta_{i-k} E[a_{t-i}^2] = -\theta_k \sigma_a^2 + \sum_{i=k+1}^{q} \theta_i \theta_{i-k} \sigma_a^2;$$

(3) 当 $k>q$ 时, 右边四项都为 0, 此时 $\gamma_k = 0$.

用 γ_0 除以 γ_k 得标准化自相关函数 $\rho_k = \gamma_k / \gamma_0$, 简称它为**自相关函数**.

综上可得 MA(q)序列的协方差函数 γ_k 和自相关函数 ρ_k 为

$$\gamma_k = \begin{cases} \sigma_a^2(1+\theta_1^2+\cdots+\theta_q^2), & k=0, \\ \sigma_a^2(-\theta_k+\theta_{k+1}\theta_1+\cdots+\theta_q\theta_{q-k}), & 1 \leqslant k \leqslant q, \\ 0, & k>q, \end{cases} \quad (8.10)$$

$$\rho_k = \begin{cases} 1, & k=0, \\ \dfrac{-\theta_k+\theta_{k+1}\theta_1+\cdots+\theta_q\theta_{q-k}}{1+\theta_1^2+\cdots+\theta_q^2}, & 1 \leqslant k \leqslant q, \\ 0, & k>q. \end{cases} \quad (8.11)$$

从(8.11)式看出,MA(q)序列的自相关函数 ρ_k 在 $k>q$ 时全为零.这种性质称为 q 步**截尾性**.它表明 MA(q)序列只有 q 步相关性,即当 $|t-s|>q$ 时,X_s 与 X_t 不相关.这是 MA(q)模型所具有的本质特性,截尾处的 k 值就是模型的阶数.

定理 8.2 设零均值平稳时间序列 $\{X_t\}$ 具有谱密度 $f(\lambda)>0$,则 $\{X_t\}$ 是 MA(q)序列的充要条件是它的自相关函数 q 步截尾.

定理的必要性上述已证,充分性见参考文献[9].

例 8.1 已知 MA(2)模型 $X_t=a_t+0.5a_{t-1}-0.3a_{t-2}$,试验证模型满足可逆性条件,并求自相关函数.

解 因为 $\theta(B)=1+0.5B-0.3B^2$,故令其为零,得 $1+0.5B-0.3B^2=0$,解得 $B_1=1.17,B_2=-2.84$,由于 $|B_1|>1,|B_2|>1$,所以模型满足可逆性条件.

将 $\theta_1=-0.5,\theta_2=0.3$ 代入(8.11)式,得自相关函数

$$\rho_0 = 1,$$

$$\rho_1 = \frac{-(-0.5)+0.3(-0.5)}{1+(-0.5)^2+0.3^2} = 0.2612,$$

$$\rho_2 = \frac{-0.3}{1+(-0.5)^2+0.3^2} = 0.2239,$$

$$\rho_k = 0, \quad k>2.$$

8.2.2　AR(p)序列的自相关函数

用 X_{t-k} 乘模型(8.1)两边,再取均值,得

$$\gamma_k = \varphi_1\gamma_{k-1}+\cdots+\varphi_p\gamma_{k-p}, \quad k>0,$$

除以 γ_0 可得

$$\rho_k-\varphi_1\rho_{k-1}-\cdots-\varphi_p\rho_{k-p}=0, \quad (8.12)$$

即

$$\varphi(B)\rho_k=0, \quad k>0. \quad (8.13)$$

令(8.12)式的 $k=1,2,\cdots,p$,得

$$\begin{cases} \rho_1 = \varphi_1+\varphi_2\rho_1+\cdots+\varphi_p\rho_{p-1}, \\ \rho_2 = \varphi_1\rho_1+\varphi_2+\varphi_3\rho_1+\cdots+\varphi_p\rho_{p-2}, \\ \quad\vdots \\ \rho_p = \varphi_1\rho_{p-1}+\varphi_2\rho_{p-2}+\cdots+\varphi_p; \end{cases} \quad (8.14)$$

写成矩阵式为

$$
\begin{pmatrix} \rho_1 \\ \rho_2 \\ \vdots \\ \rho_p \end{pmatrix} = \begin{pmatrix} 1 & \rho_1 & \rho_2 & \cdots & \rho_{p-1} \\ \rho_1 & 1 & \rho_1 & \cdots & \rho_{p-2} \\ \vdots & \vdots & \vdots & & \vdots \\ \rho_{p-1} & \rho_{p-2} & \rho_{p-3} & \cdots & 1 \end{pmatrix} \begin{pmatrix} \varphi_1 \\ \varphi_2 \\ \vdots \\ \varphi_p \end{pmatrix}. \tag{8.15}
$$

(8.15)式称为**尤尔-瓦尔克方程**.(8.13)式是 ρ_k 所满足的差分方程.参数 σ_a^2 由下式给出

$$
\sigma_a^2 = \gamma_0 - \sum_{j=1}^{p} \varphi_j \gamma_j. \tag{8.16}
$$

事实上,

$$
\begin{aligned}
\sigma_a^2 &= E[a_t^2] = E[(X_t - \varphi_t X_{t-1} - \cdots - \varphi_p X_{t-p})^2] \\
&= \gamma_0 - 2\sum_{j=1}^{p} \varphi_j \gamma_j + \sum_{i=1}^{p} \sum_{j=1}^{p} \varphi_i \varphi_j \gamma_{j-i} \\
&= \gamma_0 - 2\sum_{j=1}^{p} \varphi_j \gamma_j + \sum_{j=1}^{p} \varphi_j \left(\sum_{i=1}^{p} \varphi_i \gamma_{j-i} \right) \\
&= \gamma_0 - 2\sum_{j=1}^{p} \varphi_j \gamma_j + \sum_{j=1}^{p} \varphi_j \gamma_j = \gamma_0 - \sum_{j=1}^{p} \varphi_j \gamma_j.
\end{aligned}
$$

综上可得定理 8.3.

定理 8.3　AR(p)序列$\{X_t\}$的自相关函数满足(8.15)式,白噪声序列$\{a_t\}$的方差满足(8.16)式.

定理指出了 AR(p)序列的自相关函数所满足的方程,暂时未讨论它的解法,需要指出的是,根据线性差分方程理论可证,AR(p)序列的自相关函数不能在某步之后截尾,而是随 k 增大逐渐衰减,但受负指数函数控制.这种特性称为**拖尾性**.下面用例题说明这种拖尾性.

例 8.2　求 AR(1)序列的自相关函数.

解　因为 AR(1)模型为 $X_t - \varphi_1 X_{t-1} = a_t$,由(8.14)式得

$$
\rho_1 = \varphi_1, \quad \rho_2 = \varphi_1 \rho_1 = \varphi_1^2, \quad \cdots, \quad \rho_k = \varphi_1 \rho_{k-1} = \varphi_1^k.
$$

由 $\varphi(B) = 1 - \varphi_1 B = 0$ 得 $B = 1/\varphi_1$.在满足平稳性条件时,有 $|\varphi_1| < 1$,故当 $k \to \infty$ 时 $\rho_k \to 0$.

由于 $\varphi_1^k = \exp(k\ln|\varphi_1|)$,又因 $|\varphi_1| < 1$,故 $\ln|\varphi_1| < 0$,所以存在 $c_1 > 0, c_2 > 0$ 使

$$
|\rho_k| < c_1 e^{-c_2 k},
$$

即$\{\rho_k\}$被负指数函数控制.

例 8.3　AR(2)模型为

$$
X_t = 0.1X_{t-1} + 0.2X_{t-2} + a_t.
$$

验证它满足平稳性条件,并求自相关函数.

解　由 $\varphi(B) = 1 - 0.1B - 0.2B^2 = 0$ 解得 $B_1 = 2, B_2 = -2.5$,由于 $|B_1| > 1$,

$|B_2|>1$,所以模型满足平稳性条件.

由(8.14)式得

$$\rho_1 = \frac{\varphi_1}{1-\varphi_2}, \quad \rho_k = \varphi_1\rho_{k-1} + \varphi_2\rho_{k-2}, \quad k \geqslant 2.$$

代入 $\varphi_1=0.1, \varphi_2=0.2$ 得

$$\rho_1 = 0.125, \quad \rho_2 = 0.213, \quad \rho_3 = 0.046, \quad \rho_4 = 0.047,$$

$$\rho_5 = 0.014, \quad \rho_6 = 0.011, \quad \rho_7 = 0.004, \quad \rho_8 = 0.003,$$

$$\rho_9 = 0.001, \quad \cdots$$

从例中的数值看出,ρ_k 具有拖尾性.

8.2.3　ARMA(p,q)序列的自相关函数

根据(8.8)式,若 $\varphi(B)$ 满足平稳性条件,则 X_t 的平稳解为

$$X_t = \varphi^{-1}(B)\theta(B)a_t.$$

将 $\varphi^{-1}(B)$ 写成 B 的级数形式,令

$$G(B) = \varphi^{-1}(B)\theta(B) = \sum_{i=0}^{\infty} G_i B^i, \quad G_0 = 1, \tag{8.17}$$

其中系数序列 $\{G_i\}$ 称为**格林函数**.于是 X_t 可用 $\{a_t\}$ 的现在和过去的值表示为

$$X_t = \left(\sum_{i=0}^{\infty} G_i B^i\right)a_i = \sum_{i=0}^{\infty} G_i a_{t-i}. \tag{8.18}$$

上式称为 $\{X_t\}$ 的**传递形式**,它的系数 G_i 是 a_{t-i} 的权重,表示 i 个单位时间以前的 a_t 对现在 X_t 的影响,称为 **Wold 系数**.上式也可以看作是无穷阶的 MA 序列.

与(8.17)式相反,若 $\theta(B)$ 满足可逆条件,则 X_t 的另一种逆转形式表达式为

$$a_t = \theta^{-1}(B)\varphi(B)X_t.$$

写成级数形式得

$$a_t = I(B)X_t = -\sum_{j=0}^{\infty} I_j B^j X_t = X_t - \sum_{j=1}^{\infty} I_j X_{t-j}, \quad I_0 = -1, \tag{8.19}$$

其中 $I(B) = 1 - \sum_{j=1}^{\infty} I_j B^j = \theta^{-1}(B)\varphi(B)$,$I_j$ 称为**逆函数**.所以,逆转形式可以看作是将 a_t 表示成 X_t 的历史值的加权和.

现在将 $\varphi(B)G(B) = \theta(B)$ 两边展开成多项式:

$$\left(\sum_{i=0}^{\infty} \varphi_i' B^i\right)\left(\sum_{i=0}^{\infty} G_i B^i\right) = \sum_{i=0}^{\infty} \theta_i' B^i.$$

比较系数得 G_i 的递推式

$$G_i = \theta_i' - \sum_{j=1}^{i} \varphi_j' G_{i-j}, \quad G_0 = 1,$$

其中

$$\varphi_j' = \begin{cases} \varphi_j, & 1 \leqslant j \leqslant p, \\ 0, & j > p; \end{cases} \qquad \theta_j' = \begin{cases} \theta_j, & 1 \leqslant j \leqslant q, \\ 0, & j > q. \end{cases}$$

下面利用(8.18)式导出 ARMA(p,q)序列的自相关函数关系式.

将(8.7)式两边乘 X_{t-k},再取均值得

$$\gamma_k - \varphi_1 \gamma_{k-1} - \cdots - \varphi_p \gamma_{k-p} = \gamma_k(X,a) - \theta_1 \gamma_{k-1}(X,a) - \cdots - \theta_q \gamma_{k-q}(X,a),$$

即
$$\varphi(B)\gamma_k = \theta(B)\gamma_k(X,a), \tag{8.20}$$

其中
$$\gamma_k(X,a) = E[X_t a_{t+k}] = E\Big[\sum_{j=0}^{\infty} G_j a_{t-j} a_{t+k}\Big],$$

$$\sum_{j=0}^{\infty} G_j E[a_{t-j} a_{t+k}] = \begin{cases} G_{-k} \sigma_a^2, & k \leqslant 0, \\ 0, & k > 0. \end{cases} \tag{8.21}$$

将(8.21)式代入(8.20)式并除以 γ_0,写成自相关函数,注意到 ρ_k 为偶函数,可得

$$\begin{cases} k = 0 \text{ 时}, \sigma_X^2(1 - \varphi_1 \rho_1 - \cdots - \varphi_p \rho_p) = (1 - \theta_1 G_1 - \cdots - \theta_q G_q)\sigma_a^2, \\ k = 1 \text{ 时}, \sigma_X^2(\rho_1 - \varphi_1 \rho_0 - \varphi_2 \rho_1 - \cdots - \varphi_p \rho_{p-1}) = (\theta_1 - \theta_2 G_1 - \cdots - \theta_q G_{q-1})\sigma_a^2, \\ k = q \text{ 时}, \sigma_X^2(\rho_q - \varphi_1 \rho_{q-1} - \cdots - \varphi_p \rho_{p-q}) = \theta_q \sigma_a^2, \\ k > q \text{ 时}, \rho_k - \varphi_1 \rho_{k-1} - \cdots - \varphi_p \rho_{k-p} = 0, \text{ 即 } \varphi(B)\rho_k = 0. \end{cases} \tag{8.22}$$

若令 $k = q+1, \cdots, q+p$,可得

$$\begin{bmatrix} \rho_q & \rho_{q-1} & \cdots & \rho_{q-p+1} \\ \rho_{q+1} & \rho_q & \cdots & \rho_{q-p+2} \\ \vdots & \vdots & & \vdots \\ \rho_{q+p-1} & \rho_{q+p-2} & \cdots & \rho_q \end{bmatrix} \begin{bmatrix} \varphi_1 \\ \varphi_2 \\ \vdots \\ \varphi_p \end{bmatrix} = \begin{bmatrix} \rho_{q+1} \\ \rho_{q+2} \\ \vdots \\ \rho_{q+p} \end{bmatrix}. \tag{8.23}$$

定理 8.4　零均值平稳时间序列 $\{X_t\}$ 为 ARMA(p,q) 序列的充要条件为其自相关函数满足(8.22)式.

定理的必要性如上所述,充分性见参考文献[9].

比较(8.22)式与(8.13)式知,ARMA(p,q) 序列与 AR(p) 序列的自相关函数满足相同的差分方程 $\varphi(B)\rho_k = 0(k>q)$. 因此,和 AR($p$) 序列类似,ARMA($p,q$) 序列的自相关函数也是拖尾的,且受负指数函数控制.

例 8.4　求 ARMA(1,1) 模型 $X_t - \varphi_1 X_{t-1} = a_t - \theta_1 a_{t-1}$ 的自相关函数.

解　设 a_i 的方差为 σ_a^2,$|\varphi_1| < 1$,则

$$X_i = G(B)a_i = \frac{1 - \theta_1 B}{1 - \varphi_1 B} a_i,$$

故
$$G_0 + G_1 B + G_2 B^2 + \cdots = (1 - \theta_1 B)(1 + \varphi_1 B + \varphi_1^2 B^2 + \cdots)$$
$$= [1 + (\varphi_1 - \theta_1)B + (\varphi_1^2 - \varphi_1 \theta_1)B^2 + \cdots].$$

比较系数得
$$G_0 = 1, \quad G_1 = \varphi_1 - \theta_1, \quad G_2 = \varphi_1^2 - \varphi_1 \theta_1, \quad \cdots,$$

由(8.22)式得

$$\begin{cases} \sigma_X^2(1-\varphi_1\rho_1) = (1-\theta_1 G_1)\sigma_a^2 = [1-\theta_1(\varphi_1-\theta_1)]\sigma_a^2, & k=0, \\ \sigma_X^2(\rho_1-\varphi_1) = \theta_1\sigma_a^2, & k=1, \\ \rho_k = \varphi_1\rho_{k-1}, & k=2,3,\cdots. \end{cases}$$

解得
$$\sigma_X^2 = \frac{1+\theta_1^2-2\varphi_1\theta_1}{1-\varphi_1^2}, \quad \rho_1 = \frac{(\varphi_1-\theta_1)(1-\varphi_1\theta_1)}{1+\theta_1^2-2\varphi_1\theta_1},$$

故
$$\rho_k = \varphi_1^{k-1}\frac{(\varphi_1-\theta_1)(1-\varphi_1\theta_1)}{1+\theta_1^2-2\varphi_1\theta_1}, \quad k=1,2,\cdots.$$

例 8.5　求 ARMA(2,1)的自相关函数.

解　因为 ARMA(2,1)模型为
$$X_t - \varphi_1 X_{t-1} - \varphi_2 X_{t-2} = a_t - \theta_1 a_{t-1},$$
$$(1-\varphi_1 B - \varphi_2 B^2)X_t = (1-\theta_1 B)a_t.$$

设模型满足平稳性、可逆条件,且 a_t 的方差为 σ_a^2,于是
$$G(B) = \frac{1-\theta_1 B}{1-\varphi_1 B - \varphi_2 B^2} = 1 + (\varphi_1-\theta_1)B + [\varphi_1(\varphi_1-\theta_1)+\varphi_2]B^2 + \cdots,$$

得格林函数
$$G_0 = 1, \quad G_1 = \varphi_1-\theta_1, \quad G_2 = \varphi_1(\varphi_1-\theta_1)+\varphi_2, \quad \cdots,$$

由(8.22)式有
$$\begin{cases} \sigma_X^2(1-\varphi_1\rho_1-\varphi_2\rho_2) = (1-\theta_1 G_1)\sigma_a^2 = (1+\theta_1^2-\varphi_1\theta_1)\sigma_a^2, & k=0, \\ \sigma_X^2(\rho_1-\varphi_1-\varphi_2\rho_1) = -\theta_1\sigma_a^2, & k=1, \\ \rho_k - \varphi_1\rho_{k-1} - \varphi_2\rho_{k-2} = 0, & k=2,3,\cdots. \end{cases}$$

将 $\rho_2 = \varphi_1\rho_1+\varphi_2$ 代入第一式得
$$\sigma_X^2[1-\varphi_2^2+\varphi_1(\varphi_2-1)\rho_1] = (1+\theta_1^2-\varphi_1\theta_1)\sigma_a^2.$$

将上式与第二式联立解得
$$\sigma_X^2 = \sigma_a^2 \begin{vmatrix} 1-\varphi_1\theta_1+\theta_1^2 & -\varphi_1(\varphi_2-1) \\ -\theta_1 & 1-\varphi_2 \end{vmatrix} \Big/ \begin{vmatrix} 1-\varphi_2^2 & -\varphi_1(\varphi_2-1) \\ -\varphi_1 & 1-\varphi_2 \end{vmatrix},$$

$$\rho_1 = \begin{vmatrix} 1-\varphi_2^2 & 1-\varphi_1\theta_1+\theta_1^2 \\ -\varphi_1 & -\theta_1 \end{vmatrix} \Big/ \begin{vmatrix} 1-\varphi_1\theta_1+\theta_1^2 & -\varphi_1(\varphi_2-1) \\ -\theta_1 & 1-\varphi_2 \end{vmatrix},$$

$\rho_2,\rho_3,\cdots$可按递推法或解齐次差分方程求得.

8.2.4　偏相关函数

从上面的讨论知,对于自相关函数,只有 MA(q)序列是截尾的,AR(p)和 ARMA(p,q)序列则是拖尾的. 为了进一步区分AR(p)序列和 ARMA(p,q)序列,我们引入偏相关函数的概念.

从概率论知,在给定随机变量 W 的条件下,随机变量 U 与 V 的联合条件密度函数为 $f(u,v|w)$,则 U 与 V 的偏相关函数定义为
$$\int_{-\infty}^{\infty}\int_{-\infty}^{\infty}\frac{[u-E(U)][v-E(V)]f(u,v|w)\mathrm{d}u\mathrm{d}v}{\sqrt{D(U)D(V)}} = \frac{E[U-E(U)][V-E(V)]}{\sqrt{D(U)D(V)}}.$$

类似地,在零均值平稳时间序列中,给定 $X_{t-1},\cdots,X_{t-k+1},X_t$ 与 X_{t-k} 之间的**偏相关函数**定义为

$$\frac{E[X_t X_{t-k}]}{\sqrt{E[X_t^2]E[X_{t-k}^2]}} = \frac{E[X_t X_{t-k}]}{\sigma_X^2}. \tag{8.24}$$

其中 E 表示关于条件密度函数 $f(x_t,x_{t-k}\mid x_{t-1},x_{t-2},\cdots,x_{t-k+1})$ 的条件期望.

（1）AP(p) 序列的偏相关函数.

设 $\{X_t\}$ 是零均值的平稳序列,它满足 AR(k) 模型,即

$$X_t = \varphi_{k1}X_{t-1} + \varphi_{k2}X_{t-2} + \cdots + \varphi_{kk}X_{t-k} + a_t.$$

用 X_{t-k} 乘上式两边,当给定 $X_{t-1}=x_{t-1},\cdots,X_{t-k+1}=x_{t-k+1}$ 时,取条件期望得

$$\begin{aligned}
E[X_t X_{t-k}] =& \varphi_{k1}x_{t-1}E[X_{t-k}] + \cdots + \varphi_{k,k-1}x_{t-k+1}E[X_{t-k}] \\
& + \varphi_{kk}E[X_{t-k}^2] + E[a_t X_{t-k}].
\end{aligned}$$

因为 $k>0$ 时,$E[a_t X_{t-k}]=0$,且有

$$E[X_t X_{t-k}] = \varphi_{kk}D[X_{t-k}] = \varphi_{kk}\sigma_X^2,$$

故

$$\varphi_{kk} = \frac{E[X_t X_{t-k}]}{\sigma_X^2}, \quad k=1,2,\cdots. \tag{8.25}$$

根据(8.24)式,显然 φ_{kk} 即为 AR(p) 序列的偏相关函数,同时它又是 AR(k) 模型的最后一个自回归系数 φ_k.

为了探讨 AR(p) 序列的偏相关函数的特性,考虑 $X_{t-1},\cdots,X_{t-k}$ 对 X_t 的最小方差估计,即要求确定 $\varphi_{k1},\cdots,\varphi_{kk}$,使

$$Q = E\Big[X_t - \sum_{j=1}^{k}\varphi_{kj}X_{t-j}\Big]^2 = \min. \tag{8.26}$$

根据 AR(p) 模型定义,有

$$\begin{aligned}
Q =& E\Big[\Big(\sum_{j=1}^{p}\varphi_j X_{t-j} + a_t - \sum_{j=1}^{k}\varphi_{kj}X_{t-j}\Big)^2\Big] \\
=& E\Big[\Big(a_t + \sum_{j=1}^{p}(\varphi_j - \varphi_{kj})X_{t-j} - \sum_{j=p+1}^{k}\varphi_{kj}X_{t-j}\Big)^2\Big] \\
=& E[a_t^2] + 2E\Big[a_t\Big(\sum_{j=1}^{p}(\varphi_j - \varphi_{kj})X_{t-j} - \sum_{j=p+1}^{k}\varphi_{kj}X_{t-j}\Big)\Big] \\
& + E\Big[\Big(\sum_{j=1}^{p}(\varphi_j - \varphi_{kj})X_{t-j} - \sum_{j=p+1}^{k}\varphi_{kj}X_{t-j}\Big)^2\Big].
\end{aligned}$$

因为 $E[a_t X_{t-j}]=0\ (j>0)$,故

$$Q = \sigma_a^2 + E\Big[\Big(\sum_{j=1}^{p}(\varphi_j - \varphi_{kj})X_{t-j} - \sum_{j=p+1}^{k}\varphi_{kj}X_{t-j}\Big)^2\Big].$$

显然,要使 $Q=\min$,应取

$$\varphi_{kj} = \begin{cases} \varphi_j, & 1\leqslant j\leqslant p, \\ 0, & p+1\leqslant j\leqslant k. \end{cases}$$

这说明 AR(p) 序列有 $\varphi_{kj} = \varphi_j (j = 1, 2, \cdots, p)$，且由 (8.25) 式，$\varphi_{pp} = \varphi_p$ 即为偏相关函数. 当 $k > p$ 时，有 $\varphi_{kk} = 0$. 换句话说，AR(p) 序列的偏相关函数为 $\varphi_{11}, \varphi_{22}, \cdots, \varphi_{pp}$, $0, \cdots, 0$，即偏相关函数在 k 步截尾，其截尾的 k 值就是模型的阶数. 这是 AR(p) 序列具有的本质特性.

(2) ARMA(p, q) 序列和 MA(q) 序列的偏相关函数.

类似 (1) 的讨论，考虑用 $X_{t-1}, \cdots, X_{t-k}$ 对 X_t 作最小方差估计来求 ARMA(p, q) 序列 (把 MA(q) 看作 $p = 0$ 的特例) $\{X_t\}$ 的偏相关函数 φ_{kk}，同时推出偏相关函数与自相关函数的关系.

为了使 $Q = \min$，$\varphi_{k1}, \cdots, \varphi_{kk}$ 应满足方程组

$$\frac{\partial Q}{\partial \varphi_{kj}} = 0, \quad j = 1, 2, \cdots, k.$$

由

$$Q = E\left[\left(X_t - \sum_{j=1}^{k} \varphi_{kj} X_{t-j}\right)^2\right]$$

$$= E[X_t^2] - 2\sum_{j=1}^{k} \varphi_{kj} E[X_t X_{t-j}] + \sum_{j=1}^{k}\sum_{i=1}^{k} \varphi_{kj} \varphi_{ki} E[X_{t-j} X_{t-i}]$$

$$= \gamma_0 - 2\sum_{j=1}^{k} \varphi_{kj} \gamma_j + \sum_{j=1}^{k}\sum_{i=1}^{k} \varphi_{kj} \varphi_{ki} \gamma_{j-i},$$

于是

$$\frac{\partial Q}{\partial \varphi_{kj}} = -\gamma_j + \sum_{i=1}^{k} \varphi_{ki} \gamma_{j-i} = 0, \quad j = 1, 2, \cdots, k,$$

等价于

$$-\rho_j + \sum_{i=1}^{k} \varphi_{ki} \rho_{j-i} = 0, \quad j = 1, 2, \cdots, k$$

或

$$\begin{cases} \rho_1 = \varphi_{k1}\rho_0 + \varphi_{k2}\rho_1 + \cdots + \varphi_{kk}\rho_{k-1}, \\ \rho_2 = \varphi_{k1}\rho_1 + \varphi_{k2}\rho_0 + \cdots + \varphi_{kk}\rho_{k-2}, \\ \quad\vdots \\ \rho_k = \varphi_{k1}\rho_{k-1} + \varphi_{k2}\rho_{k-2} + \cdots + \varphi_{kk}\rho_0. \end{cases} \tag{8.27}$$

写成矩阵式为

$$\begin{pmatrix} 1 & \rho_1 & \cdots & \rho_{k-1} \\ \rho_1 & 1 & \cdots & \rho_{k-2} \\ \vdots & \vdots & & \vdots \\ \rho_{k-1} & \rho_{k-2} & \cdots & 1 \end{pmatrix} \begin{pmatrix} \varphi_{k1} \\ \varphi_{k2} \\ \vdots \\ \varphi_{kk} \end{pmatrix} = \begin{pmatrix} \rho_1 \\ \rho_2 \\ \vdots \\ \rho_k \end{pmatrix}. \tag{8.28}$$

(8.27) 式说明，由自相关函数的值可以求出偏相关函数 φ_{kk}. 系数 $\varphi_{kj} (j = 1, 2, \cdots, k)$ 可以由 (8.28) 式直接求解. 现在给出求解 φ_{kj} 的常用递推式：

$$\begin{cases} \varphi_{11} = \rho_1, \\ \varphi_{k+1,k+1} = \left(\rho_{k+1} - \sum_{j=1}^{k} \rho_{k+1-j} \varphi_{kj}\right)\left(1 - \sum_{j=1}^{k} \rho_j \varphi_{kj}\right)^{-1}, \\ \varphi_{k+1,j} = \varphi_{kj} - \varphi_{k+1,k+1} \varphi_{k,k+1-j}, j = 1, 2, \cdots, k. \end{cases} \tag{8.29}$$

事实上,用 $k+1$ 代(8.28)式的 k 得

$$\begin{pmatrix} 1 & \rho_1 & \cdots & \rho_{k-1} & \rho_k \\ \rho_1 & 1 & \cdots & \rho_{k-2} & \rho_{k-1} \\ \vdots & \vdots & & \vdots & \vdots \\ \rho_k & \rho_{k-1} & \cdots & \rho_1 & 1 \end{pmatrix} \begin{pmatrix} \varphi_{k+1,1} \\ \varphi_{k+1,2} \\ \vdots \\ \varphi_{k+1,k+1} \end{pmatrix} = \begin{pmatrix} \rho_1 \\ \rho_2 \\ \vdots \\ \rho_{k+1} \end{pmatrix}.$$

取前 k 个方程得

$$\begin{pmatrix} 1 & \rho_1 & \cdots & \rho_{k-1} \\ \rho_1 & 1 & \cdots & \rho_{k-2} \\ \vdots & \vdots & & \vdots \\ \rho_{k-1} & \rho_{k-2} & \cdots & 1 \end{pmatrix} \begin{pmatrix} \varphi_{k+1,1} \\ \varphi_{k+1,2} \\ \vdots \\ \varphi_{k+1,k} \end{pmatrix} = \begin{pmatrix} \rho_1 \\ \rho_2 \\ \vdots \\ \rho_k \end{pmatrix} - \varphi_{k+1,k+1} \begin{pmatrix} \rho_k \\ \rho_{k-1} \\ \vdots \\ \rho_1 \end{pmatrix}.$$

即

$$\begin{pmatrix} \varphi_{k+1,1} \\ \varphi_{k+1,2} \\ \vdots \\ \varphi_{k+1,k} \end{pmatrix} = \begin{pmatrix} 1 & \rho_1 & \cdots & \rho_{k-1} \\ \rho_1 & 1 & \cdots & \rho_{k-2} \\ \vdots & \vdots & & \vdots \\ \rho_{k-1} & \rho_{k-2} & \cdots & 1 \end{pmatrix}^{-1} \begin{pmatrix} \rho_1 \\ \rho_2 \\ \vdots \\ \rho_{k+1} \end{pmatrix} - \varphi_{k+1,k+1} \begin{pmatrix} 1 & \rho_1 & \cdots & \rho_{k-1} \\ \rho_1 & 1 & \cdots & \rho_{k-2} \\ \vdots & \vdots & & \vdots \\ \rho_{k-1} & \rho_{k-2} & \cdots & 1 \end{pmatrix}^{-1} \begin{pmatrix} \rho_k \\ \rho_{k-1} \\ \vdots \\ \rho_1 \end{pmatrix}$$

$$= \begin{pmatrix} \varphi_{k1} \\ \varphi_{k2} \\ \vdots \\ \varphi_{kk} \end{pmatrix} - \varphi_{k+1,k+1} \begin{pmatrix} \varphi_{kk} \\ \varphi_{k,k-1} \\ \vdots \\ \varphi_{k1} \end{pmatrix},$$

于是得

$$\varphi_{k+1,j} = \varphi_{kj} - \varphi_{k+1,k+1}\varphi_{k,k+1-j}, \quad j = 1,2,\cdots,k.$$

又由(8.27)式有

$$\rho_{k+1} = \sum_{j=1}^{k+1} \varphi_{k+1,j}\rho_{k+1-j} = \varphi_{k+1,k+1} + \sum_{j=1}^{k} \varphi_{k+1,j}\rho_{k+1-j}$$

$$= \varphi_{k+1,k+1} + \sum_{j=1}^{k}(\varphi_{kj} - \varphi_{k+1,k+1}\varphi_{k,k+1-j})\rho_{k+1-j}$$

$$= \varphi_{k+1,k+1} + \sum_{j=1}^{k}\varphi_{kj}\rho_{k+1-j} - \varphi_{k+1,k+1}\sum_{j=1}^{k}\varphi_{k,k+1-j}\rho_{k+1-j}$$

$$= \varphi_{k+1,k+1}\left(1 - \sum_{l=1}^{k}\varphi_{kl}\rho_l\right) + \sum_{j=1}^{k}\varphi_{kj}\rho_{k+1-j},$$

故

$$\varphi_{k+1,k+1} = \left(\rho_{k+1} - \sum_{j=1}^{k}\rho_{k+1-j}\varphi_{kj}\right)\left(1 - \sum_{j=1}^{k}\rho_j\varphi_{kj}\right)^{-1}.$$

例 8.6 求下列模型的偏相关函数:

(1) $X_t + 0.5X_{t-1} - 0.4X_{t-2} = a_t$;

(2) $X_t - 0.5X_{t-1} = a_t - 0.3a_{t-1}$.

解 (1) 因为是 AR(2)模型,例 8.3 中已求得自相关函数为

$$\rho_0 = 1, \quad \rho_1 = \frac{\varphi_1}{1 - \varphi_2}, \quad \rho_k = \varphi_1 \rho_{k-1} + \varphi_2 \rho_{k-2}, \quad k \geqslant 2,$$

其中 $\varphi_1 = -0.5, \varphi_2 = 0.4$，由(8.29)式得 $\varphi_{11} = \rho_1 = -0.833$，令(8.29)式的 $k = 1$，得

$$\varphi_{22} = (\rho_2 - \rho_1 \varphi_{11})(1 - \rho_1 \varphi_{11})^{-1} = 0.4, \quad \varphi_{kk} = 0, \quad k \geqslant 2.$$

(2) 因为是 ARMA(1,1)模型，例8.4 已推出自相关函数为

$$\rho_k = \frac{(1 - \varphi_1 \theta_1)(\varphi_1 - \theta_1)}{1 + \theta_1^2 - 2\varphi_1 \theta_1} \varphi_1^{k-1}, \quad k \geqslant 1,$$

其中 $\varphi_1 = 0.5, \theta_1 = 0.3$，代入上式得

$$\rho_k = 0.215 \cdot (0.5)^{k-1}, \quad k \geqslant 1.$$

由(8.29)式得 $\varphi_{11} = \rho_1 = 0.215$，令(8.29) 式中 $k = 1$，得 $\varphi_{22} = (\rho_2 - \rho_1 \varphi_{11})(1 - \rho_1 \varphi_{11})^{-1} = 0.113, \varphi_{21} = \varphi_{11} - \varphi_{22} \varphi_{11} = 0.191$，再令(8.29) 式中 $k = 2$，并代入 $\rho_2 = 0.108, \rho_3 = 0.054$ 得

$$\varphi_{31} = \varphi_{21} - \varphi_{33} \varphi_{22} = 0.19,$$

$$\varphi_{32} = \varphi_{22} - \varphi_{33} \varphi_{21} = 0.111.$$

再令 $k = 3$，求 $\varphi_{44}, \varphi_{41}, \varphi_{42}, \varphi_{43}, \cdots$，依次递推可求出各个偏相关函数值.

例中(2) 的求解过程即为具体的递推程序.

对于 ARMA(p, q) 模型，$\varphi(B) X_t = \theta(B) a_t$，由(8.19)式的逆转形式

$$a_t = I(B) X_t = \sum_{i=0}^{\infty} (-I_i) B^i X_t, \quad I_0 = -1,$$

说明有限阶的 ARMA(p, q)序列或 MA(q)序列可以转化为无限阶的 AR(p)序列. 因此，它们的偏相关函数将是拖尾的.

以上对平稳时间序列的特性进行了理论的分析，上述结果对初步识别平稳时间序列的类型提供了依据，我们将这些结果列于表 8-1.

表 8-1

类　　别	模　　　型		
	AR(p)	MA(q)	ARMA(p, q)
模型方程	$\varphi(B) X_t = a_t$	$X_t = \theta(B) a_t$	$\varphi(B) X_t = \theta(B) a_t$
平稳条件	$\varphi(B) = 0$ 的根全在单位圆外	无条件平稳	$\varphi(B) = 0$ 的根全在单位圆外
自相关函数	拖　尾	截　尾	拖　尾
偏相关函数	截　尾	拖　尾	拖　尾

8.3　模型阶数的确定

上节讨论了模型的识别,是根据理论自相关函数或偏相关函数是否截尾来判断的.但是,在实际中人们所获得的观测数据只是一个有限长度 N 的样本值 $x_1, x_2, \cdots, x_N$.由它们算出的样本自相关函数 $\hat{\rho}_k$ 和样本偏相关函数 $\hat{\varphi}_{kk}$ 只是 ρ_k 和 φ_{kk} 的估计值.由于样本的随机性,其估计总可能有误差.故对于 AR(p) 序列,当 $k > p$ 时,$\hat{\varphi}_{kk}$ 可能不会全为零,而是在零附近波动.同理,对于 MA(q) 序列,当 $k > q$ 时,$\hat{\rho}_k$ 也可能不会全为零.本节讨论的问题,就是如何用样本自相关函数和样本偏相关函数来推断模型的阶.

8.3.1　样本自相关函数和样本偏相关函数

设有零均值平稳时间序列 $\{X_t\}$ 的一段样本观测值 $x_1, x_2, \cdots, x_N$,样本协方差函数定义为

$$\gamma_k^* = \gamma_{-k}^* = \frac{1}{N-k} \sum_{i=1}^{N-k} x_i x_{i+k}, \quad k = 0, 1, \cdots, N-1.$$

易知,γ_k^* 是 γ_k 的无偏估计,但不一定是非负定的,故常用如下估计式代替 γ_k^*:

$$\hat{\gamma}_k = \frac{1}{N} \sum_{i=1}^{N-k} x_i x_{i+k}, \quad k = 0, 1, \cdots, N-1. \tag{8.30}$$

同理样本自相关函数定义为

$$\hat{\rho}_k = \frac{\hat{\gamma}_k}{\hat{\gamma}_0}, \quad k = 0, 1, \cdots, N-1 \tag{8.31}$$

(8.30)式是 γ_k 的有偏估计,但 $\{\hat{\gamma}_k\}$ 是非负定的.事实上,设当 $t > N$ 或 $t \leqslant 0$ 时,$x_t = 0$,对于任意的 m 个实数 $\lambda_1, \lambda_2, \cdots, \lambda_m$,有

$$\sum_{i=1}^{m} \sum_{j=1}^{m} \lambda_i \lambda_j \hat{\gamma}_{j-i} = \frac{1}{N} \sum_{i=1}^{m} \sum_{j=1}^{m} \lambda_i \lambda_j \sum_{t=1}^{N-|j-i|} x_t x_{t+|j-i|}$$

$$= \frac{1}{N} \sum_{i=1}^{m} \sum_{j=1}^{m} \lambda_i \lambda_j \sum_{t=-\infty}^{\infty} x_t x_{t+|j-i|} = \frac{1}{N} \sum_{i=1}^{m} \sum_{j=1}^{m} \lambda_i \lambda_j \sum_{t=-\infty}^{\infty} x_t x_{t+j-i}$$

$$= \frac{1}{N} \sum_{i=1}^{m} \sum_{j=1}^{m} \lambda_i \lambda_j \sum_{t=-\infty}^{\infty} x_{t+i} x_{t+j} = \frac{1}{N} \sum_{t=-\infty}^{\infty} \left(\sum_{i=1}^{m} \lambda_i x_{t+i} \right)^2 \geqslant 0.$$

实际问题中,N 一般取得较大(不少于 50),故(8.30)式看作是渐近无偏的.由于(8.30)式的估计误差随 k 增大而增大,一般取 $k < N/4$(常取 $k = N/10$ 左右).

由(8.31)式计算得 $\hat{\rho}_k$ 后,代入(8.29)式即得 $\hat{\varphi}_{kk}$ 的值.

8.3.2　$\hat{\rho}_k$ 和 $\hat{\varphi}_{kk}$ 的渐近分布及模型的阶

下面不加证明地给出 $\{\hat{\rho}_k\}$ 和 $\{\hat{\varphi}_{kk}\}$ 的渐近分布.

（1）设$\{X_t\}$是正态的零均值平稳 MA(q)序列,则对于充分大的 N,$\hat{\rho}_k$ 的分布渐近于正态分布 $N\left(0,\dfrac{1}{N}\left(1+2\sum\limits_{i=1}^{q}\hat{\rho}_i^2\right)\right)$. 由正态分布的性质知,

$$P\left\{|\hat{\rho}_k|\leqslant\frac{1}{\sqrt{N}}\left(1+2\sum_{i=1}^{q}\hat{\rho}_i^2\right)^{\frac{1}{2}}\right\}\approx 68.3\%,$$

或
$$P\left\{|\hat{\rho}_k|\leqslant\frac{2}{\sqrt{N}}\left(1+2\sum_{i=1}^{q}\hat{\rho}_i^2\right)^{\frac{1}{2}}\right\}\approx 95.5\%.$$

在实际应用中,因为 q 一般不很大,而 N 很大,此时常取

$$\frac{1}{N}\left(1+2\sum_{i=1}^{q}\hat{\rho}_i^2\right)\approx\frac{1}{N},$$

即认为 $\hat{\rho}_k$ 的分布渐近于正态分布 $N(0,(1/\sqrt{N})^2)$,于是有

$$P\left\{|\hat{\rho}_k|\leqslant\frac{1}{\sqrt{N}}\right\}\approx 68.3\%,$$

或
$$P\left\{|\hat{\rho}_k|\leqslant\frac{2}{\sqrt{N}}\right\}\approx 95.5\%.$$

从而,$\hat{\rho}_k$ 的截尾性判断如下:首先计算 $\hat{\rho}_1,\hat{\rho}_2,\cdots,\hat{\rho}_M$(取 $M\approx N/10$),因为 q 值未知,故令 q 取值从小到大,分别检验 $\hat{\rho}_{q+1},\hat{\rho}_{q+2},\cdots,\hat{\rho}_M$ 满足

$$|\hat{\rho}_k|\leqslant\frac{1}{\sqrt{N}}\quad\text{或}\quad|\hat{\rho}_k|\leqslant\frac{2}{\sqrt{N}}$$

的比例是否占总个数 M 的 68.3% 或 95.5%. 第一个满足上述条件的 q 就是 $\hat{\rho}_k$ 的截尾处,即 MA(q)模型的阶数.

（2）设$\{X_t\}$是正态的零均值的平稳 AR(p)序列,则对于充分大的 N,$\hat{\varphi}_{kk}$ 的分布也渐近于正态分布 $N(0,(1/\sqrt{N})^2)$. 所以,可类似于（1）的步骤对 $\hat{\varphi}_{kk}$ 的截尾性进行判断.

（3）若$\{\hat{\rho}_k\}$和$\{\hat{\varphi}_{kk}\}$均不截尾,但收敛于零的速度较快,则$\{X_t\}$可能是 ARMA(p, q)序列. 此时阶数 p 和 q 较难于确定,一般采用由低阶到高阶逐个试探,如取(p,q)为(1,1),(1,2),(2,1),$\cdots$直到经检验认为模型合适为止.

例 8.7 设从观测样本大小 $N=150$ 的时间序列数据计算得样本自相关函数值和偏相关函数值如表 8-2.

表 8-2

k	1	2	3	4	5	6	7	8
$\hat{\rho}_k$	0.80	0.59	0.42	0.32	0.25	0.17	0.10	0.05
$\hat{\varphi}_{kk}$	0.80	-0.15	0	0.08	-0.03	-0.06	-0.02	0.02
k	9	10	11	12	13	14	15	16
$\hat{\rho}_k$	0.03	0.03	0.03	0	-0.05	-0.07	-0.08	-0.04
$\hat{\varphi}_{kk}$	0	0.04	-0.02	-0.09	-0.04	0.01	0	0.09

因为 $2/N=0.163$，从表中数据看出 $\hat{\rho}_k$ 随 k 增大趋于零，但不能认为是截尾的. 而 $\hat{\varphi}_{kk}$ 有截尾性，从 $k=2$ 起它取值的绝对值都小于 0.16，故初步识别该序列属于 AR(1) 模型. 由于 $|\hat{\varphi}_{22}|=0.15$ 很接近于 0.16，故也可以考虑它是 AR(2) 模型.

从例中看出模型的识别有一定的灵活性，同一序列可以考虑不同的模型拟合. 但是，在样本大小 N 一定时，模型的阶数尽可定低，因阶数越高，各种参数估计精度会降低. 在实际应用中，应根据实际效果的好坏进行考核模型是否可以接受. 当然，在理论上也可以探讨较精确的识别模型方法，或对模型进行理论考核的方法. 下面将进一步讨论.

8.3.3 模型定阶的 AIC 准则

现在给出赤池提出的 AIC 准则定义：

$$\mathrm{AIC}(k) = \ln \hat{\sigma}_a^2 + 2k/N, \quad k=0,1,\cdots,L,$$

其中 $\hat{\sigma}_a^2 = \hat{\gamma}_0 - \sum_{j=1}^{k} \hat{\varphi}_j \hat{\gamma}_j$，$N$ 为样本大小，L 为预先给定的最高阶数.

若 $\mathrm{AIC}(p) = \min_{0 \leqslant k \leqslant L} \mathrm{AIC}(k)$，则定 AR 模型的阶数为 p.

同理，对于 ARMA 序列的 AIC 准则，定义为

$$\mathrm{AIC}(n,m) = \ln \hat{\sigma}_a^2 + 2(n+m+1)/N.$$

若 $\mathrm{AIC}(p,q) = \min_{0 \leqslant n,m \leqslant L} \mathrm{AIC}(n,m)$，则定 ARMA 模型的阶数为 (p,q). 其中 $\hat{\sigma}_a^2$ 是相应的 ARMA 序列的 σ_a^2 的极大似然估计值.

8.4 模型参数的估计

当选定模型及确定阶数后，进一步的问题是要估计出模型的未知参数. 参数估计方法有矩法、最小二乘法及极大似然法等. 这里仅介绍矩法. 它虽然较粗糙，但较简单，且在有些情况下，矩法与其他较精估计很接近.

8.4.1 AR(p) 模型的参数估计

设 $\{X_t\}$ 的拟合模型为

$$X_t = \varphi_1 X_{t-1} + \cdots + \varphi_p X_{t-p} + a_t.$$

此时要估计的参数为 $\varphi_1, \varphi_2, \cdots, \varphi_p$ 和 σ_a^2. 利用 (8.15) 式和 (8.16) 式，将各参数换成它们的估计，可得

$$\begin{pmatrix} \hat{\varphi}_1 \\ \hat{\varphi}_2 \\ \vdots \\ \hat{\varphi}_p \end{pmatrix} = \begin{pmatrix} 1 & \hat{\rho}_1 & \cdots & \hat{\rho}_{p-1} \\ \hat{\rho}_1 & 1 & \cdots & \hat{\rho}_{p-2} \\ \vdots & \vdots & & \vdots \\ \hat{\rho}_{p-1} & \hat{\rho}_{p-2} & \cdots & 1 \end{pmatrix}^{-1} \begin{pmatrix} \hat{\rho}_1 \\ \hat{\rho}_2 \\ \vdots \\ \hat{\rho}_p \end{pmatrix}. \tag{8.32}$$

$$\sigma_a^2 = \hat{\gamma}_0 - \sum_{j=1}^{p} \hat{\varphi}_j \hat{\gamma} = \hat{\gamma}_0 \left(1 - \sum_{j=1}^{p} \hat{\varphi}_j \hat{\rho}_j\right). \tag{8.33}$$

(8.32)式和(8.33)式是 AR(p)模型全部参数的估计公式.

8.4.2 MA(q)模型的参数估计

设$\{X_t\}$的拟合模型为

$$X_t = a_t - \theta_1 a_{t-1} - \cdots - \theta_q a_{t-q}.$$

此时要估计的参数为 $\theta_1, \theta_2, \cdots, \theta_q$ 和 σ_a^2. 利用(8.10)式,将各参数换成估计,得

$$\hat{\gamma}_k = \begin{cases} \hat{\sigma}_a^2 (1 + \hat{\theta}_1^2 + \cdots + \hat{\theta}_q^2), & k = 0, \\ \hat{\sigma}_a^2 (-\hat{\theta}_k + \hat{\theta}_{k+1}\hat{\theta}_1 + \cdots + \hat{\theta}_q \hat{\theta}_{q-k}), & 1 \leqslant k \leqslant q. \end{cases} \tag{8.34}$$

上式是参数的非线性方程组,可以直接求解,也可以用其他方法求解. 下面介绍用迭代法求解的步骤. 首先将(8.34)式写成

$$\begin{cases} \hat{\sigma}_a^2 = \hat{\gamma}_0 (1 + \hat{\theta}_1^2 + \cdots + \hat{\theta}_q^2)^{-1}, \\ \hat{\theta}_1 = -\hat{\gamma}_1/\hat{\sigma}_a^2 + \hat{\theta}_1 \hat{\theta}_2 + \cdots + \hat{\theta}_{q-1}\hat{\theta}_q, \\ \hat{\theta}_2 = -\hat{\gamma}_2/\hat{\sigma}_a^2 + \hat{\theta}_1 \hat{\theta}_3 + \cdots + \hat{\theta}_{q-2}\hat{\theta}_q, \\ \hat{\theta}_{q-1} = -\hat{\gamma}_{q-1}/\hat{\sigma}_a^2 + \hat{\theta}_1 \hat{\theta}_q, \\ \hat{\theta}_q = -\hat{\gamma}_q/\hat{\sigma}_a^2. \end{cases} \tag{8.35}$$

然后,选取一组初始值,如 $\hat{\theta}_1(0) = \cdots = \hat{\theta}_q(0) = 0, \hat{\sigma}_a^2(0) = \hat{\gamma}_0$ (或 $\hat{\sigma}_a^2(0) = \hat{\gamma}_0/2$),代入(8.35)式右边,可得一步迭代值

$$\hat{\sigma}_a^2(1) = \hat{\gamma}_0, \quad \hat{\theta}_k(1) = -\hat{\rho}_k, \quad k = 1, 2, \cdots, q.$$

再将它们代入(8.35)式,可得二步迭代值

$$\begin{cases} \hat{\sigma}_a^2(2) = \hat{\gamma}_0 / \left(1 + \sum_{k=1}^{q} \hat{\rho}_k^2\right), \\ \hat{\theta}_1(2) = -\hat{\rho}_1 + \hat{\rho}_1 \hat{\rho}_2 + \cdots + \hat{\rho}_{q-1}\hat{\rho}_q, \\ \hat{\theta}_2(2) = -\hat{\rho}_2 + \hat{\rho}_1 \hat{\rho}_3 + \cdots + \hat{\rho}_{q-2}\hat{\rho}_q, \\ \hat{\theta}_{q-1}(2) = -\hat{\rho}_{q-1} + \hat{\rho}_1 \hat{\rho}_q, \\ \hat{\theta}_q(2) = -\hat{\rho}_q. \end{cases}$$

如此重复迭代,直至 $\hat{\sigma}_a^2(m)$ 与 $\hat{\sigma}_a^2(m-1)$, $\hat{\theta}(m)$ 与 $\hat{\theta}_{k-1}(m-1)$ 变化不大,达到精度要求为止. 此时参数的估计值为 $\hat{\sigma}_a^2 = \hat{\sigma}_a^2(m), \hat{\theta}_k = \hat{\theta}_k(m), k = 1, 2, \cdots, q.$

8.4.3 ARMA(p, q)模型的参数估计

设 $\{X_t\}$ 的拟合模型为

$$X_t - \varphi_1 X_{t-1} - \cdots - \varphi_p X_{t-p} = a_t - \theta_1 a_{t-1} - \cdots - \theta_q a_{t-q}.$$

此时要估计的参数为 $\varphi_1, \cdots, \varphi_p, \theta_1, \cdots, \theta_q, \sigma_a^2$. 它们按下列步骤进行估计.

第一步,先求 AR 部分的参数估计值 $\hat{\varphi}_k$.

利用(8.23)式,将参数换成它们的估计,得

$$
\begin{pmatrix} \hat{\varphi}_1 \\ \hat{\varphi}_2 \\ \vdots \\ \hat{\varphi}_p \end{pmatrix} = \begin{pmatrix} \hat{\rho}_p & \hat{\rho}_{q-1} & \cdots & \hat{\rho}_{q-p+1} \\ \hat{\rho}_{q+1} & \hat{\rho}_q & \cdots & \hat{\rho}_{q-p+2} \\ \vdots & \vdots & & \vdots \\ \hat{\rho}_{q+p-1} & \hat{\rho}_{q+p-2} & \cdots & \hat{\rho}_q \end{pmatrix}^{-1} \begin{pmatrix} \hat{\rho}_{q+1} \\ \hat{\rho}_{q+2} \\ \vdots \\ \hat{\rho}_{q+p} \end{pmatrix}.
$$

这里由于未考虑 MA 部分的作用,故所得的 $\hat{\varphi}_k$ 是近似值.

第二步,令 $Y_t = X_t - \hat{\varphi}_1 X_{t-1} - \cdots - \hat{\varphi}_p X_{t-p}$,得 Y_t 的协方差函数为

$$
\gamma_k(Y) = E[Y_t Y_{t+k}] = \sum_{i=0}^{p} \sum_{j=0}^{p} \hat{\varphi}_i \hat{\varphi}_j E[X_{t-i} X_{t-j-k}]
$$

$$
= \sum_{i=0}^{p} \sum_{j=0}^{p} \hat{\varphi}_i \hat{\varphi}_j \gamma_{k+j-i}, \quad \hat{\varphi}_0 = -1.
$$

用 X_t 的协方差估计 $\hat{\gamma}_k$ 代替 γ_k,得 $\hat{\gamma}_k(Y)$ 的表达式

$$
\hat{\gamma}_k(Y) = \sum_{i=0}^{p} \sum_{j=0}^{p} \hat{\varphi}_i \hat{\varphi}_j \hat{\gamma}_{k+j-i}.
$$

第三步,把 $\{Y_t\}$ 近似看作 MA(q) 序列,即将 ARMA(p,q) 模型改写成

$$
Y_t \approx a_t - \theta_1 a_{t-1} - \cdots - \theta_q a_{t-q}.
$$

此时可用 MA(q) 模型参数估计法得 $\hat{\sigma}_a^2, \hat{\theta}_1, \cdots, \hat{\theta}_q$.

利用以上介绍的模型参数估计方法和公式,一般可以在计算机上进行各种参数估计.作为例题,对较低阶数模型,可以采用解方程的方法,直接求出参数估计的表达式.

例 8.8　求 AR(1)模型和 AR(2)模型的参数估计式.

解　利用(8.14)式和(8.16)式,对于 AR(1)模型,有

$$
\hat{\varphi}_1 = \hat{\rho}_1, \quad \hat{\sigma}_a^2 = \hat{\gamma}_0 - \hat{\varphi}_1 \hat{\gamma}_1 = \hat{\gamma}_0(1 - \hat{\varphi}_1 \hat{\rho}_1).
$$

对 AR(2)模型,有

$$
\hat{\rho}_1 = \hat{\varphi}_1 + \hat{\varphi}_2 \hat{\rho}_1, \quad \hat{\rho}_2 = \hat{\varphi}_1 \hat{\rho}_1 + \hat{\varphi}_2,
$$

解得

$$
\hat{\varphi}_1 = \hat{\rho}_1(1 - \hat{\rho}_2)/(1 - \hat{\rho}_1^2), \quad \hat{\varphi}_2 = (\hat{\rho}_2 - \hat{\rho}_1^2)/(1 - \hat{\rho}_1^2),
$$

$$
\hat{\sigma}_a^2 = \hat{\gamma}_0(1 - \hat{\varphi}_1 \hat{\rho}_1 - \hat{\varphi}_2 \hat{\rho}_2).
$$

例 8.9　求 MA(1)模型和 MA(2)模型的参数估计式.

解　利用(8.34)式,对于 MA(1)模型,有

$$
\hat{\gamma}_0 = \hat{\sigma}_a^2(1 + \hat{\theta}_1^2), \quad \hat{\gamma}_1 = \hat{\sigma}_a^2(-\hat{\theta}_1^2),
$$

于是

$$
\hat{\theta}_1 = -\frac{\hat{\gamma}_1}{\hat{\sigma}_a^2},
$$

代入第一式得

$$
(\hat{\sigma}_a^2)^2 - \hat{\gamma}_0 \hat{\sigma}_a^2 + \hat{\gamma}_1^2 = 0,
$$

解得

$$
\hat{\sigma}_a^2 = \hat{\gamma}_0 \frac{1 \pm \sqrt{1 - 4\hat{\rho}_1^2}}{2},
$$

将 $\hat{\sigma}_a^2$ 代入 $\hat{\theta}_1$ 式中,得

$$\hat{\theta}_1 = \frac{-2\hat{\rho}_1}{1 \pm \sqrt{1 - 4\,\hat{\rho}_1^2}},$$

注意到可逆性条件,应取 $|\hat{\theta}_1| < 1$. 因为

$$\frac{2\hat{\rho}_1}{1 + \sqrt{1 - 4\,\hat{\rho}_1^2}} \cdot \frac{2\hat{\rho}_1}{1 - \sqrt{1 - 4\,\hat{\rho}_1^2}} = 1,$$

$$\left| \frac{2\hat{\rho}_1}{1 + \sqrt{1 - 4\,\hat{\rho}_1^2}} \right| < 1,$$

故取

$$\hat{\theta}_1 = \frac{2\hat{\rho}_1}{1 + \sqrt{1 - 4\,\hat{\rho}_1^2}}, \quad \hat{\sigma}_a^2 = \hat{\gamma}_0 \frac{1 + \sqrt{1 - 4\,\hat{\rho}_1^2}}{2}.$$

对于 MA(2),可类似 MA(1)进行推导,但因较烦琐,这里只给出结果如下:

$$\hat{\theta}_2 = \frac{1}{2} - \frac{1}{4\hat{\rho}_2} - \frac{1}{2\hat{\rho}_2} \sqrt{\left(\hat{\rho}_2 + \frac{1}{2} \right)^2 - \hat{\rho}_1^2}$$

$$\pm \sqrt{\left(\frac{1}{2} - \frac{1}{4\hat{\rho}_2} - \frac{1}{2\hat{\rho}_2} \sqrt{\left(\hat{\rho}_2 + \frac{1}{2} \right)^2 - \hat{\rho}_1^2} \right)^2 - 1},$$

其中"$\pm$"号依 $\hat{\rho}_2 > 0$ 或 $\hat{\rho}_2 < 0$ 分别取"$-$"或"$+$".

$$\hat{\theta}_1 = \frac{\hat{\rho}_1 \hat{\theta}_2}{\hat{\rho}_1(1 - \hat{\theta}_2)}, \quad \hat{\sigma}_a^2 = -\hat{\gamma}_0 \frac{\hat{\rho}_2}{\hat{\theta}_2}.$$

8.5　模型的检验

　　由样本观测序列 $\{x_t, t = 1, 2, \cdots, N\}$,经过模型的识别、阶数的确定和参数估计,可以初步建立 $\{X_t\}$ 的模型. 这样建立的模型一般还需要进行统计检验,只有经检验确认模型基本上能反映 $\{X_t\}$ 的统计特性时,用它进行预测才能获得良好的效果. 模型的所谓自相关函数检验法,其基本思想是,如果模型是正确的,则模型的估计值与实际观测值所产生的残差序列 $a_t = x_t - \hat{x}_t (t = 1, 2, \cdots, N)$ 应是随机干扰产生的误差,即 $\{a_t\}$ 应是白噪声序列. 否则,模型不正确.

　　设 $x_1, x_2, \cdots, x_N$ 为观测序列,不妨设初步选定为 ARMA(p, q) 模型

$$a_t = X_t - \varphi_1 X_{t-1} - \cdots - \varphi_p X_{t-p} + \theta_1 a_{t-1} + \cdots + \theta_q a_{t-q},$$

代入参数估计值和观测值得

$$a_i = x_i - \hat{\varphi}_1 x_{i-1} - \cdots - \hat{\varphi}_p x_{i-p} + \hat{\theta}_1 a_{i-1} + \cdots + \hat{\theta}_q a_{i-q}, \quad i = 1, 2, \cdots, N. \quad (8.36)$$

若 $t = 0$ 作为开始时刻,则上式中对于 $i \leqslant p, i \leqslant q$ 的下标为零或负的项,其取值规定为零,由(8.36)式得

$$a_1 = x_1,$$

$$a_2 = x_2 - \hat{\varphi}_1 x_1 + \hat{\theta}_1 a_1 = x_2 - (\hat{\varphi}_1 - \hat{\theta}_1)x_1,$$

$$a_3 = x_3 - \hat{\varphi}_1 x_2 + \hat{\theta}_1 a_2$$

$$= x_3 - (\hat{\varphi}_1 - \hat{\theta}_1)x_2 - [(\hat{\varphi}_2 - \hat{\theta}_2) + \hat{\theta}_1(\hat{\varphi}_1 - \hat{\theta}_1)]x_1,$$

$$a_N = x_N - \hat{\varphi}_1 x_{N-1} + \hat{\theta}_1 a_{N-1}.$$

现在的问题是要检验假设 $H_0:\{a_t, t = 1, 2, \cdots, N\}$ 为白噪声序列.

由 $a_1, a_2, \cdots, a_N$ 计算序列的协方差函数和自相关函数估计值,记

$$\hat{\gamma}_k(a) = \frac{1}{N} \sum_{t=1}^{N-k} a_t a_{t+k}, \quad k = 0, 1, \cdots, M,$$

其中 M 取 $N/10$ 左右.

$$\hat{\rho}_k(a) = \frac{\hat{\gamma}_k(a)}{\hat{\gamma}_0(a)}, \quad k = 1, 2, \cdots, M.$$

可以证明,当 H_0 为真时,对于充分大的 N, $(\sqrt{N}\hat{\rho}_1(a), \sqrt{N}\hat{\rho}_2(a), \cdots, \sqrt{N}\hat{\rho}_M(a))$ 的联合分布渐近于 M 维独立标准正态分布 $N(0, I_M)$,于是,统计量

$$Q_M = N \sum_{i=1}^{M} \hat{\rho}_i^2(a)$$

是服从自由度为 M 的 χ^2-分布的. 由假设检验理论知,对于给定的显著性水平 α,查表得 $\chi_\alpha^2(M)$,若统计量得 $Q_M > \chi_\alpha^2(M)$,则在水平 α 上否定假设 H_0,即所选择的估计模型不合适,应重新选择较合适的模型,否则,就认为估计模型选择合适.

8.6　平稳时间序列预报

根据时间序列观测数据,建立了一个与实际问题相适应的模型后,就可以利用过去和现在的观测值,对该序列未来时刻的取值进行估计,即预报. 关于预报效果优劣的标准,下面采用的是在平稳线性最小方差意义下的预报.

8.6.1　最小方差预报

设 $\{X_t\}$ 是零均值平稳序列,并假定它是正态的. 令 $\hat{X}_t(l)$ 表示用时刻 t 及 t 之前的全部观测数据,即 $\{X_t, X_{t-1}, \cdots\}$ 的取值对未来 $t+l$ 时刻的 $X_{t+l}(l > 0)$ 的取值所作的预报.

现在的问题是,要找出一个如下形式的线性函数

$$\hat{X}_t(l) = c_0 X_t + c_1 X_{t-1} + c_2 X_{t-2} + \cdots$$

使预报的均方误差

$$E[(e_k(l))^2] = E[(X_{t+l} - \hat{X}_t(l))^2] = \min. \tag{8.37}$$

这样的 $\hat{X}_t(l)$ 称为 X_{t+l} 的**线性最小方差预报**.

由于 $\{X_t, X_{t-1}, \cdots\}$ 一般是相关的,故 $\hat{X}_t(l)$ 用它们的线性组合形式表示不便研究,为此先介绍几个定理.

对于零均值正态 ARMA(p,q)序列,利用其等价的传递形式和逆转形式,令

$$\mathscr{X}_k = \Big\{ X \mid X = \sum_{j=0}^{\infty} c_j X_{k-j}, c_j \text{ 实数}, \sum_{j=0}^{\infty} c_j^2 < \infty \Big\},$$

$$\mathscr{A}_k = \Big\{ a \mid a = \sum_{j=0}^{\infty} d_j a_{k-j}, d_j \text{ 实数}, \sum_{j=0}^{\infty} d_j^2 < \infty \Big\},$$

则 $\mathscr{X}_k = \mathscr{A}_k$. 事实上,对任何 $Y \in \mathscr{A}_k$,必存在实数 u_j, $\sum\limits_{j=0}^{\infty} u_j^2 < \infty$,使 $Y = \sum\limits_{j=0}^{\infty} u_j a_{k-j}$. 利用逆转形式(8.19)式,$a_{k-j}$ 均可表示成 X_k 的线性组合形式,故 $Y \in \mathscr{X}_k$;反之,对任何 $Y \in \mathscr{X}_k$,利用传递形式(8.18)式,X_{k-j} 均可表示成 a_k 的线性组合形式,故 $Y \in \mathscr{A}_k$.

对于正态平稳序列,满足(8.37)式的平稳线性最小方差预报 $\hat{X}_k(l)$ 就是 X_{k+l} 在给定 $\{X_k, X_{k-1}, \cdots\}$ 时的条件均值,且表示成

$$\hat{X}_k(l) = E[X_{k+l} \mid X_{k-j} = x_{k-j}, j = 0, 1, \cdots]$$
$$= E[X_{k+l} \mid \mathscr{X}_k] = E[X_{k+l} \mid \mathscr{A}_k], \tag{8.38}$$

最小方差预报具有下列性质:

(1) $E\Big[\sum\limits_{j=0}^{\infty} c_j X_{k-j} \mid \mathscr{X}_k \Big] = \sum\limits_{j=0}^{\infty} c_j E[X_{k-j} \mid \mathscr{X}_k]$; \hfill (8.39)

(2) $E[X_{k+l} \mid \mathscr{X}_k] = E[X_{k+l} \mid \mathscr{A}_k] = \begin{cases} \hat{X}_k(l), & l > 0, \\ X_{k+l}, & l \leqslant 0; \end{cases}$ \hfill (8.40)

(3) $E[a_{k+l} \mid \mathscr{A}_k] = E[a_{k+l} \mid \mathscr{X}_k] = \begin{cases} 0, & l > 0, \\ a_{k+l}, & l \leqslant 0. \end{cases}$ \hfill (8.41)

定理 8.5　设零均值 ARMA(p,q)序列 $\{X_t\}$ 具有传递形式 $X_t = \sum\limits_{j=0}^{\infty} G_j a_{t-j}$,其中 G_j 为格林函数,则

$$\hat{X}_k(l) = \sum_{j=0}^{\infty} G_{j+l} a_{k-j}, \tag{8.42}$$

$$D[e_k(l)] = \sigma_a^2 \sum_{j=0}^{l-1} G_j^2. \tag{8.43}$$

证　因为 $\hat{X}_k(l) \in \mathscr{A}_k$,故有

$$\hat{X}_k(l) = \sum_{j=0}^{\infty} d_j^* a_{k-j}, \tag{8.44}$$

$$D[e_k(l)] = E[(X_{k+l} - \hat{X}_k(l))^2] = E\Big[\Big(\sum_{j=0}^{\infty} G_j a_{k+l-j} - \sum_{j=0}^{\infty} d_j^* a_{k-j} \Big)^2 \Big]$$

$$= E\Big[\Big(\sum_{j=0}^{l-1} G_j a_{k+l-j} + \sum_{j=0}^{\infty} (G_{j+l} - d_j^*) a_{k-j} \Big)^2 \Big]$$

$$= \sum_{j=0}^{l-1} G_j^2 E[a_{k+l-j}]^2 + \sum_{j=0}^{\infty} (G_{j+l} - d_j^*)^2 E[a_{k-j}^2]$$

$$= \sigma_a^2 \Big[\sum_{j=0}^{l-1} G_j^2 + \sum_{j=0}^{\infty} (G_{j+l} - d_j^*)^2 \Big].$$

显然,当取 $G_{j+l} = d_j^*$ 时,有

$$D[e_k(l)] = \sigma_a^2 \sum_{j=0}^{l-1} G_j^2 \Rightarrow \min.$$

(8.43)式得证. 再代入(8.44)式即得(8.41)式. 证毕.

定理 8.5 和公式(8.41)给出了计算 l 步预测值的格林函数方法,格林函数 G_j 可由 ARMA(p,q)模型的参数递推计算.

当 $d_j^* = G_{j+l}$ 时,易知

$$e_k(l) = X_{k+l} - \hat{X}_k(l) = a_{k+l} + G_1 a_{k+l-1} + \cdots + G_{l-1} a_{k+1},$$

令 $l = 1$ 得

$$e_k(1) = X_{k+1} - \hat{X}_k(1) = a_{k+1}.$$

这说明 k 时刻的一步预报误差就是 a_{k+1},因此 $D[e_k(1)] = \sigma_a^2$.

在正态性假定下,X_{k+l} 对于给定 $\{X_k, X_{k-1}, \cdots\}$ 的条件分布为 $N(\hat{X}_k(l), D[e_k(l)])$,因此,$X_{k+l}$ 的 $1-a$ 置信区间为

$$[\hat{X}_k(l) - u_{a/2}(1 + G_1^2 + \cdots + G_{l-1}^2)^{1/2} \hat{\sigma}_a,$$
$$\hat{X}_k(l) + u_{a/2}(1 + G_1^2 + \cdots + G_{l-1}^2)^{1/2} \hat{\sigma}_a]. \tag{8.45}$$

定理 8.6　设 $\{X_t\}$ 是零均值 ARMA(p,q)序列,则有预报的差分方程

$$\hat{X}_k(l) = \varphi_1 \hat{X}_k(l-1) + \cdots + \varphi_p \hat{X}_k(l-p), \quad l > q. \tag{8.46}$$

证　因为

$$X_{k+l} = \varphi_1 X_{k+l-1} + \cdots + \varphi_p X_{k+l-p} + a_{k+l} - \theta_1 a_{k+l-1} - \cdots - \theta_q a_{k+l-q}.$$

当 $l > q$ 时,由(8.41)式可得

$$\begin{aligned}
\hat{X}_k(l) &= E[X_{k+l} \mid \mathscr{X}_k] \\
&= \varphi_1 E[X_{k+l-1} \mid \mathscr{X}_k] + \cdots + \varphi_p E[X_{k+l-p} \mid \mathscr{X}_k] \\
&= \varphi_1 \hat{X}_k(l-1) + \cdots + \varphi_p \hat{X}_k(l-p). \qquad 证毕.
\end{aligned}$$

定理表明,若 q 步以内的预报值 $\hat{X}_k(1), \cdots, \hat{X}_k(l)$ 已知,则超过 q 步的预报值可由(8.46)式推得.

特别,当 $\{X_t\}$ 是 MA(q)序列时,(8.46)式变为

$$\hat{X}_k(l) = 0, \quad l > q. \tag{8.47}$$

这表明,对于 MA(q)序列,超过 q 步的预报值为零.

定理 8.7　设 $\{X_t\}$ 是零均值 ARMA(p,q)序列,则有预报递推公式

$$\hat{X}_{k+1}(l) = \hat{X}_k(l+1) + G_l[X_{k+1} - \hat{X}_k(1)]. \tag{8.48}$$

证　由(8.42)式有

$$\hat{X}_{k+1}(l) = \sum_{j=0}^{\infty} G_{l+j} a_{k+1-j} = G_l a_{k+1} + \sum_{j=1}^{\infty} G_{l+j} a_{k+1-j}$$

$$= G_l[X_{k+1} - \hat{X}_k(1)] + \sum_{j=0}^{\infty} G_{l+j+1} a_{k-j}$$

$$= G_l[X_{k+1} - \hat{X}_k(1)] + \hat{X}_k(l+1). \qquad 证毕.$$

定理表明,基于 $k+1$ 时刻的 l 步预测值,可由该时刻的观测值与基于前一时刻 k 的 $l+1$ 步预报值递推而得.

8.6.2　各种模型的预报方法

(1) AR(p) 序列的预报.

由(8.46)式,令 $q=0$ 即得 AR(p) 序列的预报递推公式

$$\hat{X}_k(l) = \varphi_1 \hat{X}_k(l-1) + \cdots + \varphi_p \hat{X}_k(l-p), \quad l > 0. \tag{8.49}$$

对于 $l \leqslant 0$,显然有

$$\hat{X}_k(l) = X_{k+l}, \tag{8.50}$$

其中 $\varphi_i(i=1,2,\cdots,p)$ 是由样本序列确定的估计值.由(8.49)式和(8.50)式可得

$$\begin{cases} \hat{X}_k(1) = \varphi_1 X_k + \varphi_2 X_{k-1} + \cdots + \varphi_p X_{k-p+1}, \\ \hat{X}_k(2) = \varphi_1 \hat{X}_k(1) + \varphi_2 X_k + \cdots + \varphi_p X_{k-p+2}, \\ \hat{X}_k(p) = \varphi_1 \hat{X}_k(p-1) + \varphi_2 \hat{X}_k(p-2) + \cdots + \varphi_{p-1} \hat{X}_k(1) + \varphi_p X_k \\ \hat{X}_k(l) = \varphi_1 \hat{X}_k(l-1) + \varphi_2 \hat{X}_k(l-2) + \cdots + \varphi_p \hat{X}_k(l-p), \quad l > p. \end{cases} \tag{8.51}$$

从(8.51)式看出,对于 AR(p) 序列,其预报值 $\hat{X}_k(l)$ 计算只需用到 k 时刻前的 p 个观测数据 $X_k, X_{k-1}, \cdots, X_{k-p+1}$.预报精度随步数 l 增大而降低.

利用(8.45)式确定 AR(p) 序列的 X_{k+l} 的 $1-\alpha$ 置信区间时,其格林函数 $G_j(j=1,2,\cdots,l-1)$ 可用下列方法递推而得.

因为 AR(p)模型为

$$\varphi(B) X_t = \alpha_t,$$

传递形式为 $X_t = G(B) \alpha_t$,代入上式得

$$\varphi(B) G(B) \alpha_t = \alpha_t,$$

即　　　　$\varphi(B) G(B) = (1 - \varphi_1 B - \cdots - \varphi_p B^p)(1 + G_1 B + G_2 B^2 + \cdots) = 1.$

上式展开成 B 的级数,并比较系数可得

$$G_1 - \varphi_1 = 0, \quad G_2 - G_1 \varphi_1 - \varphi_2 = 0, \quad G_3 - G_2 \varphi_1 - G_1 \varphi_2 - \varphi_3 = 0, \quad \cdots$$

递推解上述方程组,可得

$$\begin{cases} G_1 = \varphi_1, \quad G_2 = \varphi_1^2 + \varphi_2, \quad G_3 = \varphi_1^3 + 2\varphi_1 \varphi_2 + \varphi_3, \\ G_4 = \varphi_1^4 + 3\varphi_1^2 \varphi_2 + 2\varphi_1 \varphi_3 + \varphi_2^2 + \varphi_4, \quad \cdots \end{cases} \tag{8.52}$$

例 8.10　求 AR(1)序列的预报式.

解　因 AR(1)模型为 $X_t - \varphi_1 X_{t-1} = a_t$,由(8.49)式得

$$\hat{X}_k(l) = \varphi_1 \hat{X}_k(l-1), \quad l > 0.$$

将初始值 $\hat{X}_k(0) = X_k$ 代入上式得

$$\hat{X}_k(1) = \varphi_1 X_k, \quad \hat{X}_k(2) = \varphi_1 \hat{X}_k(1) = \varphi_1^2 X_k, \quad \cdots$$

$$\hat{X}_k(l) = \varphi_1 \hat{X}_k(l-1) = \varphi_1^l X_k.$$

例 8.11 设有 AR(2)模型

$$X_t = 1.2X_{t-1} - 0.55X_{t-2} + a_t.$$

已知 $X_k = 7.61, X_{k-1} = 6.02, \hat{\sigma}_a^2 = 0.08^2$,试求前三步预报值及 X_{k+3} 的 95% 置信区间.

解 (1) 由(8.51)式可得

$$\hat{X}_k(1) = 1.2X_k - 0.55X_{k-1} = 1.2 \times 7.61 - 0.55 \times 6.02 = 5.821,$$

$$\hat{X}_k(2) = 1.2\hat{X}_k(1) - 0.55X_k = 2.7995,$$

$$\hat{X}_k(3) = 1.2\hat{X}_k(2) - 0.55\hat{X}_k(1) = 0.1579.$$

查表得 $u_{0.025} = 1.96$,故

$$\hat{X}_k(3) \pm u_{a/2}(1 + G_1^2 + G_2^2)^{\frac{1}{2}}\hat{\sigma}_a$$

$$= 0.158 \pm 1.96\sqrt{1 + 1.2^2 + 0.89^2} \times 0.08,$$

即 X_{k+3} 的 95% 置信区间为 $(0.124, 0.440)$.

(2) MA(q)序列的预报.

关于 MA(q)序列的预报. 这里简略介绍平稳预报的逆函数方法和预报向量递推方法.

类似于 ARMA(p,q)序列的逆转形式(8.19)式,MA(q)模型的逆转形式为

$$\alpha_t = X_t/\theta(B) = I(B)X_t,$$

$$X_t - \sum_{j=0}^{\infty}(I_j)B^j X_t = X_t - \sum_{j=0}^{\infty}I_j X_{t-j}, \tag{8.53}$$

其中 $I(B) = \theta^{-1}(B) = 1 - \sum_{j=0}^{\infty}I_jB^j, I_j$ 为逆函数.

利用 $X_t = \sum_{j=0}^{\infty}I_j X_{t-j} + \alpha_t$,并根据最小方差预报性质(8.39)式、(8.40)式、(8.41)式,可以推得

$$\hat{X}_k(l) = \sum_{j=1}^{l-1}I_j\hat{X}_k(l-j) + \sum_{j=l}^{\infty}I_j X_{k+l-j}. \tag{8.54}$$

由于 $\hat{X}_k(l-j)(j=1,2,\cdots,l-1)$ 也是 $X_{k-j}(j=0,1,\cdots)$ 的线性组合,故可令

$$\hat{X}_k(l) = \sum_{j=1}^{\infty}I_j^{(l)}X_{k+1-j}. \tag{8.55}$$

当 $l > q$ 时,由(8.47)式,有 $\hat{X}_k(l) = 0$,于是得预报公式

$$\hat{X}_k(l) = \begin{cases} \sum_{j=1}^{\infty}I_j^{(l)}X_{k+1-j}, & 1 \leqslant l \leqslant q, \\ 0, & l > q. \end{cases} \tag{8.56}$$

将(8.55)式代入(8.54)式,并比较系数可得

$$I_j^{(l)} = \begin{cases} I_j, & l = 1, \\ I_{j+l-1} + \sum_{i=1}^{l-1} I_i I_j^{(l-i)}, & 1 < l \leqslant q. \end{cases} \tag{8.57}$$

(8.56)式是一个无穷和,由于实际所能观测到的数据总是有限的,且规定 $X_0 = X_{-1} = \cdots = 0$. 故采用有限和代替得

$$\hat{X}_k(l) \approx \sum_{j=1}^{k} I_j^{(l)} X_{k+1-j}, \quad 1 \leqslant l \leqslant q, \tag{8.58}$$

其中 k 的大小可以根据精度要求适当选取.

在实际应用中,往往要求连续预报,且每获得一个新数据后,应立即用于对未来作预报,用上述方法会使计算量和存储量变得相当大. 下面介绍的预报向量递推法可以适当减少计算量和存储量.

由 MA(q) 模型 $X_t = \theta(B)a_t$ 及传递形式 $X_t = G(B)a_t$, 得 $G_t = -\theta_l(1 \leqslant l \leqslant q)$, 代入(8.48)式,得

$$\begin{cases} \hat{X}_{k+1}(1) = \theta_1 \hat{X}_k(1) + \hat{X}_k(2) - \theta_1 X_{k+1}, \\ \hat{X}_{k+1}(2) = \theta_2 \hat{X}_k(1) + \hat{X}_k(3) - \theta_2 X_{k+1}, \\ \hat{X}_{k+1}(q-1) = \theta_{q-1} \hat{X}_k(1) + \hat{X}_k(q) - \theta_{q-1} X_{k+1}, \\ \hat{X}_{k+1}(q) = \theta_q \hat{X}_k(1) - \theta_q \hat{X}_{k+1}, \end{cases} \tag{8.59}$$

于是得预报矩阵式

$$\begin{bmatrix} \hat{X}_{k+1}(1) \\ \hat{X}_{k+1}(2) \\ \vdots \\ \hat{X}_{k+1}(q-1) \\ \hat{X}_{k+1}(q) \end{bmatrix} = \begin{bmatrix} \theta_1 & 1 & 0 & \cdots & 0 \\ \theta_2 & 0 & 1 & \cdots & 0 \\ \vdots & \vdots & \vdots & & \vdots \\ \theta_{q-1} & 0 & 0 & \cdots & 1 \\ \theta_q & 0 & 0 & \cdots & 0 \end{bmatrix} \begin{bmatrix} \hat{X}_k(1) \\ \hat{X}_k(2) \\ \vdots \\ \hat{X}_k(q-1) \\ \hat{X}_k(q) \end{bmatrix} - \begin{bmatrix} \theta_1 \\ \theta_2 \\ \vdots \\ \theta_{q-1} \\ \theta_q \end{bmatrix} X_{k+1}. \tag{8.60}$$

递推初值可定为 $\hat{X}_{k_0}(1) = \hat{X}_{k_0}(2) = \cdots = \hat{X}_{k_0}(q) = 0$.

若称 $\hat{\boldsymbol{X}}_k^{(q)} = (\hat{X}_k(1), \hat{X}_k(2), \cdots, \hat{X}_k(q))^{\mathrm{T}}$ 为预报向量,则(8.60)式表示由预报向量 $\hat{\boldsymbol{X}}_k^{(q)}$ 递推 $\hat{\boldsymbol{X}}_{k+1}^{(q)}$ 的关系式.

例 8.12 试写出 MA(1) 的预报公式.

解 因为 $q = 1$, 故 $l > 1$ 时, $\hat{X}_k(l) = 0$. 由(8.54)式得

$$\hat{X}_k(1) = \theta_1 \hat{X}_{k-1}(1) - \theta_1 X_k.$$

由于模型阶数低,也可用逆函数法求预报公式.

由(8.57)式,有 $I_j^{(1)} = I_j(j \geqslant 1)$, 又由(8.53) 式,有

$$\theta^{-1}(B) = \frac{1}{1 - \theta_1 B} = 1 + \theta_1 B + \theta_1^2 B^2 + \cdots = 1 - \sum_{j=1}^{\infty} I_j B^j.$$

比较两边系数得

$$I_j = -\theta_1^j, \quad j \geqslant 1,$$

于是 $I_j^{(1)} = -\theta_1^j$, 代入(8.56)式,得预报公式

$$\hat{X}_k(1) = \sum_{j=1}^{\infty} (-\theta_1^j) X_{k+1-j} \approx \sum_{j=1}^{K} -\theta_1^j X_{k+1-j}.$$

例 8.13　已知 MA(2)模型为

$$X_t = a_t - 0.5a_{t-1} + 0.6a_{t-2},$$

试求预报公式.

解　由(8.60)式,得预报向量递推公式

$$\begin{bmatrix} \hat{X}_{k+1}(1) \\ \hat{X}_{k+1}(2) \end{bmatrix} = \begin{bmatrix} \theta_1 & 1 \\ \theta_2 & 0 \end{bmatrix} \begin{bmatrix} \hat{X}_k(1) \\ \hat{X}_k(2) \end{bmatrix} - \begin{bmatrix} \theta_1 \\ \theta_2 \end{bmatrix} X_{k+1}$$

$$= \begin{bmatrix} 0.5 & 1 \\ -0.6 & 0 \end{bmatrix} \begin{bmatrix} \hat{X}_k(1) \\ \hat{X}_k(2) \end{bmatrix} - \begin{bmatrix} 0.5 \\ -0.6 \end{bmatrix} X_{k+1}.$$

下面用逆函数法求预报公式.

因为 $X_t = \theta(B)a_t = (1 - 0.5B + 0.6B^2)a_t$, 由(8.53)式,有

$$1 - \sum_{j=1}^{\infty} I_j B^j = \frac{1}{\theta(B)} = \frac{1}{1 - 0.5B + 0.6B^2} = \frac{3}{1 - 0.3B} - \frac{2}{1 - 0.2B}$$

$$= 3 \sum_{j=0}^{\infty} (0.3)^j B^j - 2 \sum_{j=0}^{\infty} (0.2)^j B^j$$

$$= \sum_{j=0}^{\infty} [3(0.3)^j - 2(0.2)^j] B^j.$$

比较系数得　　　　　　　　$I_j = 2(0.2)^j - 3(0.3)^j, \quad j \geqslant 1,$

于是,由(8.57)式得

$$I_j^{(1)} = I_j = 2(0.2)^j - 3(0.3)^j,$$

$$I_j^{(2)} = I_{j+1} + I_1 I_j^{(1)}$$

$$= 2(0.2)^{j+1} - 3(0.3)^{j+1} + [(2 \times 0.2) - (3 \times 0.3)][2(0.2)^j - 3(0.2)^j]$$

$$= 2 \times 0.3^{j+1} - 3 \times 0.2^{j+1},$$

代入(8.58)式得

$$\hat{X}_k(1) \approx \sum_{j=1}^{k} (2 \times 0.2^j - 3 \times 0.3^j) X_{k+1-j},$$

$$\hat{X}_k(2) \approx \sum_{j=1}^{k} (2 \times 0.3^{j+1} - 3 \times 0.2^{j+1}) X_{k+1-j}.$$

(3) ARMA(p,q)序列的预报.

类似于 MA(q)序列,ARMA(p,q)序列也可用逆函数方法和预报向量法递推预报.

ARMA(p,q)序列用逆函数直接预报的公式为

$$\hat{X}_k(l) = \varphi_1 \hat{X}_k(l-1) + \cdots + \varphi_p \hat{X}_k(l-p) + \hat{a}_k(l)$$

$$- \theta_1 \hat{a}_k(l-1) - \cdots - \theta_q \hat{a}_k(l-q). \tag{8.61}$$

当 $l > q$ 时,$\hat{X}_k(l) \neq 0$,预报公式如(8.46)式,或者说与 AR(p)序列的预报公式

(8.49) 相同. 这是与 MA(q) 序列不同之处. 此时(8.61)式 $\hat{a}_k(l) = \cdots = \hat{a}_k(l-q) = 0$.

当 $1 \leqslant l \leqslant q$ 时, 令(8.61)式中 $l = 1, 2, \cdots, q$, 即可得各步预报公式, 其中 $\hat{a}_k(l)$, $\cdots, \hat{a}_k(l-q)$ 可以按 MA(q) 序列预报方法得到.

关于预报向量递推公式, 分别令(8.48)式中的 $l = 1, 2, \cdots, q-1$, 可得

$$\begin{cases} \hat{X}_{k+1}(1) = -G_1 \hat{X}_k(1) + \hat{X}_k(2) + G_1 X_{k+1}, \\ \hat{X}_{k+1}(2) = -G_2 \hat{X}_k(1) + \hat{X}_k(3) + G_2 X_{k+1}, \\ \hat{X}_{k+1}(q-1) = -G_{q-1} \hat{X}_k(1) + \hat{X}_k(q) + G_{q-1} X_{k+1}. \end{cases}$$

关于 $\hat{X}_{k+1}(q)$ 的值, 可按下列情况确定. 首先记

$$\varphi_j^* = \begin{cases} \varphi_j, & 1 \leqslant j \leqslant p, \\ 0, & j > p. \end{cases}$$

再令(8.48)式中 $l = q$, 且由(8.46)式可得

$1°$ 当 $p \leqslant q$ 时,

$$\begin{aligned} \hat{X}_{k+1}(q) &= -G_q \hat{X}_k(1) + \hat{X}_k(q+1) + G_q X_{k+1} \\ &= -G_q \hat{X}_k(1) + \varphi_1^*(q) \hat{X}_k(q) + \cdots + \varphi_p^* \hat{X}_k(q+1-p) \\ &\quad + \cdots + \varphi_q^* \hat{X}_k(1) + G_q X_{k+1}. \end{aligned}$$

$2°$ 当 $p > q$ 时,

$$\begin{aligned} \hat{X}_{k+1}(q) &= -G_q \hat{X}_k(1) + \varphi_1^* \hat{X}_k(q) + \cdots + \varphi_q^* \hat{X}_k(1) \\ &\quad + \varphi_{q+1}^* X_k + \cdots + \varphi_p^* X_{k+q-p+1} + G_q X_{k+1} \\ &= -G_q \hat{X}_k(1) + \varphi_1^* \hat{X}_k(q) + \cdots + \varphi_q^* \hat{X}_k(1) \\ &\quad + \sum_{j=q+1}^{p} \varphi_j^* X_{k+q-j+1} + G_q X_{k+1}. \end{aligned}$$

于是, 可得预报向量递推公式为

$$\hat{\boldsymbol{X}}_{(k+1)}^{(q)} = \begin{pmatrix} -G_1 & 1 & 0 & \cdots & 0 & 0 \\ -G_2 & 0 & 1 & \cdots & 0 & 0 \\ \vdots & \vdots & \vdots & & \vdots & \vdots \\ -G_{q-1} & 0 & \cdots & \cdots & 0 & 1 \\ -G_q + \varphi_q^* & \varphi_{q-1}^* & \cdots & \cdots & \varphi_2^* & \varphi_1^* \end{pmatrix} \hat{\boldsymbol{X}}_k^{(q)}$$

$$+ \begin{pmatrix} G_1 \\ G_2 \\ \vdots \\ G_{q-1} \\ G_q \end{pmatrix} X_{k+1} + \begin{pmatrix} 0 \\ 0 \\ \vdots \\ \sum\limits_{j=q+1}^{p} \varphi_j^* X_{k+q-j+1} \end{pmatrix}. \qquad (8.62)$$

其中

$$\hat{\boldsymbol{X}}_{k+1}^{(q)} = (\hat{X}_{k+1}(1), \hat{X}_{k+1}(2), \cdots, \hat{X}_{k+1}(q))^{\mathrm{T}}.$$

当 $p \leqslant q$ 时, $\sum\limits_{j=q+1}^{p} \varphi_j^* X_{k+q-j+1} = 0$. 初值可定为 $\hat{X}_{k_0}(1) = \hat{X}_{k_0}(2) = \cdots = \hat{X}_{k_0}(q) = 0$.

例 8.14 已知 ARMA$(1,2)$模型为

$$X_t - 0.4X_{t-1} = a_t - 0.5a_{t-1} + 0.6a_{t-2},$$

试求预报公式.

解法 1 利用递推预报公式(8.62). 因为

$$\varphi(B) = 1 - 0.4B, \quad \theta(B) = 1 - 0.5B + 0.6B^2,$$

故

$$G(B) = \varphi^{-1}(B)\theta(B) = \frac{1 - 0.5B + 0.6B^2}{1 - 0.4B}$$

$$= \sum_{i=0}^{\infty}(1 - 0.5B + 0.6B^2)(0.4B)^i = \sum_{i=0}^{\infty}G_iB^i.$$

比较系数得 $G_1 = -0.1, G_2 = 0.56$. 因为 $\varphi_q^* = \varphi_2^* = 0, \varphi_{q-1}^* = \varphi_1$，对于 $1 \leqslant l \leqslant 2$，由$(8.62)$式得

$$\begin{bmatrix} \hat{X}_{k+1}(1) \\ \hat{X}_{k+1}(2) \end{bmatrix} = \begin{bmatrix} -G_1 & 1 \\ -G_2 & \varphi_1 \end{bmatrix} \begin{bmatrix} \hat{X}_k(1) \\ \hat{X}_k(2) \end{bmatrix} + \begin{bmatrix} G_1 \\ G_2 \end{bmatrix} X_{k+1}$$

$$= \begin{pmatrix} 0.1 & 1 \\ -0.56 & 0.4 \end{pmatrix} \begin{pmatrix} \hat{X}_k(1) \\ \hat{X}_k(2) \end{pmatrix} + \begin{pmatrix} -0.1 \\ 0.56 \end{pmatrix} X_{k+1}.$$

当 $l > 2$ 时，由(8.46)式得

$$\hat{X}_k(l) = \varphi_1 \hat{X}_k(l-1),$$

即

$$\hat{X}_k(l) = 0.4\hat{X}_k(l-1) = 0.4^2\hat{X}_k(l-2) = \cdots = 0.4^{l-2}\hat{X}_k(2).$$

解法 2 用逆函数直接预报. 当 $l > q = 2$ 时，预报公式与解法 1 相同. 当 $1 \leqslant l \leqslant 2$ 时，由(8.19)式得

$$I(B) = \theta^{-1}(B)\varphi(B) = 1 - \sum_{j=1}^{\infty}I_jB^j = \frac{1 - 0.4B}{1 - 0.5B + 0.6B^2}$$

$$= (1 - 0.4B)\sum_{j=0}^{\infty}(3 \times 0.3^j - 2 \times 0.2^j)B^j$$

$$= \sum_{j=0}^{\infty}(3 \times 0.3^j - 2 \times 0.2^j)B^j - \sum_{j=0}^{\infty}0.4(3 \times 0.3^j - 2 \times 0.2^j)B^{j+1}$$

$$= 1 + \sum_{j=1}^{\infty}\left[(0.3 - 0.4) \times 3 \times 0.3^{j-1} - (0.2 - 0.4) \times 2 \times 0.2^{j-1}\right]B^j$$

$$= 1 + \sum_{j=1}^{\infty}(2 \times 0.2^j - 0.3^j)B^j.$$

比较系数得 $I_j = 0.3^j - 2 \times 0.2^j$，由$(6.57)$式得

$$I_j^{(1)} = I_j = 0.3^j - 2 \times 0.2^j,$$

$$I_j^{(2)} = I_{j+1} + I_1I_j^{(1)}$$

$$= 0.3^{j+1} - 2 \times 0.2^{j+1} + (0.3 - 2 \times 0.2)(0.3^j - 2 \times 0.2^j)$$

$$= 0.2(0.3^j - 0.2^j).$$

由(8.56)式得预报公式

$$\hat{X}_k(1) = \sum_{j=1}^{\infty} (0.3^j - 2 \times 0.2^j) X_{k+1-j},$$

$$\hat{X}_k(2) = \sum_{j=1}^{\infty} 0.2(0.3^j - 2 \times 0.2^j) X_{k+1-j}.$$

以上所讨论的预报都是假定 $\{X_t\}$ 是零均值的,若其均值显著地非零,则所有预报公式中的预报值 $\hat{X}_k(l)$ 必须用 $\hat{X}_k(l) + \overline{X}$ 代替.

8.7　非平稳时间序列及其预报

以上各节的讨论,我们都是假定 $\{X_t\}$ 是平稳的时间序列. 在实际问题中所遇到的时间序列,有些却是具有某种趋势性变化,或季节性的周期变化. 一般地,若时间序列具有下列形式

$$X_t = f(t) + d(t) + W_t,$$

其中 $f(t)$ 是趋势项, $d(t)$ 是周期项, W_t 是平稳序列,则只要能从 X_t 中提取 $f(t)$ 和 $d(t)$,剩下的平稳序列 W_t 就可以按前面讨论过的理论和方法进行研究了. 本节简要地介绍利用差分法实现将非平稳序列转化为平稳序列.

8.7.1　ARIMA(p,d,q)模型

设随机序列 $\{X_t\}$ 有 $X_t = at + b + W_t$,其中 $\{W_t\}$ 为平稳序列, $at + b$ 为趋势项. 考虑增量

$$\begin{aligned}\nabla X_t &= X_t - X_{t-1} = (at + b + W_t) - [a(t-1) + b + W_{t-1}]\\ &= a + W_t - W_{t-1}.\end{aligned}$$

显然, $X_t - X_{t-1}$ 是一平稳序列. 上式中"∇"称为差分算子. 它与延迟算子"B"的关系为

$$\nabla = 1 - B, \quad 即 \quad \nabla X_t = (1 - B)X_t.$$

类似地,设随机序列 $\{X_t\}$ 有 $X_t = at^2 + bt + c + W_t$,将上式进行一次差分得

$$\begin{aligned}\nabla X_t &= X_t - X_{t-1}\\ &= (at^2 + bt + c + W_t) - [a(t-1)^2 + b(t-1) + c + W_{t-1}]\\ &= 2at + (a^2 - b) + \nabla W_t.\end{aligned}$$

将上式再进行一次差分得

$$\begin{aligned}\nabla^2 X_t &= \nabla(\nabla X_t) = \nabla(X_t - X_{t-1})\\ &= X_t - 2X_{t-1} + X_{t-2} = 2a + \nabla^2 W_t.\end{aligned}$$

上式已是平稳序列. 因此,一个有趋势项的非平稳序列,经过若干次差分后,总可以变为平稳序列.

设非平稳序列 $\{X_t\}$ 方差有限,初值 $X_1, X_2, \cdots, X_d$ 均值为零,且与 $\{W_t\}$ 独立. 若 $\{X_t\}$ 经过 d 阶差分后 $\nabla^d X_t$ 为一平稳序列,且可用 ARMA(p,q)模型拟合,即有

$$\varphi(B) \nabla^d X_t = \theta(B) a_t, \quad t > d, \tag{8.63}$$

其中 $\nabla^d = (1-B)^d = 1 - C_d^1 B + C_d^2 B^2 - \cdots + (-1)^i C_d^i B^i + \cdots + (-1)^d B^d$，则称 (8.63) 式为**求和自回归滑动平均模型**，记为 $\mathrm{ARIMA}(p,d,q)$，此时，称 $\{X_t\}$ 是 $\mathrm{ARMA}(p,q)$ 序列的求和序列，d 为求和的阶数. 下面给出用初值 $X_1, \cdots, X_d$ 和平稳 $\mathrm{ARMA}(p,q)$ 序列 $\{W_t\}$ 表示 $\mathrm{ARIMA}(p,d,q)$ 序列的两个常用表达式.

当 $d = 1$ 时，

$$
\begin{aligned}
X_t &= X_t - X_{t-1} + X_{t-1} - \cdots - X_1 + X_1 \\
&= X_1 + \sum_{j=1}^{t-1} (X_{j+1} - X_j) = X_1 + \sum_{j=1}^{t-1} \nabla X_{j+1} \\
&= X_t + \sum_{j=1}^{t-1} W_{j+1} = X_k + \sum_{j=1}^{t-k} W_{j+k}, \quad t > k \geqslant 1.
\end{aligned}
$$

当 $d = 2$ 时，

$$X_t = X_1 + \sum_{j=1}^{t-1} \nabla X_{j+1}, \quad \nabla X_{j+1} = \nabla X_2 + \sum_{i=1}^{j-1} \nabla^2 X_{i+2},$$

于是，有

$$
\begin{aligned}
X_t &= X_1 + \sum_{j=1}^{t-1} \left(\nabla X_2 + \sum_{i=1}^{j-1} \nabla^2 X_{i+2} \right) \\
&= X_1 + (t-2) \nabla X_2 + \sum_{j=1}^{t-1} \sum_{i=1}^{j-1} \nabla^2 X_{i+2} \\
&= X_1 + (t-2) \nabla X_2 + \sum_{j=1}^{t-1} \sum_{i=1}^{j-1} W_{i+2} \\
&= X_1 + (t-2) \nabla X_2 + \sum_{i=1}^{t-2} \sum_{j=i}^{t-1} W_{i+2} \\
&= X_1 + (t-2) \nabla X_2 + \sum_{i=1}^{t-2} (t-1-i) W_{i+2}.
\end{aligned}
$$

一般形式为

$$
\begin{aligned}
X_t &= \sum_{i=0}^{d-1} C_{t-d+i-1}^i \nabla^i X_d + \sum_{j=1}^{t-d} C_{t-j+1}^{d-1} W_{d+j} \\
&= \sum_{i=0}^{d-1} C_{t-k+i-1}^i \nabla^i X_k + \sum_{j=1}^{t-k} C_{t-k-j+d-1}^{d-1} W_{k+j}, \quad t > k \geqslant d. \tag{8.64}
\end{aligned}
$$

8.7.2　季节性模型

对于具有季节性周期变化时间序列 $\{X_t\}$，若它的周期为 s，则可用差分算子 $\nabla_s = (1-B^s)$ 作季节性差分，使其转化为平稳序列. 即对 $\{X_t\}$ 作季节差分

$$\nabla_s X_t = (1-B^s) X_t = X_t - X_{t-s}$$

消除季节性影响，再作 d 阶差分消除趋势影响，从而得到平稳序列.

一般季节性模型为

$$\varphi(B)\,\nabla^j\,\nabla_s X_t = \theta(B)a^t. \tag{8.65}$$

例如 $p=q=d=1,s=12$ 时,有

$$(1-\varphi_1 B)(1-B)(1-B^{12})X_t = (1-\theta_1 B)a_t,$$

即

$$[1-(1+\varphi_1)B+\varphi_1 B^2 - B^{12}+(1+\varphi_1)B^{13}-\varphi_1 B^{14}]X_t = (1-\theta_1 B)a_t.$$

8.7.3　ARIMA(p,d,q)序列的预报方法

令(8.64)式中 $t=l+k$ 得

$$X_{k+l} = \sum_{i=0}^{d-1} C_{l+i-1}^i \nabla^i X_k + \sum_{j=1}^l C_{l-j+d-1}^{d-1} W_{k+j}, \quad k \geqslant d.$$

由上式可得

$$\hat{X}_{k+l} = \sum_{i=0}^{d-1} C_{l+i-1}^i \nabla^i X_k + \sum_{j=1}^l C_{l-j+d-1}^{d-1} \hat{W}_k(j), \tag{8.66}$$

因此,只要求得 $\hat{W}_k(j)$ 即可得 X_{k+l} 的预报值.

当(8.66)式中 $d=1$ 时,得

$$\hat{X}_k(l) = X_k + \sum_{j=1}^l \hat{W}_k(j). \tag{8.67}$$

当 $d=2$ 时,得

$$\hat{X}_k(l) = X_k + l(X_k - X_{k-1}) + \sum_{j=1}^l (l+1-j)\,\hat{W}_k(j) \tag{8.68}$$

例 8.15　设非平稳模型 $(1-B)X_t = (1-\theta_1 B)a_t$,试写出预报式.

解　因为 $\{X_t\}$ 是 $p=0,d=1,q=1$ 的非平稳序列,令 $W_t = (1-B)X_t = X_t - X_{t-1} = \nabla X_t$,则 $\{W_t\}$ 是 MA(1)序列.由例8.12已求得 MA(1)的预报公式为

$$\hat{W}_k(1) = \sum_{j=1}^\infty -\theta_1^j W_{k+1-j},$$

代入(8.67)式得

$$\hat{X}_k(1) = X_k - \sum_{j=1}^\infty \theta_1^j W_{k+1-j} = X_k - \sum_{j=1}^\infty \theta_1^j \nabla X_{k+1-j}$$

$$\approx X_k - \sum_{j=1}^K \theta_1^j (X_{k+1-j} - X_{k-j}).$$

在结束本章讨论之前,我们将时间序列分析的主要步骤归纳如下:

(1) 对于 $\{X_t\}$ 的一组样本观测数据,首先判断 $\{X_t\}$ 是否为平稳序列,可以先按表 8-1 进行.若 $\hat{\rho}_k$ 和 $\hat{\varphi}_{kk}$ 都不截尾,且至少有一个不拖尾,即下降趋势很慢,不能被负指数函数所控制,或有周期性变化,则从低降求和阶数 d 及适当的 s,作差分 ∇^d 或 ∇_s,如 $\nabla^d X_t = Y_t$ 成为平稳序列.

(2) 若 $\{Y_t\}$ 的均值显著非零,则令 $W_t = Y_t - \overline{Y}$ 再求零均值 $\{W_t\}$ 的 $\hat{\gamma}_k,\hat{\rho}_k,\hat{\varphi}_{kk}$.

（3）据（2）的计算，再按表 8-1 进行模型识别，若仍不能识别为 AR、MA 或 ARMA 的某一类，则返回（1），应增大 d 或调整 s.

（4）初步识别模型后，对模型的参数作出估计.

（5）对模型进行检验. 若检验不通过，应返回（3），重新识别.

（6）利用模型进行预测，观察其效果.

习　题　8

8.1　用延迟算子 B 表示下列模型：

（1）$X_t - 0.2X_{t-1} = a_t$；

（2）$X_t - 0.5X_{t-1} = a_t - 0.4a_{t-1}$；

（3）$X_t + 0.7X_{t-1} - 0.5X_{t-2} = a_t - 0.4a_{t-1}$；

（4）$X_t = a_t - 0.5a_{t-1} + 0.3a_{t-2}$；

（5）$X_t - 0.3X_{t-1} = a_t - 1.5a_{t-1} + a_{t-2}$.

8.2　上题各模型中，哪些是平稳的？哪些是可逆的？

8.3　试写出 AR(1) 模型 $X_t - \varphi_1 X_{t-1} = a_t$ 和 AR(2) 模型 $X_t - \varphi_1 X_{t-1} - \varphi_2 X_{t-2} = a_t$ 的自相关函数.

8.4　求 MA(2) 模型 $X_t = a_t + 0.7a_{t-1} - 0.2a_{t-2}$ 的自相关函数.

8.5　求 MA(2) 模型 $X_t - 0.5X_{t-1} + 0.2X_{t-2} = a_t$ 的自相关函数 $\rho_1, \rho_2, \rho_3, \rho_4$ 的值.

8.6　求 ARMA(1,1) 模型 $X_t - 0.2X_{t-1} = a_t + 0.4a_{t-1}$ 的自相关函数.

8.7　求模型 $X_t - 0.1X_{t-1} - 0.4X_{t-2} = a_t$ 的偏相关函数.

8.8　求模型 $X_t = a_t - 0.5a_{t-1} + 0.3a_{t-2}$ 的偏相关函数 $\varphi_{11}, \varphi_{22}, \varphi_{33}, \varphi_{44}$.

8.9　证明当 $-1 < c < 0$ 时，AR(2) 序列 $X_t = X_{t-1} + cX_{t-2} + a_t$ 满足平稳性条件，并求 $c = -\frac{3}{16}$ 时的自相关函数.

8.10　由 $\{X_t\}$ 的样本大小 $N = 160$ 计算得 $\hat{\rho}_k$ 和 $\hat{\varphi}_{kk}$ 值如下表. 试对下列各子题序列的模型进行识别，并求模型的参数估计值和 $\hat{\sigma}_a^2$ 值.

（1）

k	1	2	3	4	5	6	7	8
$\hat{\rho}_k$	-0.34	-0.05	0.09	-0.14	0.08	0.04	-0.06	0.04
$\hat{\varphi}_{kk}$	-0.34	0.19	-0.01	-0.12	0	0.05	0	0.01

k	9	10	11	12	13	14	15	16
$\hat{\rho}_k$	-0.08	-0.02	0.08	-0.06	0.05	-0.07	0.04	0.05
$\hat{\varphi}_{kk}$	-0.08	-0.07	0.01	-0.02	0.03	-0.07	0.02	0.05

(2)

k	1	2	3	4	5	6	7	8
$\hat{\rho}_k$	0.56	0.30	0.17	0.05	0.07	0.05	-0.02	-0.05
$\hat{\varphi}_{kk}$	0.56	-0.02	0.02	-0.07	0.10	-0.03	-0.07	-0.02
k	9	10	11	12	13	14	15	16
$\hat{\rho}_k$	-0.09	-0.05	0.02	0.01	0.02	0	0.05	0.09
$\hat{\varphi}_{kk}$	-0.05	-0.05	0.05	-0.03	0.02	-0.02	0.01	0.02

8.11 写出下列模型的预报式:

(1) $X_t + 0.8X_{t-1} = a_t$;

(2) $X_t - 1.5X_{t-1} + 0.5X_{t-2} = a_t$;

(3) $X_t = a_t - 1.3a_{t-1} + 0.4a_{t-2}$;

(4) $X_t - 0.8X_{t-1} = a_t + 0.5a_{t-1}$.

第9章 习题解析

习题 2 解析

2.1 因 $X(t)=Vt+b, V \sim N(0,1)$,故 $X(t)$服从正态分布,且

$$EX(t) = E(Vt + b) = b, \quad DX(t) = D(Vt + b) = t^2,$$

故 $X(t)$的一维概率密度为

$$f_t(x) = \frac{1}{\sqrt{2\pi} \mid t \mid} \mathrm{e}^{-\frac{(x-b)^2}{2t^2}}, \quad x \in \mathbf{R},$$

均值函数为
$$m(t) = EX(t) = b,$$

相关函数为
$$R(t_1, t_2) = EX(t_1)X(t_2) = E(Vt_1 + b)(Vt_2 + b)$$
$$= E(V^2 t_1 t_2 + bVt_1 + bVt_2 + b^2) = t_1 t_2 + b^2.$$

2.2 由随机变量函数的概率密度公式知,$X(t)$的一维概率密度

$$f_t(x) = f(y) \mid y'(x) \mid = f(y) / \mid x'(y) \mid = f\left(-\frac{\ln x}{t}\right) \Big/ (tx), \quad t > 0.$$

$X(t)$的均值函数和相关函数分别为

$$EX(t) = E(\mathrm{e}^{-Yt}) = \int_0^\infty f(y) \mathrm{e}^{-yt} \mathrm{d}y$$

$$R_X(t_1, t_2) = E[X(t_1)X(t_2)] = E[\mathrm{e}^{-Yt_1} \mathrm{e}^{-Yt_2}] = \int_0^\infty \mathrm{e}^{-y(t_1+t_2)} f(y) \mathrm{d}y.$$

2.3 依题意知硬币出现正、反面的概率均为 $\frac{1}{2}$.

(1) 当 $t=\frac{1}{2}$ 时,$X\left(\frac{1}{2}\right)$的分布列为

$$P\left\{X\left(\frac{1}{2}\right) = 0\right\} = P\left\{X\left(\frac{1}{2}\right) = 1\right\} = \frac{1}{2},$$

其分布函数为
$$F\left(\frac{1}{2}; x\right) = \begin{cases} 0, & x < 0, \\ \dfrac{1}{2}, & 0 \leqslant x < 1, \\ 1, & x \geqslant 1. \end{cases}$$

同理,当 $t=1$ 时 $X(1)$的分布列为

$$P\{X(1)=-1\} = P\{X(1) = 2\} = \frac{1}{2},$$

其分布函数为

$$F(1;x) = \begin{cases} 0, & x < -1, \\ \dfrac{1}{2}, & -1 \leqslant x < 2, \\ 1, & x \geqslant 2. \end{cases}$$

(2) 由于在不同时刻投币是相互独立的,故在 $t = \dfrac{1}{2}$, $t = 1$ 时的联合分布列为

$$P\left\{X\left(\frac{1}{2}\right) = 0, X(1) = -1\right\} = P\left\{X\left(\frac{1}{2}\right) = 0, X(1) = 2\right\}$$

$$= P\left\{X\left(\frac{1}{2}\right) = 1, X(1) = -1\right\}$$

$$= P\left\{X\left(\frac{1}{2}\right) = 1, X(1) = 2\right\} = \frac{1}{4},$$

故二维联合分布函数为

$$F\left(\frac{1}{2}, 1; x_1, x_2\right) = \begin{cases} 0, & x_1 < 0 \text{ 或 } x_2 < -1, \\ \dfrac{1}{4}, & 0 \leqslant x_1 < 1 \text{ 且 } -1 \leqslant x_2 < 2, \\ \dfrac{1}{2}, & 0 \leqslant x_1 < 1 \text{ 且 } x_2 \geqslant 2 \text{ 或 } x_1 \geqslant 1 \text{ 且 } -1 \leqslant x_2 < 2, \\ 1, & x_1 \geqslant 1 \text{ 且 } x_2 \geqslant 2. \end{cases}$$

(3) $m_X(t) = \cos(\pi t) \cdot \dfrac{1}{2} + 2t \cdot \dfrac{1}{2} = \dfrac{1}{2}[\cos(\pi t) + 2t],$

$m_X(1) = \dfrac{1}{2}.$

$\sigma_X^2(t) = EX^2(t) - [m_X(t)]^2$

$\qquad = \cos^2(\pi t) \cdot \dfrac{1}{2} + (2t)^2 \cdot \dfrac{1}{2} - \left[\dfrac{1}{2}(\cos(\pi t) + 2t)\right]^2$

$\qquad = \left[\dfrac{1}{2}\cos(\pi t) - 1\right]^2,$

$\sigma_X^2(1) = \dfrac{9}{4}.$

2.4 $EX(t) = E[A\cos(\omega t) + B\sin(\omega t)] = \cos(\omega t)EA + \sin(\omega t)EB = 0.$

$R_X(t_1, t_2) = E[X(t_1)X(t_2)]$

$\qquad = E[A\cos(\omega t_1) + B\sin(\omega t_1)][A\cos(\omega t_2) + B\sin(\omega t_2)]$

$\qquad = \cos(\omega t_1)\cos(\omega t_2)EA^2 + \sin(\omega t_1)\sin(\omega t_2)EB^2$

$\qquad = \sigma^2\cos\omega(t_1 - t_2).$

2.5 $m_Y(t) = EY(t) = E[X(t) + \varphi(t)] = m_X(t) + \varphi(t),$

$$B_Y(t_1,t_2) = R_Y(t_1,t_2) - m_Y(t_1)m_Y(t_2)$$

$$= E[Y(t_1)Y(t_2)] - m_Y(t_1)m_Y(t_2)$$

$$= E[(X(t_1) + \varphi(t_1))(X(t_2) + \varphi(t_2))]$$

$$- [m_X(t_1) + \varphi(t_1)][m_X(t_2) + \varphi(t_2)]$$

$$= R_X(t_1,t_2) - m_X(t_1)m_X(t_2) = B_X(t_1,t_2).$$

2.6 由条件知 Θ 的概率密度为

$$f(x) = \begin{cases} \dfrac{1}{2\pi}, & -\pi < x < \pi, \\ 0, & \text{其他.} \end{cases}$$

$$R_Y(t,t+\tau) = E[Y(t)Y(t+\tau)] = E[X^2(t)X^2(t+\tau)]$$

$$= E[(A\sin(\omega t + \Theta))^2(A\sin(\omega t + \omega\tau + \Theta))^2]$$

$$= A^4 E[\sin^2(\omega t + \Theta)\sin^2(\omega t + \omega\tau + \Theta)]$$

$$= \frac{A^4}{4}E[(1 - \cos(2\omega t + 2\Theta))(1 - \cos(2\omega t + 2\omega\tau + 2\Theta))]$$

$$= \frac{A^4}{4}E[1 - \cos(2\omega t + 2\Theta) - \cos(2\omega t + 2\omega\tau + 2\Theta)$$

$$+ \cos(2\omega t + 2\Theta)\cos(2\omega t + 2\omega\tau + 2\Theta)].$$

$$E[\cos(2\omega t + 2\omega\tau + 2\Theta)] = \int_{-\pi}^{\pi} \cos(2\omega t + 2\omega\tau + 2\theta) \cdot \frac{1}{2\pi}\mathrm{d}\theta$$

$$= \frac{1}{4\pi}\sin(2\omega t + 2\omega\tau + 2\theta)\Big|_{-\pi}^{\pi} = 0.$$

同理可得

$$E[\cos(2\omega t + 2\Theta)] = 0,$$

$$E[\cos(2\omega t + 2\Theta)\cos(2\omega t + 2\omega\tau + 2\Theta)]$$

$$= \int_{-\pi}^{\pi} \frac{1}{2\pi}\cos(2\omega t + 2\theta)\cos(2\omega t + 2\omega\tau + 2\theta)\mathrm{d}\theta$$

$$= \frac{1}{2}\cos(2\omega\tau).$$

$$R_Y(t,t+\tau) = \frac{A^4}{4}\left(1 + \frac{1}{2}\cos(2\omega\tau)\right),$$

$$R_{XY}(t,t+\tau) = E[X(t)Y(t+\tau)]$$

$$= E[A\sin(\omega t + \Theta)(A\sin(\omega t + \omega\tau + \Theta))^2]$$

$$= A^3 E[\sin(\omega t + \Theta)\sin^2(\omega t + \omega\tau + \Theta)]$$

$$= A^3 \int_{-\pi}^{\pi} \sin(\omega t + \theta)\sin^2(\omega t + \omega\tau + \theta) \cdot \frac{1}{2\pi}\mathrm{d}\theta = 0.$$

2.7 $EX = EY = EZ = 0, DX = DY = DZ = 1,$

$$EX(t) = E[X + Yt + Zt^2] = 0,$$

$$B_X(t_1,t_2) = E[X(t_1)X(t_2)] = E[(X + Yt_1 + Zt_1^2)(X + Yt_2 + Zt_2^2)]$$

$$= EX^2 + t_1t_2EY^2 + t_1^2t_2^2EZ^2 = 1 + t_1t_2 + t_1^2t_2^2.$$

2.8 (1) $m_Y(t) = EY(t) = 1 \cdot P\{X(t) \leqslant x\} + 0 \cdot P\{X(t) > x\}$
$$= P\{X(t) \leqslant x\} = F_X(x).$$

即 $Y(t)$ 的均值函数为 $X(t)$ 的一维分布函数.

(2) $R_Y(t_1, t_2) = E[Y(t_1)Y(t_2)]$
$$= 1 \cdot 1 \cdot P\{X(t_1) \leqslant x_1, X(t_2) \leqslant x_2\}$$
$$+ 1 \cdot 0 \cdot P\{X(t_1) \leqslant x_1, X(t_2) > x_2\}$$
$$+ 0 \cdot 1 \cdot P\{X(t_1) > x_1, X(t_2) \leqslant x_2\}$$
$$+ 0 \cdot 0 \cdot P\{X(t_1) > x_1, X(t_2) > x_2\}$$
$$= P\{X(t_1) \leqslant x_1, X(t_2) \leqslant x_2\},$$

即 $Y(t)$ 的相关函数为 $X(t)$ 的二维分布函数.

2.9 $E[X(t)X(t+\tau)] = E[f(t-Y)f(t+\tau-Y)]$
$$= \frac{1}{T}\int_0^T f(t-y)f(t+\tau-y)\mathrm{d}y.$$

令 $t-y = s$,则
$$E[X(t)X(t+\tau)] = -\frac{1}{T}\int_t^{t-T} f(s)f(s+\tau)\mathrm{d}s = \frac{1}{T}\int_{t-T}^t f(s)f(s+\tau)\mathrm{d}s.$$

由于 $f(t)$ 的周期为 T,故
$$E[X(t)X(t+\tau)] = \frac{1}{T}\int_0^T f(s)f(s+\tau)\mathrm{d}s.$$

2.10 (1) 由 Schwarz 不等式,知
$$|B_X(t_1,t_2)| = |E[(X(t_1) - m_X(t_1))(\overline{X(t_2) - m_X(t_2)})]|$$
$$\leqslant [E[|X(t_1) - m_X(t_1)|^2]E[|X(t_2) - m_X(t_2)|^2]]^{\frac{1}{2}}$$
$$= \sigma_X(t_1)\sigma_X(t_2).$$

(2) 由 $(\sigma_X(t_1) - \sigma_X(t_2))^2 \geqslant 0$,知
$$|B_X(t_1,t_2)| \leqslant \sigma_X(t_1)\sigma_X(t_2) \leqslant \frac{1}{2}[\sigma_X^2(t_1) + \sigma_X^2(t_2)].$$

2.11 由 Schwarz 不等式,知
$$B_{XY}(t_1,t_2) = E[(X(t_1) - EX(t_1))(\overline{Y(t_2) - EY(t_2)})]$$
$$\leqslant [E[|X(t_1) - EX(t_1)|^2] \cdot E[|Y(t_2) - EY(t_2)|^2]]^{\frac{1}{2}}$$
$$= \sigma_X(t_1) \cdot \sigma_Y(t_2).$$

2.12 $EX(t) = E\left[\sum_{k=1}^N A_k \mathrm{e}^{\mathrm{i}(\omega t + \Phi_k)}\right] = \sum_{k=1}^N EA_k \cdot E\mathrm{e}^{\mathrm{i}(\omega t + \Phi_k)},$

由于 $\Phi_k \sim U(0, 2\pi)$,故
$$E\mathrm{e}^{\mathrm{i}(\omega t + \Phi_k)} = \int_0^{2\pi} \mathrm{e}^{\mathrm{i}(\omega t + \varphi)}\frac{1}{2\pi}\mathrm{d}\varphi = 0,$$

所以
$$EX(t) = \sum_{k=1}^N EA_k \cdot 0 = 0,$$

$$B_X(t_1, t_2) = EX(t_1) \overline{X(t_2)} = E\Big[\sum_{k=1}^{N} A_k e^{i(\omega t_1 + \Phi_k)} \cdot \sum_{j=1}^{N} A_j e^{i(\omega t_2 + \Phi_j)}\Big]$$

$$= \sum_{k=1}^{N} \sum_{j=1}^{N} E\big[A_k A_j e^{i[\omega(t_1 - t_2) + (\Phi_k - \Phi_j)]}\big]$$

$$= \sum_{k=1}^{N} \sum_{j=1}^{N} E[A_k A_j] \cdot E e^{i[\omega(t_1 - t_2) + (\Phi_k - \Phi_j)]},$$

当 $k \neq j$ 时，Φ_k 与 Φ_j 独立，所以

$$E e^{i[\omega(t_1 - t_2) + (\Phi_k - \Phi_j)]} = e^{i\omega(t_1 - t_2)} \cdot E e^{i\Phi_k} \cdot E e^{-i\Phi_k} = 0,$$

当 $k = j$ 时，

$$E e^{i[\omega(t_1 - t_2) + (\Phi_k - \Phi_k)]} = e^{i\omega(t_1 - t_2)},$$

故

$$B_X(t_1, t_2) = \sum_{k=1}^{N} e^{i\omega(t_1 - t_2)} EA_k^2 = e^{i\omega(t_1 - t_2)} \sum_{k=1}^{N} EA_k^2.$$

2.13 依题意知 $EX(t) = 0$，$EV = 0$，$DV = 1$，所以

$$EY(t) = E[X(t) + V] = EX(t) + EV = 0,$$

$$B_Y(t_1, t_2) = E[(X(t_1) + V)(X(t_2) + V)]$$

$$= E[X(t_1)X(t_2)] + EV^2 = \sigma_X^2[\min(t_1, t_2)] + 1.$$

2.14 $EX_j = 1 \times p + 0 \times q = p,$ $E[X_i X_j] = \begin{cases} p, & i = j, \\ p^2, & i \neq j, \end{cases}$

$$EY_n = E\Big[\sum_{j=1}^{n} X_j\Big] = \sum_{j=1}^{n} EX_j = np,$$

$$B_Y(m, n) = E[Y_m Y_n] - EY_m \cdot EY_n = \sum_{j=1}^{m} \sum_{i=1}^{n} E[X_j X_i] - EY_m \cdot EY_n.$$

当 $m \leqslant n$ 时，

$$\sum_{j=1}^{m} \sum_{i=1}^{n} E[X_j X_i] = \sum_{i=j} E[X_i X_j] + \sum_{i \neq j} E[X_i X_j]$$

$$= mp + (mn - m)p^2 = mnp^2 + mp - mp^2,$$

同理，当 $m > n$ 时，

$$\sum_{j=1}^{m} \sum_{i=1}^{n} E[X_j X_i] = mnp^2 + np - np^2,$$

故

$$B_Y(m, n) = pq\min(m, n).$$

2.15 $EY = EZ = 1 \times \dfrac{1}{2} + (-1) \times \dfrac{1}{2} = 0,$

$$DY = DZ = EZ^2 - (EZ)^2 = 1^2 \times \frac{1}{2} + (-1)^2 \times \frac{1}{2} = 1,$$

$$EX(t) = E[Y\cos(\theta t) + Z\sin(\theta t)] = \cos(\theta t)EY + \sin(\theta t)EZ = 0,$$

$$R_X(t_1, t_2) = E[(Y\cos(\theta t_1) + Z\sin(\theta t_1))(Y\cos(\theta t_2) + Y\sin(\theta t_2))]$$

$$= EY^2 \cdot \cos(\theta t_1)\cos(\theta t_2) + EZ^2 \cdot \sin(\theta t_1)\sin(\theta t_2) = \cos\theta(t_2 - t_1),$$

$$EX^2(t) = R_X(t, t) = 1 < \infty,$$

故$\{X(t),-\infty<t<\infty\}$是广义平稳过程.

由于$X(t)$的一维分布函数与t有关,故$\{X(t),-\infty<t<\infty\}$不是严平稳过程.

2.16 由题意知$W(t)$是维纳过程,$W(t)\sim N(0,\sigma^2|t|)$,故

$$W(e^{2\alpha t})\sim N(0,\sigma^2 e^{2\alpha t}),\quad X(t)\sim N(0,\sigma^2),$$

$$EX(t)=0,\quad -\infty<t<\infty.$$

对$\forall t_1\leqslant t_2$,由于$e^{2\alpha t_1}\leqslant e^{2\alpha t_2}$,因此

$$R_X(t_1,t_2)=E[X(t_1)X(t_2)]=e^{-\alpha(t_1+t_2)}E[W(e^{2\alpha t_1})W(e^{2\alpha t_2})]$$

$$=e^{-\alpha(t_1+t_2)}E[W(e^{2\alpha t_1})-W(0)][(W(e^{2\alpha t_2})-W(e^{2\alpha t_1}))+W(e^{2\alpha t_1})].$$

由于$W(t)$为独立增量过程,故

$$E[(W(e^{2\alpha t_1})-W(0))(W(e^{2\alpha t_2})-W(e^{2\alpha t_1}))]$$

$$=E[W(e^{2\alpha t_1})-W(0)]\cdot E[W(e^{2\alpha t_2})-W(e^{2\alpha t_1})]=0,$$

因此

$$R_X(t_1,t_2)=e^{-\alpha(t_1+t_2)}E[W(e^{2\alpha t_1})]^2=e^{-\alpha(t_1+t_2)}[DW(e^{2\alpha t_1})+(EW(e^{2\alpha t_1}))^2]$$

$$=e^{-\alpha(t_1+t_2)}\cdot\sigma^2 e^{2\alpha t_1}=\sigma^2 e^{-\alpha(t_2-t_1)}.$$

同理,当$t_1>t_2$时　　　　　　$R_X(t_1,t_2)=\sigma^2 e^{-\alpha(t_1-t_2)},$

所以　　　　　　　　　　　$R_X(t_1,t_2)=\sigma^2 e^{-\alpha|t_1-t_2|}.$

2.17 由维纳过程的定义,知

$$X(t)\sim N(0,\sigma^2 t),$$

所以对任意n及$0<t_1<t_2<\cdots<t_n$,有

$$X(t_i)\sim N(0,\sigma^2 t_i),\quad i=1,2,\cdots,n.$$

又因为维纳过程是齐次的独立增量过程,所以$(X(t_1),X(t_2),\cdots,X(t_n))$的联合概率密度为

$$f_X(t_1,t_2,\cdots,t_n;x_1,x_2,\cdots,x_n)=\frac{1}{\sqrt{2\pi t_1}\sigma}e^{-\frac{x_1^2}{2\sigma^2 t_1}}\cdot\prod_{k=1}^{n-1}\frac{1}{\sqrt{2\pi|t_{k+1}-t_k|}\sigma}e^{-\frac{(x_{k+1}-x_k)^2}{2\sigma^2|t_{k+1}-t_k|}}.$$

习题 3 解析

3.1 (1) 显然$\{Y(t)\}$是独立增量过程,且

$$P\{Y(t+\tau)-Y(t)=n\}$$

$$=P\{X_1(t+\tau)+X_2(t+\tau)-X_1(t)-X_2(t)=n\}$$

$$=P\{X_1(t+\tau)-X_1(t)+X_2(t+\tau)-X_2(t)=n\}$$

$$=\sum_{i=0}^n P\{X_2(t+\tau)-X_2(t)=n-i,X_1(t+\tau)-X_1(t)=i\}$$

$$=\sum_{i=0}^n P\{X_2(t+\tau)-X_2(t)=n-i\}\cdot P\{X_1(t+\tau)-X_1(t)=i\}$$

$$= \sum_{i=0}^{n} \mathrm{e}^{-\lambda_1 \tau} \cdot \frac{(\lambda_1 \tau)^i}{i!} \cdot \mathrm{e}^{-\lambda_2 \tau} \cdot \frac{(\lambda_2 \tau)^{n-i}}{(n-i)!} = \mathrm{e}^{-\lambda \tau} \cdot \frac{(\lambda \tau)^n}{n!}, \quad n=0,1,2,\cdots.$$

故 $\{Y(t)\}$ 服从参数 $(\lambda_1+\lambda_2)$ 的泊松过程.

(2) $EZ(t)=E[X_1(t)-X_2(t)]=EX_1(t)-EX_2(t)=(\lambda_1-\lambda_2)t,$

$$DZ(t)=D[X_1(t)-X_2(t)]=DX_1(t)+DX_2(t)=(\lambda_1+\lambda_2)t.$$

由于 $EZ(t)\neq DZ(t)$，故 $Z(t)$ 不是泊松过程.

3.2　设 $\{X(t),t\geqslant 0\}$ 表示到达商店的顾客数，ξ_i 表示第 i 个顾客购物与否，即

$$\xi_i = \begin{cases} 1, & \text{第 } i \text{ 个顾客购物}, \\ 0, & \text{第 } i \text{ 个顾客不购物}. \end{cases}$$

则由题意知 $\xi_i (i=1,2,\cdots)$ 独立同分布，且与 $\{X(t)\}$ 独立，

$$P(\xi_i=1)=p, \quad P(\xi_i=0)=1-p,$$

因此，$Y(t)=\sum_{i=1}^{X(t)}\xi_i$ 是复合泊松过程，

$$EY(t)=\lambda t E\xi_1=\lambda p t,$$

$Y(t)$ 的强度 $\lambda_Y=EY(t)/t=\lambda p$.

3.3　(1) $P\{X(t+2)-X(t)=3\}=\dfrac{(2\lambda)^3}{3!}\mathrm{e}^{-2\lambda}=\dfrac{4}{3}\lambda^3\mathrm{e}^{-2\lambda}$.

(2) $P=\displaystyle\sum_{k=0}^{2}P\{X(1)-X(0)=k,X(2)-X(1)\geqslant 3-k\}$

$$= \sum_{k=0}^{2}P\{X(1)-X(0)=k\}P\{X(2)-X(1)\geqslant 3-k\}$$

$$= \mathrm{e}^{-\lambda}(1-\mathrm{e}^{-\lambda}-\lambda\mathrm{e}^{-\lambda}-\frac{\lambda^2}{2}\mathrm{e}^{-\lambda})+\lambda\mathrm{e}^{-\lambda}(1-\mathrm{e}^{-\lambda}-\lambda\mathrm{e}^{-\lambda})+\frac{\lambda^2}{2}\mathrm{e}^{-\lambda}(1-\mathrm{e}^{-\lambda})$$

$$= \mathrm{e}^{-\lambda}\Big[(1+\lambda+\frac{\lambda^2}{2})-\mathrm{e}^{-\lambda}(1+2\lambda+2\lambda^2)\Big].$$

3.4　$P\{S>s_1+s_2 \mid S>s_1\}=P\{X(s_1+s_2)-X(s_1)=0\}=\dfrac{(\lambda s_2)^0}{0!}\mathrm{e}^{-\lambda s_2}$

$$= \mathrm{e}^{-\lambda s_2}=1-P(S\leqslant s_2)=P(S>s_2).$$

3.5　(1) 由定理 3.2 知绿色汽车之间的不同到达时刻的概率密度为

$$f(t)=\begin{cases} \lambda_1 \mathrm{e}^{-\lambda_1 t}, & t\geqslant 0, \\ 0, & t<0. \end{cases}$$

(2) 由题 3.1 知，汽车合并成单个输出过程 $Y(t)$，则 $Y(t)$ 仍为泊松过程，其到达率为 $\lambda_1+\lambda_2+\lambda_3$，故汽车之间的不同到达时刻的概率密度为

$$f_Y(t)=\begin{cases} (\lambda_1+\lambda_2+\lambda_3)\mathrm{e}^{-(\lambda_1+\lambda_2+\lambda_3)t}, & t\geqslant 0, \\ 0, & t<0. \end{cases}$$

3.6　设 T_i 表示 $\{X(t),t\geqslant 0\}$ 第 $i-1$ 次事件发生到第 i 次事件发生的时间间隔，则 $T_i(i=1,2,\cdots,n)$ 相互独立且都服从均值为 $\dfrac{1}{\lambda}$ 的指数分布，

$$ET_i = \frac{1}{\lambda}, \quad DT_i = \frac{1}{\lambda^2}, \quad i = 1, 2, \cdots, n.$$

(1) $EW_n = E\left[\sum_{i=1}^{n} T_i\right] = \sum_{i=1}^{n} ET_i = \frac{n}{\lambda}.$

(2) $DW_n = D\left[\sum_{i=1}^{n} T_i\right] = \sum_{i=1}^{n} DT_i = \frac{n}{\lambda^2}.$

3.7　$P\{N = k\} = \displaystyle\int_0^\infty P\{Y(W') - Y(W) = k, W' - W = s\}\mathrm{d}s$

$$= \int_0^\infty P\{Y(W') - Y(W) \cdot k \mid W' - W = s\} P\{W' - W = s\}\mathrm{d}s$$

$$= \int_0^\infty \frac{(\lambda_2 s)^k}{k!} \mathrm{e}^{-\lambda_2 s} \cdot \lambda_1 \mathrm{e}^{-\lambda_1 s}\mathrm{d}s = \frac{\lambda_1}{\lambda_1 + \lambda_2}\left(\frac{\lambda_2}{\lambda_1 + \lambda_2}\right)^k.$$

3.8　设 $\{N(t), t \geqslant 0\}$ 表示在 $[0, t]$ 区间脉冲到达计数器的个数,令

$$\xi_i = \begin{cases} 1, & \text{第 } i \text{ 个脉冲被计数器记录}, \\ 0, & \text{第 } i \text{ 个脉冲没有被计数器记录}, \end{cases}$$

则
$$X(t) = \sum_{i=1}^{N(t)} \xi_i.$$

根据复合泊松过程的定义知 $X(t)$ 为泊松过程,且

$$EX(t) = EN(t) \cdot E\xi_1 = \lambda t \cdot p = \lambda p t.$$

故 $X(t)$ 的强度为 λp,

$$P\{X(t) = k\} = \mathrm{e}^{-\lambda p t} \frac{(\lambda p t)^k}{k!}, \quad k = 0, 1, 2, \cdots.$$

3.9　根据题意知顾客的到达率为

$$\lambda(t) = \begin{cases} 5 + 5t, & 0 \leqslant t < 3, \\ 20, & 3 \leqslant t < 5, \\ 20 - 2(t - 5), & 5 \leqslant t < 9, \end{cases}$$

$$m_X(1.5) - m_X(0.5) = \int_{0.5}^{1.5} (5 + 5t)\mathrm{d}t = 10,$$

$$P\{X(1.5) - X(0.5) = 0\} = \mathrm{e}^{-10}.$$

3.10　设 $N(t)$ 为在时间 $[0, t]$ 内的移民户数,Y_i 表示每户的人口数,则在 $[0, t]$ 内的移民人数 $X(t) = \displaystyle\sum_{i=1}^{N(t)} Y_i$ 是一个复合泊松过程. Y_i 是相互独立且具有相同分布的随机变量,其分布列为

$$P\{Y = 1\} = P\{Y = 4\} = \frac{1}{6}, \quad P\{Y = 2\} = P\{Y = 3\} = \frac{1}{3}.$$

$$EY = \frac{15}{6}, \quad EY^2 = \frac{43}{6}.$$

根据题意知 $N(t)$ 在 5 周内是强度为 10 的泊松过程,由定理 3.6,有

$$m_X(5) = 10 \times EY_1 = 10 \times \frac{15}{6} = 25,$$

$$\sigma_X(5) = 10 \times EY_1^2 = 10 \times \frac{43}{6} = \frac{215}{3}.$$

3.11 当 $t>0$ 时，由于 $\{W_n \leqslant t\} = \{X(t) \geqslant n\}$，故

$$P\{W_n \leqslant t\} = P\{X(t) \geqslant n\} = \sum_{j=n}^{\infty} \frac{[m(t)]^j}{j!} e^{-m(t)},$$

上式对 t 求导，得到 W_n 的概率密度

$$f_{W_n}(t) = \sum_{j=n}^{\infty} m'(t) \frac{[m(t)]^{j-1}}{(j-1)!} e^{-m(t)} - \sum_{j=n}^{\infty} m'(t) \frac{[m(t)]^j}{j!} e^{-m(t)}.$$

由于 $m'(t) = \lambda(t)$，故

$$f_{W_n}(t) = \lambda(t) \frac{[m(t)]^{j-1}}{(j-1)!} e^{-m(t)}.$$

当 $t \leqslant 0$ 时，$f_{W_n}(t) = 0$，故

$$f_{W_n}(t) = \begin{cases} \lambda(t) \dfrac{[m(t)]^{j-1}}{(j-1)!} e^{-m(t)}, & t>0, \\ 0, & t \leqslant 0. \end{cases}$$

习题 4 解析

4.1

$$\boldsymbol{P} = \begin{pmatrix} 1 & 0 & 0 & 0 & 0 \\ 1/3 & 1/3 & 1/3 & 0 & 0 \\ 0 & 1/3 & 1/3 & 1/3 & 0 \\ 0 & 0 & 1/3 & 1/3 & 1/3 \\ 0 & 0 & 0 & 0 & 1 \end{pmatrix}, \quad \boldsymbol{P}^{(2)} = \begin{pmatrix} 1 & 0 & 0 & 0 & 0 \\ 4/9 & 2/9 & 2/9 & 1/9 & 0 \\ 1/9 & 2/9 & 3/9 & 2/9 & 1/9 \\ 0 & 1/9 & 2/9 & 2/9 & 4/9 \\ 0 & 0 & 0 & 0 & 1 \end{pmatrix}.$$

4.2

$$\boldsymbol{P} = \begin{pmatrix} p & q & 0 & 0 \\ 0 & 0 & p & q \\ p & q & 0 & 0 \\ 0 & 0 & p & q \end{pmatrix}, \quad \boldsymbol{P}^{(2)} = \begin{pmatrix} p^2 & pq & pq & q^2 \\ p^2 & pq & pq & q^2 \\ p^2 & pq & pq & q^2 \\ p^2 & pq & pq & q^2 \end{pmatrix}.$$

4.3 (1) $P\{X_{n+1} = i_{n+1}, X_{n+2} = i_{n+2}, \cdots, X_{n+m} = i_{n+m} \mid X_0 = i_0, X_1 = i_1, \cdots, X_n = i_n\}$

$$= \frac{P\{X_0 = i_0, \cdots, X_n = i_n, X_{n+1} = i_{n+1}, \cdots, X_{n+m} = i_{n+m}\}}{P\{X_0 = i_0, X_1 = i_1, \cdots, X_n = i_n\}}$$

$$= \frac{p_{i_0} p_{i_0 i_1} \cdots p_{i_{n-1} i_n} p_{i_n i_{n+1}} \cdots p_{i_{n+m-1} i_{n+m}}}{p_{i_0} p_{i_0 i_1} \cdots p_{i_{n-1} i_n}}$$

$$= \frac{P\{X_n = i_n, X_{n+1} = i_{n+1}, \cdots, X_{n+m} = i_{n+m}\}}{P\{X_n = i_n\}}$$

$$= P\{X_{n+1} = i_{n+1}, X_{n+2} = i_{n+2}, \cdots, X_{n+m} = i_{n+m} \mid X_n = i_n\}.$$

（2）利用条件概率类似可得.

4.4　$P\{X_2 = 4 \mid X_0 = 1, 1 < X_1 < 4\} = \dfrac{P\{X_0 = 1, 1 < X_1 < 4, X_2 = 4\}}{P\{X_0 = 1, 1 < X_1 < 4\}}$

$$= \frac{P\{X_0 = 1, X_1 = 2, X_2 = 4\} + P\{X_0 = 1, X_1 = 3, X_2 = 4\}}{P\{X_0 = 1, X_1 = 2\} + P\{X_0 = 1, X_1 = 3\}}$$

$$= \frac{P_1 P_{12} P_{24} + P_1 P_{13} P_{34}}{P_1 P_{12} + P_1 P_{13}} = \frac{\dfrac{1}{4} \times \dfrac{1}{4} \times \dfrac{1}{4} + \dfrac{1}{4} \times \dfrac{1}{4} \times \dfrac{3}{8}}{\dfrac{1}{4} \times \dfrac{1}{4} + \dfrac{1}{4} \times \dfrac{1}{4}} = \frac{5}{16}.$$

类似地　　　　　　　　　　$P\{X_2 = 4 \mid 1 < X_1 < 4\} = \dfrac{19}{60},$

故　　　　　　$P\{X_2 = 4 \mid X_0 = 1, 1 < X_1 < 4\} \neq P\{X_2 = 4 \mid 1 < X_1 < 4\}.$

4.5　由题意 $Y_n = X_n - cY_{n-1}$ 知 Y_n 是 $(X_1, X_2, \cdots, X_n)$ 的函数，由于 $X_1, X_2, \cdots,$ $X_n, \cdots$ 是相互独立的随机变量，故对 $\forall n \geqslant 0, X_{n+1}$ 与 $(Y_0, Y_1, \cdots, Y_n)$ 独立.

$$P\{Y_{n+1} = i_{n+1} \mid Y_0 = 0, Y_1 = i_1, \cdots, Y_n = i_n\}$$
$$= P\{Y_{n+1} + cY_n = i_{n+1} + ci_n \mid Y_0 = 0, Y_1 = i_1, \cdots, Y_n = i_n\}$$
$$= P\{X_{n+1} = i_{n+1} + ci_n \mid Y_0 = 0, Y_1 = i_1, \cdots, Y_n = i_n\}$$
$$= P\{X_{n+1} = i_{n+1} + ci_n\} = P\{X_{n+1} = i_{n+1} + ci_n \mid Y_n = i_n\}$$
$$= P\{Y_{n+1} = i_{n+1} \mid Y_n = i_n\}.$$

由 $i_k (k = 1, 2, \cdots, n+1)$ 的任意性知 $\{Y_n, n \geqslant 0\}$ 为马尔可夫链.

4.6　$\boldsymbol{P}^{(3)} = \begin{pmatrix} 0.25 & 0.375 & 0.375 \\ 0.375 & 0.25 & 0.375 \\ 0.375 & 0.375 & 0.25 \end{pmatrix}, \quad p_3(3) = 0.25.$

4.7　$\boldsymbol{p}^{\mathrm{T}}(1) = (0.42, 0.26, 0.32), \quad \boldsymbol{p}^{\mathrm{T}}(2) = (0.426, 0.288, 0.286).$

4.8　$\boldsymbol{p}_0^{\mathrm{T}} = \left(\dfrac{15}{24}, \dfrac{9}{24} \right), \quad \boldsymbol{P}^{(3)} = \begin{pmatrix} 0.6 & 0.4 \\ 0.62 & 0.38 \end{pmatrix}, \quad \boldsymbol{p}^{\mathrm{T}}(3) = (0.61, 0.39).$

4.9　$I = \{1, 2, \cdots, 9\}.$

$$\boldsymbol{P} = \left(\begin{array}{cccc:ccccc} 0 & 1 & 0 & 0 & & & & & \\ 1/2 & 0 & 1/2 & 0 & & & 0 & & \\ 0 & 1/2 & 0 & 1/2 & & & & & \\ 0 & 0 & 1 & 0 & & & & & \\ \hdashline & & & & 0 & 0 & 0 & 1 & 0 \\ & & & & 0 & 0 & 1 & 0 & 0 \\ & & 0 & & 0 & 1/2 & 0 & 1/2 & 0 \\ & & & & 1/3 & 0 & 1/3 & 0 & 1/3 \\ & & & & 0 & 0 & 0 & 1 & 0 \end{array} \right).$$

$$C_1 = \{1,2,3,4\}, \quad C_2 = \{5,6,7,8,9\} \text{ 两个闭集.}$$

4.10 (1) $C_1 = \{1,2,3\}$, $C_2 = \{4,5\}$ 两个遍历状态闭集.

(2) $C = \{1,2,3\}$ 遍历闭集，$N = \{4\}$ 非常返态.

(3) $C_1 = \{0\}$, $C_2 = \{b\}$ 是吸收态闭集，$N = \{1,\cdots,b-1\}$ 是非常返集.

4.11 (1) $f_{11}^{(1)} = \dfrac{1}{2}$, $f_{11}^{(2)} = \dfrac{1}{6}$, $f_{11}^{(3)} = \dfrac{1}{9}$; $f_{12}^{(1)} = \dfrac{1}{2}$, $f_{12}^{(2)} = \dfrac{1}{4}$, $f_{12}^{(3)} = \dfrac{1}{8}$.

(2) $f_{11}^{(1)} = p_1$, $f_{11}^{(2)} = 0$, $f_{11}^{(3)} = q_1 q_2 q_3$; $f_{12}^{(1)} = q_1$, $f_{12}^{(2)} = p_1 q_1$, $f_{12}^{(3)} = p_1^2 q_1$.

4.12 $N = \{1,2\}$ 非常返集，$C_1 = \{3,4,5\}$, $C_2 = \{6,7\}$ 是正常返闭集. 由转移矩阵

$$\begin{pmatrix} 0.6 & 0.4 & 0 \\ 0.4 & 0 & 0.6 \\ 0.2 & 0.5 & 0.3 \end{pmatrix}$$

解得 C_1 的平稳分布为 $\{0,0,\dfrac{10}{23},\dfrac{7}{23},\dfrac{6}{23},0,0\}$.

同理 C_2 的平稳分布为 $\{0,0,0,0,0,\dfrac{8}{15},\dfrac{7}{15}\}$.

4.13 $\pi_j = \dfrac{p_1 \cdots p_{j-1}}{q_1 \cdots q_j}\pi_0$, $j \geqslant 1$, $\quad \pi_0 = \dfrac{1}{1 + \displaystyle\sum_{j=1}^{\infty} \prod_{k=0}^{j-1} \dfrac{p_k}{q_{k+1}}}$.

4.14 $\{X_n, n \geqslant 0\}$ 的转移概率为

$$p_{ii} = 0, \quad p_{i,i+1} = \frac{2N-i}{2N}, \quad p_{i,i-1} = \frac{i}{2N}, \quad i = 0,1,\cdots,2N.$$

其平稳分布 $\{\pi_j, j=0,1,\cdots,2N\}$ 满足方程组

$$\begin{cases} \pi_0 = \dfrac{1}{2N}\pi_1, \\ \pi_j = \pi_{j-1}\dfrac{2N-j+1}{2N} + \pi_{j+1}\dfrac{j+1}{2N}, 1 \leqslant j \leqslant 2N-1, \\ \pi_{2N} = \dfrac{1}{2N}\pi_{2N-1}. \end{cases}$$

解此方程组得

$$\pi_j = C_{2N}^j \pi_0.$$

由条件 $\displaystyle\sum_j \pi_j = 1$，得

$$1 = \pi_0 \sum_{j=0}^{2N} C_{2N}^j = 2^{2N}\pi_0, \quad \pi_0 = 2^{-2N}.$$

故 $\{X_n, n \geqslant 0\}$ 的平稳分布为

$$\pi_j = C_{2N}^j 2^{-2N}, \quad j = 0,1,2,\cdots,2N.$$

4.15 （1）

$$P = \begin{bmatrix} 1/3 & 2/3 & 0 \\ 2/9 & 5/9 & 2/9 \\ 0 & 2/3 & 1/3 \end{bmatrix}.$$

（2）由于 $I = \{0,1,2\}$ 是有限的，I 中所有状态是互通的，且状态 0 是非周期的，故 $\{X_n\}$ 为遍历链.

（3）平稳分布满足方程组

$$\begin{cases} \pi_0 = \dfrac{1}{3}\pi_0 + \dfrac{2}{9}\pi_1, \\[2mm] \pi_1 = \dfrac{2}{3}\pi_0 + \dfrac{5}{9}\pi_1 + \dfrac{2}{3}\pi_2, \\[2mm] \pi_2 = \dfrac{2}{9}\pi_1 + \dfrac{1}{3}\pi_2, \\[2mm] \pi_0 + \pi_1 + \pi_2 = 1. \end{cases}$$

解此方程组得 $\pi_0 = \dfrac{1}{5}$, $\pi_1 = \dfrac{3}{5}$, $\pi_2 = \dfrac{1}{5}$.

$$\lim_{n \to \infty} p_{i0}^{(n)} = \pi_0 = \frac{1}{5}, \quad \lim_{n \to \infty} p_{i1}^{(n)} = \pi_1 = \frac{3}{5}, \quad \lim_{n \to \infty} p_{i2}^{(n)} = \pi_2 = \frac{1}{5}.$$

4.16 （1）用归纳法. 设当 $n = m$ 时，对一切 $j \in I$，都有 $\sum\limits_{i \in I} p_{ij}^{(m)} = 1$，则

$$\sum_{i \in I} p_{ij}^{(m+1)} = \sum_{i \in I} \left(\sum_{k \in I} p_{ik}^{(m)} p_{kj} \right) = \sum_{k \in I} p_{kj} \left(\sum_i p_{ik}^{(m)} \right) = \sum_{k \in I} p_{kj} = 1.$$

（2）由条件知 $\{X(n), n \geqslant 1\}$ 为非周期不可分马尔可夫链，且状态空间有限，故 $\{X(n), n \geqslant 1\}$ 为遍历链，因此

$$\lim_{n \to \infty} p_{ij}^{(n)} = \pi_j = \frac{1}{\mu_j} > 0, \quad j \in I,$$

所以

$$\lim_{n \to \infty} \sum_{i=1}^{m} p_{ij}^{(n)} = \sum_{i=1}^{m} \lim_{n \to \infty} p_{ij}^{(n)} = \sum_{i=1}^{m} \frac{1}{\mu_j} = \frac{m}{\mu_j} = 1,$$

$$\mu_j = m, \quad j = 1, 2, \cdots, m.$$

4.17 （1）证明略.

（2）$\pi_1 = 0.2112$, $\pi_2 = 0.3028$, $\pi_3 = 0.3236$, $\pi_4 = 0.1044$.

（3）$\mu_4 = 9$（天）.

习题 5 解析

5.1 柯尔莫哥洛夫向前方程为

$$\begin{cases} p'_{ij}(t) = -\lambda_j p_{ij}(t) + \lambda_{j-1} p_{i,j-1}(t), & j \geqslant i+1, \\ p'_{ii}(t) = -\lambda p_{ii}(t), \end{cases}$$

上述微分方程的解由初始条件：$p_{ij}(0) = \begin{cases} 1, & i = j, \\ 0, & i \neq j, \end{cases}$ 得

$$\begin{cases} p_{ii}(t) = \mathrm{e}^{-\lambda_i t} \\ p_{ij}(t) = \mathrm{e}^{-\lambda_j t} \displaystyle\int_0^t \mathrm{e}^{\lambda_j t} \lambda_{j-1} p_{i,j-1}(s)\mathrm{d}s, \quad j \geqslant i+1. \end{cases}$$

5.2　柯尔莫哥洛夫向前方程为

$$p_{ij}'(t) = -p_{ij}(t) + \frac{1}{2} p_{i,j-1}(t) + \frac{1}{2} p_{i,j+1}(t),$$

由于状态空间 $I = \{1,2,3\}$，故

$$p_{ij}(t) + p_{i,j-1}(t) + p_{i,j+1}(t) = 1,$$

所以　　　　$p_{ij}'(t) = -p_{ij}(t) + \dfrac{1}{2}(1 - p_{ij}(t)) = -\dfrac{3}{2} p_{ij}(t) + \dfrac{1}{2}.$

解上述一阶线性微分方程得

$$p_{ij}(t) = c\mathrm{e}^{-\frac{3}{2}t} + \frac{1}{3}.$$

由初始条件　　　　$p_{ij}(0) = \begin{cases} 1, & i = j, \\ 0, & i \neq j, \end{cases}$

确定常数 c，得

$$p_{ij}(t) = \begin{cases} \dfrac{1}{3} - \dfrac{1}{3}\mathrm{e}^{-\frac{3}{2}t}, & i \neq j, \\ \dfrac{1}{3} + \dfrac{2}{3}\mathrm{e}^{-\frac{3}{2}t}, & i = j. \end{cases}$$

故其平稳分布

$$\pi_j = \lim_{t\to\infty} p_{ij}(t) = \frac{1}{3}, \quad j = 1,2,3.$$

5.3　(1) 由题意知 $N(t)$ 是连续时间的马尔可夫链，其状态空间 $I = \{0,1,\cdots,M\}$. 设时刻 t 有 i 台车床工作，则在 $(t,t+h]$ 内又有一台车床开始工作，则在不计高阶无穷小时，它应等于原来停止工作的 $M-i$ 台车床中，在 $(t,t+h]$ 内恰有一台开始工作. 于是

$$p_{i,i+1}(h) = (M-i)\lambda h + o(h), \quad i = 0,1,\cdots,M-1.$$

类似地

$$p_{i,i-1}(h) = i\mu h + o(h), \quad i = 1,2,\cdots,M,$$

$$p_{ij}(h) = o(h), \quad |i-j| \geqslant 2.$$

显然 $\{N(t), t \geqslant 0\}$ 是生灭过程. 其中

$$\lambda_i = (M-i)\lambda h, \quad i = 0,1,\cdots,M-1,$$

$$\mu_i = i\mu h, \quad i = 1,2,\cdots,M.$$

由 (5.14) 式知它的平稳分布为

$$\pi_0 = \left(1 + \frac{\lambda}{\mu}\right)^{-M} = \left(\frac{\mu}{\lambda + \mu}\right)^M,$$

$$\pi_j = \mathrm{C}_M^j \left(\frac{j}{\mu}\right)^j \pi_0 = \mathrm{C}_M^j \left(\frac{\lambda}{\lambda + \mu}\right)^j \left(\frac{\mu}{\lambda + \mu}\right)^{M-j}, \quad j = 1,2,\cdots,M.$$

(2) $P(N(t) > 5) = \sum_{j=6}^{10} \pi_j = \sum_{j=6}^{10} C_{10}^j \left(\frac{60}{90}\right)^j \left(\frac{30}{90}\right)^{10-j} = 0.7809.$

5.4　由题意知$\{X(t), t \geqslant 0\}$是时间连续的马尔可夫链,其状态空间$I = \{0, 1, 2, 3\}$.

$$Q = \begin{bmatrix} -\lambda & \lambda & 0 & 0 \\ \mu & -(\lambda+\mu) & \lambda & 0 \\ 0 & \mu & -(\lambda+\mu) & \lambda \\ 0 & 0 & \mu & -\mu \end{bmatrix}.$$

由定理5.7知绝对概率$p_j(t)$满足柯尔莫哥洛夫方程

$$\begin{cases} p_0'(t) = -\lambda p_0(t) + \mu p_1(t), \\ p_1'(t) = \lambda p_0(t) - (\lambda+\mu) p_1(t) + \mu p_2(t), \\ p_2'(t) = \lambda p_1(t) - (\lambda+\mu) p_2(t) + \mu p_3(t), \\ p_3'(t) = \lambda p_2(t) - \mu p_3(t), \end{cases}$$

初始条件　　　　　　　　$p_0(0) = 1, \quad p_j(0) = 0, \quad j = 1, 2, 3.$

5.5　(1) 由题意知$\{X(t), t \geqslant 0\}$是时间连续的马尔可夫链,其状态空间$I = \{0, 1, \cdots, m\}$,

$$Q = \begin{bmatrix} -m\lambda & m\lambda & 0 & \cdots & 0 \\ m\mu & -m(\lambda+\mu) & m\lambda & \cdots & 0 \\ \vdots & \vdots & \vdots & & \vdots \\ 0 & 0 & \cdots & m\mu & -m\mu \end{bmatrix}.$$

(2) 由定理5.7知绝对概率满足柯尔莫哥洛夫方程

$$\begin{cases} p_0'(t) = -m\lambda p_0(t) + m\mu p_1(t), & 0 < j < m, \\ p_j'(t) = m\lambda p_{j-1}(t) - m(\lambda+\mu) p_j(t) + m\mu p_{j+1}(t), \\ p_m'(t) = m\lambda p_{m-1}(t) - m\mu p_m(t), \\ p_0(0) = 0. \end{cases}$$

(3) 由于$\lim_{t \to \infty} p_j(t) = p_j$(常数),故(2)可解出$p_j, j = 0, 1, \cdots, m.$

5.6　设服务员的服务时间为T,则由题意知T服从指数分布,其概率密度为

$$f(t) = \begin{cases} \mu e^{-\mu t}, & t > 0, \\ 0, & t \leqslant 0. \end{cases}$$

记在$[0, t]$内到达的顾客数为$X(t)$,则

$$P\{X(t) = n\} = \frac{(\lambda t)^n}{n!} e^{-\lambda t}, \quad n = 0, 1, 2, \cdots.$$

(1) 在服务员的服务时间内到达顾客的平均数

$$E[E(X(t) \mid T = t)] = \int_0^\infty \left(\sum_{n=0}^\infty n \frac{(\lambda t)^n}{n!} e^{-\lambda t}\right) \mu e^{-\mu t} \, dt = \int_0^\infty \lambda t \cdot \mu e^{-\mu t} \, dt = \frac{\lambda}{\mu}.$$

(2) 在服务员的服务时间内无顾客到达的概率为

$$p_0 = \int_0^\infty e^{-\lambda t} \cdot \mu e^{-\mu t} \, dt = \int_0^\infty \mu e^{-(\mu+\lambda)t} \, dt = \frac{\mu}{\mu+\lambda}.$$

习题 6 解析

6.1 (1)　$EX(t) = \int_0^{2\pi} \cos(\omega t + \theta) \cdot \dfrac{1}{2\pi} d\theta = 0.$

(2)　$R_X(t + \tau, t) = E[X(t + \tau) \overline{X(t)}]$

$\qquad = \int_0^{2\pi} \cos(\omega t + \omega \tau + \theta)\cos(\omega t + \theta) \cdot \dfrac{1}{2\pi} d\theta$

$\qquad = \dfrac{1}{4\pi} \int_0^{2\pi} [\cos(\omega \tau) + \cos(2\omega t + \omega \tau + 2\theta)] d\theta$

$\qquad = \dfrac{1}{2} \cos(\omega \tau),\qquad$ 与 t 无关.

(3) $E|X(t)|^2 = R_X(0) = \dfrac{1}{2} < \infty.$

由 (1)、(2)、(3) 知 $\{X(t)\}$ 是平稳过程.

6.2 (1) 由于正态随机变量的线性函数仍为正态随机变量, 且

$$EX(1) = E(-A) = 0, \quad DX(1) = D(-A) = DA = \sigma^2,$$

$$EX\left[\dfrac{1}{4}\right] = E\left[\dfrac{\sqrt{2}}{2}A\right] = 0, \quad DX\left[\dfrac{1}{4}\right] = D\left[\dfrac{\sqrt{2}}{2}A\right] = \dfrac{1}{2}DA = \dfrac{\sigma^2}{2},$$

故 $X(1)$ 和 $X(\dfrac{1}{4})$ 的概率密度分别为

$$f(1; x) = \dfrac{1}{\sqrt{2\pi}\sigma} \exp\left\{-\dfrac{x^2}{2\sigma^2}\right\}, \quad x \in \mathbf{R},$$

$$f(\dfrac{1}{4}; x) = \dfrac{1}{\sqrt{\pi}\sigma} \exp\left\{-\dfrac{x^2}{\sigma^2}\right\}, \quad x \in \mathbf{R}.$$

(2) $R_X(t + \tau, t) = E[A\cos(\pi t + \pi \tau) \cdot A\cos(\pi t)]$

$\qquad\qquad = \sigma^2 \cos(\pi t) \cdot \cos(\pi t + \pi \tau),$

即 $R_X(t + \tau, t)$ 与 t 有关, 故 $\{X(t)\}$ 是非平稳过程.

6.3 由于 A 服从瑞利分布, 故

$$EA = \int_0^\infty x \cdot \dfrac{x}{\sigma^2} \exp\left\{-\dfrac{x^2}{2\sigma^2}\right\} dx = -\int_0^\infty x \cdot \exp\left\{-\dfrac{x^2}{2\sigma^2}\right\} d\left(-\dfrac{x^2}{2\sigma^2}\right)$$

$$= -x \cdot \exp\left\{-\dfrac{x^2}{2\sigma^2}\right\}\Big|_0^\infty + \int_0^\infty \exp\left\{-\dfrac{x^2}{2\sigma^2}\right\} dx$$

$$= \int_0^\infty \exp\left\{-\dfrac{x^2}{2\sigma^2}\right\} dx = \dfrac{1}{2} \int_{-\infty}^{+\infty} \exp\left\{-\dfrac{x^2}{2\sigma^2}\right\} dx$$

$$= \dfrac{\sqrt{2\pi}}{2}\sigma \int_{-\infty}^{+\infty} \dfrac{1}{\sqrt{2\pi}\sigma} e^{-\frac{x^2}{2\sigma^2}} dx.$$

由于被积函数是标准正态随机变量的概率密度, 故

$$\int_{-\infty}^{+\infty} \frac{1}{\sqrt{2\pi}\sigma} e^{-\frac{x^2}{2\sigma^2}} dx = 1,$$

所以
$$EA = \sqrt{\frac{\pi}{2}}\sigma,$$

$$EA^2 = \int_0^{\infty} x^2 \cdot \frac{x}{\sigma^2} \exp\left\{-\frac{x^2}{2\sigma^2}\right\} dx.$$

令 $y = \dfrac{x^2}{2\sigma^2}$,则
$$EA^2 = 2\sigma^2 \int_0^{\infty} y e^{-y} dy = 2\sigma^2,$$

故
$$DA = EA^2 - (EA)^2 = 2\sigma^2 - \frac{\pi}{2}\sigma^2 = \frac{4-\pi}{2}\sigma^2.$$

(1) $EX(t) = E[A\cos(\omega t + \Theta)] = EA \cdot E\cos(\omega t + \Theta)$

$$= \sqrt{\frac{\pi}{2}}\sigma \cdot \int_0^{2\pi} \cos(\omega t + \theta) \cdot \frac{1}{2\pi} d\theta = 0.$$

(2) $R_X(t+\tau, t) = EA^2 \cdot E[\cos(\omega t + \omega\tau + \Theta)\cos(\omega t + \Theta)]$

$$= \frac{1}{2} \cdot 2\sigma^2 \cdot \cos(\omega\tau) = \sigma^2\cos(\omega\tau), \quad \text{与 } t \text{ 无关}.$$

(3) $E|X(t)|^2 = R_X(0) = \sigma^2 < \infty.$

综合(1)、(2)、(3)知$\{X(t)\}$是平稳过程.

6.4 (1) $EX(t) = \displaystyle\int_0^T f(t+\theta) \cdot \frac{1}{T} d\theta = \int_t^{t+T} f(y) \cdot \frac{1}{T} dy$,由于 $f(x)$ 是周期为 T 的连续实函数,故

$$EX(t) = \frac{1}{T}\int_0^T f(y) dy$$

为常数.

$$R_X(t+\tau, t) = E[X(t+\tau)\overline{X(t)}] = \int_0^T f(t+\tau+\theta) f(t+\theta) \cdot \frac{1}{T} d\theta$$

$$= \frac{1}{T}\int_t^{t+T} f(y+\tau) f(y) dy = \frac{1}{T}\int_0^T f(y+\tau) f(y) dy$$

与 t 无关,且

$$E[|X(t)|^2] = R_X(0) = \frac{1}{T}\int_0^T f^2(y) dy < \infty,$$

因此$\{X(t)\}$是平稳过程.

(2) 由(1)知

$$R_X(\tau) = \frac{1}{T}\int_0^T f(y+\tau) f(y) d\tau.$$

6.5 由于 $X(t)$ 与 $Y(t)$ 是相互独立平稳过程,故

$$EZ(t) = E[X(t)Y(t)] = EX(t) \cdot EY(t) = m_X \cdot m_Y,$$

$$R_Z(t+\tau, t) = E[X(t+\tau)Y(t+\tau)\overline{X(t)Y(t)}]$$

$$= E[X(t+\tau)\overline{X(t)} \cdot Y(t+\tau)\overline{Y(t)}]$$

$$= E[X(t+\tau)\overline{X(t)}] \cdot E[Y(t+\tau)\overline{Y(t)}]$$

$$= R_X(\tau) \cdot R_Y(\tau), \quad \text{与 } t \text{ 无关.}$$

$$E|Z(t)|^2 = R_Z(0) = R_X(0) \cdot R_Y(0) < \infty,$$

因此 $Z(t)$ 为平稳过程.

6.6 (1) 对给定 $T>0$ 和任意 t,由题意知

$$D[X(t+T)-X(t)]$$

$$= E[(X(t+T)-X(t))^2] - (E[X(t+T)-X(t)])^2$$

$$= EX^2(t+T) + EX^2(t) - 2E[X(t+T)X(t)] - 0$$

$$= 2R_X(0) - 2R_X(T) = 0,$$

由契比雪夫不等式,对 $\forall \varepsilon > 0$,

$$P\{|X(t+T)-X(t)| \geqslant \varepsilon\} \leqslant \frac{D[X(t+T)-X(t)]}{\varepsilon^2} = 0,$$

即对 $\forall t, X(t+T)$ 依概率 1 等于 $X(t)$.

(2) 由于 $X(t)$ 是实平稳过程,对给定 T 和 $\forall t$,由(1)式得

$$E[X(t+T+\tau)-X(t+\tau)]^2$$

$$= D[X(t+T+\tau)-X(t+\tau)] + (E[X(t+T+\tau)-X(t+\tau)])^2$$

$$= 0 + 0^2 = 0,$$

因此,

$$|R_X(t+T)-R_X(t)| = |E[X(t+T+\tau)X(\tau)] - E[X(t+\tau)X(\tau)]|$$

$$= |E[(X(t+T+\tau)-X(t+\tau))X(\tau)]|$$

$$\leqslant (E[X(t+T+\tau)-X(t+\tau)]^2 \cdot EX^2(\tau))^{\frac{1}{2}}$$

$$= 0,$$

所以 $$R_X(t+T) = R_X(t).$$

6.7 (1) $EY(t) = E[X(t+1)-X(t)] = EX(t+1) - EX(t)$

$$= \alpha + \beta(t+1) - (\alpha+\beta t) = \beta, \quad \text{与 } t \text{ 无关.}$$

(2) $R_Y(t+\tau, t) = E[X(t+\tau+1)-X(t+\tau)] \cdot \overline{[X(t+1)-X(t)]}$

$$= R_X(t+\tau+1, t+1) - R_X(t+\tau, t+1) - R_X(t+\tau+1, t) + R_X(t+\tau, t),$$

由于 $B_X(t_1, t_2) = e^{-\lambda|t_1-t_2|}$,故

$$R_X(t_1, t_2) = B_X(t_1, t_2) + m_X(t_1)m_X(t_2)$$

$$= e^{-\lambda|t_1-t_2|} + (\alpha+\beta t_1)(\alpha+\beta t_2),$$

因此

$$R_Y(t+\tau, t) = 2e^{-\lambda|\tau|} - e^{-\lambda|\tau-1|} - e^{-\lambda|\tau+1|} + \beta^2 = R_Y(\tau),$$

与 t 无关.

(3) $E|Y(t)|^2 = R_Y(0) = 2 - 2e^{-\lambda} + \beta^2 < +\infty.$

由(1)、(2)、(3)知 $Y(t)$ 为平稳过程.

6.8 (1) $R_{XY}(\tau) = E[X(t+\tau)\overline{Y(t)}]$

$\qquad\qquad = E[X(t+\tau)\overline{(aX(t-\tau_1)+N(t))}]$

$\qquad\qquad = aR_X(\tau+\tau_1) + R_{XN}(\tau).$

(2) $R_{XN}(\tau) = E[X(t+\tau)\overline{N(t)}] = E[X(t+\tau)\cdot E\,\overline{N(t)}] = 0,$

$\quad R_{XY}(\tau) = aR_X(\tau+\tau_1).$

6.9 (1) $EY_n = E\left[\sum_{l=0}^{k} a_l X_{n-l}\right] = \sum_{l=0}^{k} a_l \cdot EX_{n-l} = 0.$

(2) $R_Y(n+m,n) = E\left[\sum_{l=0}^{k} a_l X_{n+m-l}\right]\overline{\left[\sum_{l=0}^{k} a_l X_{n-l}\right]}.$

由条件知 $EX_n = 0, DX_n = 1, X_n$ 相互独立,故

$$E[X_i \overline{X}_j] = \begin{cases} 0, & i \neq j, \\ 1, & i = j, \end{cases}$$

所以

$$R_Y(n+m,n) = \begin{cases} a_m a_0 + a_{m+1} a_1 + \cdots + a_k a_{k-m}, & 0 \leqslant |m| \leqslant k, \\ 0, & |m| > k. \end{cases}$$

(3) $E\,|Y_n|^2 = R_Y(n,n) = \sum_{i=0}^{k} a_i^2 < +\infty.$

故由(1)、(2)、(3)知$\{Y_n\}$是平稳过程.

6.10 由于 $N(t)$是泊松过程,故

$$m_N(t) = \lambda t, \quad R_N(s,t) = \begin{cases} \lambda s(\lambda t + 1), & s \leqslant t, \\ \lambda t(\lambda s + 1), & s > t. \end{cases}$$

所以 $EX(t) = E[N(t+L) - N(t)] = \lambda(t+L) - \lambda t = \lambda L,$

$\quad R_X(t+\tau,t) = E[N(t+L+\tau) - N(t+\tau)][N(t+L) - N(t)]$

$= R_N(t+L+\tau,t+L) - R_N(t+L+\tau,t) - R_N(t+\tau,t+L) + R_N(t+\tau,t),$

当 $\tau \geqslant L$ 时

$\quad R_X(t+\tau,t) = \lambda(t+L)[\lambda(t+L+\tau)+1] - \lambda t[\lambda(t+L+\tau)+1]$

$\qquad\qquad - \lambda(t+L)[\lambda(t+\tau)+1] + \lambda t[\lambda(t+\tau)+1]$

$\qquad\quad = \lambda^2 L^2.$

同理可得

$$R_X(t+\tau,t) = \begin{cases} \lambda^2 L^2 - \lambda\tau + \lambda L, & 0 \leqslant \tau < L, \\ \lambda^2 L^2 + \lambda\tau + \lambda L, & -L < \tau < 0, \\ \lambda^2 L^2, & \tau \leqslant -L. \end{cases}$$

所以

$$B_X(t+\tau,t) = R_X(t+\tau,t) - EX(t+\tau) \cdot EX(t)$$

$$= \begin{cases} \lambda(L - |\tau|), & |\tau| < L, \\ 0, & |\tau| \geqslant L. \end{cases}$$

6.11　$X(t)$为维纳过程,则
$$m_X(t)=0,\quad R_X(s,t)=\sigma^2(\min(s,t)),\quad s,t\geqslant 0.$$

(1) $EY(t)=E\left[\int_0^t X(s)\mathrm{d}s\right]=\int_0^t EX(s)\mathrm{d}s=0.$

(2) $R_Y(t+\tau,t)=E\left[Y(t+\tau)\overline{Y(t)}\right]=E\left[\int_0^{t+\tau}X(s)\mathrm{d}s\cdot\overline{\int_0^t X(u)\mathrm{d}u}\right]$

$$=\int_0^{t+\tau}\int_0^t E[X(s)\overline{X(u)}]\mathrm{d}u\mathrm{d}s$$

$$=\int_0^{t+\tau}\int_0^t R_X(s,u)\mathrm{d}u\mathrm{d}s.$$

当 $\tau\geqslant 0$ 时
$$R_Y(t+\tau,t)=\sigma^2\left[\int_0^t\left(\int_u^{t+\tau}u\mathrm{d}s\right)\mathrm{d}u+\int_0^t\left(\int_s^t s\mathrm{d}u\right)\mathrm{d}s\right]$$

$$=\sigma^2\left(\frac{1}{3}t^3+\frac{1}{2}t^2\tau\right),\quad 与\ t\ 有关.$$

故$\{Y(t),t\geqslant 0\}$是非平稳过程.

6.12　(1) 不是,因为 $R_X(0)=6\neq\sigma_X^2=5.$

(2) 不是,因为 $R_X(0)=0\neq\sigma_X^2=5.$

(3) 不是,因为不满足$|R_{XY}(0)|^2\leqslant|R_X(0)R_Y(0)|.$

(4) 不是,因为 $R_Y(0)<0.$

(5) 不是,$R_Y(0)=\lim_{\tau\to 0}R_Y(\tau)=5\neq\sigma_Y^2.$

(6) 是,$R_Y(0)=\lim_{\tau\to 0}R_Y(\tau)=10\neq\sigma_Y^2.$

6.13　$B_X(t+\tau,t)=B_X(\tau)=R_X(\tau)=6\mathrm{e}^{-\frac{|\tau|}{2}}.$

故 $B_X(\tau)$为 τ 的偶函数,所以协方差矩阵为
$$\begin{bmatrix} 6 & 6\mathrm{e}^{-1/2} & 6\mathrm{e}^{-1} & 6\mathrm{e}^{-3/2} \\ 6\mathrm{e}^{-1/2} & 6 & 6\mathrm{e}^{-1/2} & 6\mathrm{e}^{-1} \\ 6\mathrm{e}^{-1} & 6\mathrm{e}^{-1/2} & 6 & 6\mathrm{e}^{-1/2} \\ 6\mathrm{e}^{-3/2} & 6\mathrm{e}^{-1} & 6\mathrm{e}^{-1/2} & 6 \end{bmatrix}.$$

6.14　① 充分性
$$EX(t)=E[U\cos(\lambda t)+V\sin(\lambda t)]$$
$$=\cos(\lambda t)\cdot EU+\sin(\lambda t)\cdot EV=0,$$
$$R_X(t+\tau,\tau)=E[X(t+\tau)\overline{X(t)}]$$
$$=E[U\cos(\lambda t+\lambda\tau)+V\sin(\lambda t+\lambda\tau)]\cdot[U\cos(\lambda t)+V\sin(\lambda t)]$$
$$=\cos(\lambda t+\lambda\tau)\cos(\lambda t)\cdot EU^2+[\cos(\lambda t+\lambda\tau)\sin(\lambda t)$$
$$+\sin(\lambda t+\lambda\tau)\cos(\lambda t)]E[UV]+\sin(\lambda t+\lambda\tau)\sin(\lambda t)\cdot EV^2$$
$$=\sigma^2\cos(\lambda\tau),\quad 与\ t\ 无关.$$
$$E[|X(t)|^2]=R_X(\tau,\tau)=\sigma^2<\infty,$$

故知$\{X(t)\}$为平稳过程.

② 必要性 $X(t)$是平稳过程.

由 $EX(t)=\cos(\lambda t)\cdot EU+\sin(\lambda t)\cdot EV=$常数,可知

$$EU=EV=0.$$

由 $R_X(t+\tau,t)=R_X(\tau)$,特别 $R_X(t,t)=$常数,可推得 $EV^2=EU^2$,$EUV=0$,故 U 与 V 是互不相关、均值为零且方差相等的随机变量.

6.15 (1) $R_{XY}(\tau)=E[a\cos(\omega t+\omega\tau+\Phi)b\sin(\omega t+\Phi)]$

$$=\frac{1}{2}abE[\sin(2\omega t+\omega\tau+2\Phi)-\sin(\omega\tau)]=-\frac{1}{2}ab\sin(\omega\tau).$$

(2) $R_{YX}(\tau)=E[b\sin(\omega t+\omega\tau+\Phi)a\cos(\omega t+\Phi)]$

$$=\frac{1}{2}abE[\sin(2\omega t+\omega\tau+2\Phi)+\sin(\omega\tau)]=\frac{1}{2}ab\sin(\omega\tau).$$

6.16 (1) $E[Z(t)]=E[X(t)+Y(t)]=E[A(t)\cos t]+E[B(t)\sin t]=0.$

(2) $R_Z(t+\tau,t)=E[(X(t+\tau)+Y(t+\tau))\overline{(X(t)+Y(t))}]$

$$=R_X(t+\tau,t)+R_Y(t+\tau,t)+R_{XY}(t+\tau,t)+R_{YZ}(t+\tau,t)$$

$$=R_A(\tau)\cos(t+\tau)\cos t+R_B(\tau)\sin(t+\tau)\sin t+0+0$$

$$=R_A(\tau)\cos\tau, \quad 只与\ \tau\ 有关.$$

(3) $E|Z(t)|^2=R_Z(0)=R_A(0)<\infty.$

由(1)、(2)、(3)知$\{Z(t)\}$是平稳过程.

6.17 (1) $EZ(t)=\int_0^{2\pi}e^{i(\omega_0 t+\theta)}\cdot\frac{1}{2\pi}d\theta$

$$=\frac{1}{2\pi}\int_0^{2\pi}[\cos(\omega_0 t+\theta)+i\sin(\omega_0 t+\theta)]d\theta$$

$$=0.$$

(2) $R_Z(t+\tau,t)=E[Z(t+\tau)\overline{Z(t)}]=\int_0^{2\pi}e^{i(\omega_0 t+\omega_0\tau+\theta)}e^{-i(\omega_0 t+\theta)}\cdot\frac{1}{2\pi}d\theta$

$$=\int_0^{2\pi}e^{i\omega_0\tau}\cdot\frac{1}{2\pi}d\theta=e^{i\omega_0\tau}, \quad 与\ t\ 无关.$$

(3) $E|Z(t)|^2=R_Z(0)=1.$

由(1)、(2)、(3)知 $Z(t)$为复平稳过程.

6.18 (1) $R_{Z_1 Z_2}(t+\tau,t)=E[(X_1(t+\tau)+iY_1(t+\tau))\overline{(X_2(t)+iY_2(t))}]$

$$=R_{X_1 X_2}(t+\tau,t)+R_{Y_1 Y_2}(t+\tau,t)$$

$$-iR_{X_1 Y_2}(t+\tau,t)+iR_{Y_1 X_2}(t+\tau,t),$$

(2) 若所有实随机过程都互不相关,则

$$R_{X_1 X_2}(t+\tau,t)=R_{Y_1 Y_2}(t+\tau,t)=R_{X_1 Y_2}(t+\tau,t)$$

$$=R_{Y_1 X_2}(t+\tau,t)=0,$$

$$R_{Z_1 Z_2}(t+\tau,t)=0.$$

6.19　$E \mid Y \mid^2 = E\left[\left|\int_a^{a+T} X(t)\mathrm{d}t\right|^2\right]$

$$= E\left[\int_a^{a+T} X(s)\mathrm{d}s \overline{\int_a^{a+T} X(t)\mathrm{d}t}\right] = \int_a^{a+T}\int_a^{a+T} R_X(s,t)\mathrm{d}s\mathrm{d}t,$$

令 $\tau_1 = t+s, \tau_2 = s-t,$ 则

$$E[\mid Y \mid^2] = \frac{1}{2}\int_{-T}^{T}\left(\int_{2a+|\tau_2|}^{(2a+2T)-|\tau_2|} R_X(\tau_2)\mathrm{d}\tau_1\right)\mathrm{d}\tau_2$$

$$= \int_{-T}^{T}(T-|\tau|)R_X(\tau)\mathrm{d}\tau.$$

6.20　记 $Z(t) = W(t)+Y(t),$ 则 $Z(t)$ 的相关函数

$$R_Z(t+\tau, t) = E[(Y(t+\tau)+W(t+\tau))\overline{(Y(t)+W(t))}]$$

$$= R_Y(t+\tau, t) + R_{YW}(t+\tau, t) + R_{WY}(t+\tau, t) + R_W(t+\tau, t)$$

$$= \frac{1}{2}\cos(\omega_0\tau)\cdot R_X(\tau) + \frac{1}{2}\cos(\omega_0\tau-\omega_1 t)\cdot R_X(\tau)$$

$$+ \frac{1}{2}\cos(\omega_0\tau+\omega_1 t+\omega_1\tau)\cdot R_X(\tau) + \frac{1}{2}\cos(\omega_0\tau+\omega_1\tau)\cdot R_X(\tau),$$

当 $\tau = 0$ 时，

$$R_Z(t,t) = R_X(0)\cdot\cos(\omega_1 t) + R_X(0), \quad \text{与 } t \text{ 有关.}$$

故 $W(t)+Y(t)$ 为非平稳过程.

6.21　(1) $E[X(t)] = EA\cdot\sin(\lambda t) + EB\cdot\cos(\lambda t) = 0.$

$$\langle X(t)\rangle = \mathop{\mathrm{l.i.m}}_{T\to\infty} \frac{1}{2T}\int_{-T}^{T} X(t)\mathrm{d}t$$

$$= \mathop{\mathrm{l.i.m}}_{T\to\infty} \frac{1}{2T}\int_{-T}^{T}[A\sin(\lambda t)+B\cos(\lambda t)]\mathrm{d}t$$

$$= \mathop{\mathrm{l.i.m}}_{T\to\infty} \frac{1}{2T}\times 2\int_0^T B\cos(\lambda t)\mathrm{d}t = \mathop{\mathrm{l.i.m}}_{T\to\infty} \frac{\sin(\lambda T)}{\lambda T}B,$$

由于 $B\sim N(0,\sigma^2),$ 故

$$\lim_{T\to\infty} E\left|\frac{\sin(\lambda T)}{\lambda T}B-0\right|^2 = \lim_{T\to\infty} \frac{\sin^2(\lambda T)}{\lambda^2 T^2}EB^2 = \lim_{T\to\infty} \frac{\sin^2(\lambda T)}{\lambda^2 T^2}\sigma^2 = 0.$$

即 $\dfrac{\sin(\lambda T)}{\lambda T}B$ 均方收敛于 $0,$ 故 $X(t)$ 的均值是各态历经的.

(2) $E[X(t)]^2 = E[A^2\sin^2(\lambda t)+B^2\cos^2(\lambda t)+2AB\sin(\lambda t)\cos(\lambda t)] = \sigma^2,$

$$\langle X^2(t)\rangle = \mathop{\mathrm{l.i.m}}_{T\to\infty} \frac{1}{2T}\int_{-T}^{T} X^2(t)\mathrm{d}t$$

$$= \mathop{\mathrm{l.i.m}}_{T\to\infty} \frac{1}{2T}\int_{-T}^{T}[A^2\sin^2(\lambda t)+B^2\cos^2(\lambda t)+2AB\sin(\lambda t)\cos(\lambda t)]\mathrm{d}t$$

$$= \mathop{\mathrm{l.i.m}}_{T\to\infty} \frac{1}{2T}\int_{-T}^{T}\left[\frac{A^2+B^2}{2}+\frac{B^2-A^2}{2}\cos(2\lambda t)+AB\sin(2\lambda t)\right]\mathrm{d}t$$

$$= \frac{A^2+B^2}{2} + \mathop{\mathrm{l.i.m}}_{T\to\infty} \frac{\sin 2\lambda T}{4\lambda T}(B^2-A^2),$$

类似(1)可证得 $\underset{T \to \infty}{\mathrm{l.\,i.\,m}} \dfrac{\sin 2\lambda T}{4\lambda T}(B^2 - A^2) = 0$,故

$$\langle X^2(t) \rangle = \frac{A^2 + B^2}{2}.$$

由条件知 $A \sim N(0, \sigma^2)$,故 $\dfrac{A^2}{\sigma^2} \sim \chi^2(1)$,$D\left(\dfrac{A^2}{\sigma^2}\right) = 2$,$DA^2 = 2\sigma^4$.

$$E\left[\frac{1}{2}(A^2 + B^2)\right] = \frac{1}{2}(EA^2 + EB^2) = \sigma^2,$$

$$D\left[\frac{1}{2}(A^2 + B^2)\right] = \frac{1}{4}(DA^2 + DB^2) = \sigma^4 \neq 0,$$

因此 $X(t)$ 的均方值 $E[X(t)]^2$ 非各态历经.

(3) 将 A, B 代于(2)中得

$$\langle X^2(t) \rangle = \sigma^2 = E[X(t)]^2,$$

故 $E[X(t)]^2$ 是各态历经的.

6.22　$E[X(t)] = \displaystyle\int_0^T f(t + \theta) \cdot \frac{1}{T} \mathrm{d}\theta = \frac{1}{T} \int_t^{t+T} f(y)\mathrm{d}y = \frac{1}{T} \int_0^T f(\theta)\mathrm{d}\theta$,

$$\langle X(t) \rangle = \underset{T_1 \to \infty}{\mathrm{l.\,i.\,m}} \frac{1}{2T_1} \int_{-T_1}^{T_1} f(t + \Theta)\mathrm{d}t = \underset{T_1 \to \infty}{\mathrm{l.\,i.\,m}} \frac{1}{T_1} \int_0^{T_1} f(t + \Theta)\mathrm{d}t,$$

令 $T_1 = nT + T'$,$0 \leqslant T' < T$,则

$$\langle X(t) \rangle = \underset{n \to \infty}{\mathrm{l.\,i.\,m}} \frac{1}{nT + T'}\left[\int_0^{nT} f(t + \Theta)\mathrm{d}t + \int_{nT}^{nT+T'} f(t + \Theta)\mathrm{d}t\right]$$

$$= \underset{n \to \infty}{\mathrm{l.\,i.\,m}} \frac{n}{nT + T'} \int_0^T f(t + \Theta)\mathrm{d}t = \frac{1}{T} \int_0^T f(t + \Theta)\mathrm{d}t,$$

对 Θ 的任意取值 $\theta \in [0, T]$,由于

$$\frac{1}{T} \int_0^T f(t + \theta)\mathrm{d}t = \frac{1}{T} \int_\theta^{T+\theta} f(s)\mathrm{d}s = \frac{1}{T} \int_0^T f(s)\mathrm{d}s = EX(t),$$

故 $X(t)$ 是均值遍历的.

同理　$\langle X(t + \tau)X(t) \rangle = \underset{T_1 \to \infty}{\mathrm{l.\,i.\,m}} \dfrac{1}{2T_1} \displaystyle\int_{-T_1}^{T_1} f(t + \Theta)f(t + \tau + \Theta)\mathrm{d}t$

$$= \underset{T_1 \to \infty}{\mathrm{l.\,i.\,m}} \frac{1}{T_1} \int_0^{T_1} f(t + \Theta)f(t + \tau + \Theta)\mathrm{d}t$$

$$= \frac{1}{T} \int_0^T f(t + \Theta)f(t + \tau + \Theta)\mathrm{d}t.$$

对 Θ 的任意取值 $\theta \in [0, T]$,由于

$$\frac{1}{T} \int_0^T f(t + \theta)f(t + \tau + \theta)\mathrm{d}t = \frac{1}{T} \int_0^T f(s)f(s + \tau)\mathrm{d}s = R_X(\tau),$$

故 $X(t)$ 相关函数是遍历的. 总之,$X(t)$ 是遍历过程.

习题 7 解析

7.1　由谱密度的性质知:谱密度是实的偶函数,对于有理谱,其分母的次数大于

分子次数,且分母无实根.(3)分母有实根,(5)不是实函数,故(1),(2),(4)是谱密度.

7.2 $s_X(\omega) = \int_{-\infty}^{\infty} \mathrm{e}^{-a|\tau|} \mathrm{e}^{-\mathrm{i}\omega\tau} \mathrm{d}\tau = \int_{-\infty}^{\infty} \mathrm{e}^{-a|\tau|} [\cos(\omega\tau) - \mathrm{i}\sin(\omega\tau)] \mathrm{d}\tau$

$\qquad = 2\int_{0}^{\infty} \mathrm{e}^{-a\tau} \cos(\omega\tau) \mathrm{d}\tau = \dfrac{2a}{a^2 + \omega^2}.$

7.3 $R_X(\tau) = E[X(t+\tau)\overline{X(t)}]$

$\qquad = a^2 \int_{-\pi}^{\pi} \cos(\omega_0 t + \omega_0\tau + \theta)\cos(\omega_0 t + \theta) \dfrac{1}{2\pi} \mathrm{d}\theta = \dfrac{a^2}{2}\cos(\omega_0\tau),$

$\qquad s_X(\omega) = \int_{-\infty}^{\infty} R_X(\tau)\mathrm{e}^{-\mathrm{i}\omega\tau} \mathrm{d}\tau = \int_{-\infty}^{\infty} \dfrac{a^2}{2}\cos(\omega_0\tau) \cdot \mathrm{e}^{-\mathrm{i}\omega\tau} \mathrm{d}\tau$

$\qquad = \dfrac{a^2}{2}\pi[\delta(\omega + \omega_0) + \delta(\omega - \omega_0)].$

7.4 $s_X(\omega) = \int_{-\infty}^{\infty} R_X(\tau)\mathrm{e}^{-\mathrm{i}\omega\tau} \mathrm{d}\tau = \int_{-\infty}^{\infty} [4\mathrm{e}^{-|\tau|}\cos(\pi\tau) + \cos(3\pi\tau)]\mathrm{e}^{-\mathrm{i}\omega\tau} \mathrm{d}\tau$

$\qquad = 4\left[\dfrac{1}{(\omega-\pi)^2+1} - \dfrac{1}{(\omega+\pi)^2+1}\right] + \pi[\delta(\omega-3\pi) + \delta(\omega+3\pi)].$

7.5 由复变函数的留数公式可得

$$R_X(\tau) = \dfrac{|\tau|+1}{4}\mathrm{e}^{-|\tau|}.$$

7.6 $EY(t) = E[X(t) + X(t-T)] = m_X(t) + m_X(t-T) = 2m_X,$

$\qquad R_Y(t+\tau, t) = E[(X(t+\tau) + X(t+\tau-T))\overline{(X(t) + X(t-T))}]$

$\qquad = 2R_X(\tau) + R_X(\tau+T) + R_X(\tau-T),$

故 $\{Y(t)\}$ 为平稳过程.

$\qquad s_Y(\omega) = \int_{-\infty}^{\infty} R_Y(\tau)\mathrm{e}^{-\mathrm{i}\omega\tau} \mathrm{d}\tau$

$\qquad = \int_{-\infty}^{\infty} [2R_X(\tau) + R_X(\tau+T) + R_X(\tau-T)]\mathrm{e}^{-\mathrm{i}\omega\tau} \mathrm{d}\tau$

$\qquad = 2s_X(\omega) + s_X(\omega)\mathrm{e}^{\mathrm{i}\omega T} + s_X(\omega)\mathrm{e}^{-\mathrm{i}\omega T} = 2s_X(\omega)[1 + \cos(\omega T)].$

7.7 $R_X(\tau) = \dfrac{1}{2\pi}\int_{-\infty}^{\infty} s_X(\omega)\mathrm{e}^{\mathrm{i}\omega\tau} \mathrm{d}\omega = \dfrac{1}{\pi}\int_{0}^{\infty} s_X(\omega)\cos(\omega\tau)\mathrm{d}\omega$

$\qquad = \dfrac{1}{\pi}\int_{\omega_0}^{2\omega_0} c^2\cos(\omega\tau)\mathrm{d}\omega = \dfrac{c^2}{\pi\tau}[\sin(2\omega_0\tau) - \sin(\omega_0\tau)].$

7.8 $R_X(\tau) = E[X(t+\tau)\overline{X(t)}]$

$\qquad = \int_{-\infty}^{\infty}\int_{0}^{2\pi} a\cos(\omega t + \omega\tau + \varphi) \cdot a\cos(\omega t + \varphi) f(\omega, \varphi) \mathrm{d}\varphi \mathrm{d}\omega,$

由于 $\Phi \sim U[0, 2\pi]$, Φ 与 Ω 独立,若设 Ω 的概率密度为 $f(\omega)$, $\omega \in (-\infty, +\infty)$,则

$$f(\omega, \varphi) = \dfrac{1}{2\pi}f(\omega), \quad -\infty < \omega < +\infty, \quad 0 < \varphi < 2\pi.$$

$\qquad R_X(\tau) = \dfrac{a^2}{2\pi}\int_{-\infty}^{\infty} f(\omega)\mathrm{d}\omega \int_{0}^{2\pi} \cos(\omega t + \omega\tau + \varphi)\cos(\omega t + \varphi)\mathrm{d}\varphi$

$$= \frac{a^2}{2} \int_{-\infty}^{\infty} f(\omega) \cos(\omega\tau) \, d\omega$$

$$= \frac{a^2}{2} \left[\int_{-\infty}^{\infty} f(\omega) \cos(\omega\tau) \, d\omega + i \int_{-\infty}^{\infty} f(\omega) \sin(\omega\tau) \, d\omega \right]$$

$$= \frac{a^2}{2} \int_{-\infty}^{\infty} f(\omega) e^{i\omega\tau} \, d\omega = \frac{1}{2\pi} \int_{-\infty}^{\infty} s_X(\omega) e^{i\omega\tau} \, d\omega,$$

由最后一个等式知 $s_X(\omega) = \pi a^2 f(\omega)$.

7.9 由 $R_{XY}(\tau) = \overline{R_{YX}(-\tau)}$, 知

$$s_{XY}(\omega) = \int_{-\infty}^{\infty} R_{XY}(\tau) e^{-i\omega\tau} \, d\tau = \int_{-\infty}^{\infty} \overline{R_{YX}(-\tau)} e^{-i\omega\tau} \, d\tau$$

$$= -\int_{-\infty}^{\infty} \overline{R_{YX}(-\tau)} e^{i\omega(-\tau)} \, d(-\tau) = \int_{-\infty}^{\infty} \overline{R_{YX}(s)} e^{-i\omega s} \, ds = \overline{s_{YX}(\omega)},$$

所以 $\quad \mathrm{Re}[s_{XY}(\omega)] = \mathrm{Re}[s_{YX}(\omega)], \quad \mathrm{Im}[s_{XY}(\omega)] = -\mathrm{Im}[s_{YX}(\omega)].$

7.10 (1) $R_Y(\tau) = E[X(t+a+\tau) - X(t-a+\tau)][\overline{X(t+a) - X(t-a)}]$
$$= 2R_X(\tau) - R_X(\tau - 2a) - R_X(\tau + 2a).$$

(2) $s_Y(\omega) = \int_{-\infty}^{\infty} R_Y(\tau) e^{-i\omega\tau} \, d\tau$

$$= 2s_X(\omega) - \int_{-\infty}^{\infty} R_X(\tau - 2a) e^{-i\omega(\tau - 2a)} \cdot e^{-i\omega 2a} \, d\tau$$

$$- \int_{-\infty}^{\infty} R_X(\tau + 2a) e^{-i\omega(\tau + 2a)} \cdot e^{i\omega 2a} \, d\tau$$

$$= 2s_X(\omega)[1 - \cos(2\omega a)] = 4s_X(\omega)(\sin\omega a)^2.$$

7.11 (1) $R_{XY}(\tau) = E[X(t+\tau)\overline{Y(t)}] = EX(t+\tau) \cdot E\overline{Y(t)} = m_X \overline{m_Y},$

$$s_{XY}(\omega) = \int_{-\infty}^{\infty} R_{XY}(\tau) e^{-i\omega\tau} \, d\tau = 2\pi m_X \overline{m_Y} \delta(\omega).$$

(2) $R_{XZ}(\tau) = E[X(t+\tau)\overline{Z(t)}] = R_X(\tau) + R_{XY}(\tau),$

$$s_{XZ}(\omega) = \int_{-\infty}^{\infty} R_{XZ}(\tau) e^{-i\omega\tau} \, d\tau = \int_{-\infty}^{\infty} [R_X(\tau) + R_{XY}(\tau)] e^{-i\omega\tau} \, d\tau$$

$$= s_X(\omega) + s_{XY}(\omega).$$

7.12 设 $X(t)$ 的相关函数为 $R_X(\tau)$, 若 $d^2 s_X(\omega)/d\omega^2$ 是 $Y(t)$ 的谱密度, 则由于

$$s_X(\omega) = \int_{-\infty}^{\infty} R_X(\tau) e^{-i\omega\tau} \, d\tau,$$

$$d^2 s_X(\omega)/d\omega^2 = \int_{-\infty}^{\infty} -\tau^2 R_X(\tau) e^{-i\omega\tau} \, d\tau,$$

由假设知 $\qquad d^2 s_X(\omega)/d\omega^2 = \int_{-\infty}^{\infty} R_Y(\tau) e^{-i\omega\tau} \, d\tau,$

故 $\qquad R_Y(\tau) = -\tau^2 R_X(\tau), \quad R_Y(0) = 0.$

由 $|R(0)| \geqslant |R(\tau)|$ 知 $R_Y(\tau) \equiv 0$, 矛盾.

7.13 $R_Y(\tau) = \begin{cases} T - |\tau|, & |\tau| < T, \\ 0, & \text{其他}, \end{cases}$ $\qquad s_Y(\omega) = T^2 \left[\dfrac{\sin \dfrac{\omega T}{2}}{\dfrac{\omega T}{2}} \right]^2,$

$$s_{XY}(\omega) = \frac{e^{i\omega T} - 1}{i\omega}.$$

7.14 (1) $EZ(t) = \cos(\omega_0 t) EX(t) + \sin(\omega_0 t) EY(t) = 0,$

(2) $R_Z(t + \tau, t) = E[(X(t+\tau)\cos(\omega_0 t + \omega_0 \tau) + Y(t+\tau)\sin(\omega_0 t + \omega_0 \tau))$

$$\cdot (X(t)\cos(\omega_0 t) + Y(t)\sin(\omega_0 t))]$$

$$= R_X(\tau) \cdot \cos(\omega_0 \tau) - R_{XY}(\tau)\sin(\omega_0 \tau), \quad \text{与 } t \text{ 无关}.$$

(3) $E[Z(t)]^2 = R_Z(0) = R_X(0) < \infty.$

由 (1)、(2)、(3) 知 $Z(t)$ 是平稳过程.

$$s_Z(\omega) = \int_{-\infty}^{\infty} R_Z(\tau) e^{-i\omega\tau} d\tau$$

$$= \int_{-\infty}^{\infty} R_X(\tau)\cos(\omega_0\tau) e^{-i\omega\tau} d\tau + \int_{-\infty}^{\infty} R_{XY}(\tau)\sin(\omega_0\tau) e^{-i\omega\tau} d\tau$$

$$= \int_{-\infty}^{\infty} R_X(\tau) \frac{e^{-i\omega_0\tau} + e^{i\omega_0\tau}}{2} e^{-i\omega\tau} d\tau + \int_{-\infty}^{\infty} R_{XY}(\tau) \frac{e^{i\omega_0\tau} - e^{-i\omega_0\tau}}{2i} e^{-i\omega\tau} d\tau$$

$$= \frac{1}{2}[s_X(\omega + \omega_0) + s_X(\omega - \omega_0)] + \frac{i}{2}[s_{XY}(\omega - \omega_0) - s_{XY}(\omega + \omega_0)].$$

7.15 $s_Y(\omega) = \dfrac{2\beta\sigma^2 a^2}{(\beta^2 + \omega^2)(b^2 + \omega^2)},$

$\qquad R_Y(\tau) = \dfrac{\sigma^2 \cdot a^2}{b(\beta^2 - b^2)}(\beta e^{-b|\tau|} - b e^{-\beta|\tau|}).$

7.16 $s_Y(\omega) = \dfrac{2\alpha\beta(\omega^2 + a^2)}{(\omega^2 + b^2)(\omega^2 + a^2)},$

$\qquad R_Y(\tau) = \dfrac{\beta}{\alpha^2 - b^2}\left[\dfrac{\alpha(a^2 - b^2)}{b} e^{-b|\tau|} + (\alpha^2 - a^2) e^{-a|\tau|} \right].$

7.17 $s_{Y_1}(\omega) = \dfrac{\alpha^2 + \omega^2}{(2\alpha)^2 + \omega^2} \cdot \dfrac{2\sigma^2\beta}{\beta^2 + \omega^2},$ $\qquad s_{Y_2}(\omega) = \dfrac{\alpha^2}{(2\alpha)^2 + \omega^2} \cdot \dfrac{2\sigma^2\beta}{\beta^2 + \omega^2},$

$\qquad s_{Y_1 Y_2}(\omega) = \left(\dfrac{i\omega + \alpha}{i\omega + 2\alpha} \right) \left(\dfrac{\alpha}{2\alpha - i\omega} \right) \left(\dfrac{2\sigma^2\beta}{\beta^2 + \omega^2} \right).$

7.18 (1) $EY(t) = E[X(t) - X(t-1)] = 0.$

(2) $R_Y(t + \tau, \tau) = E[Y(t+\tau)\overline{Y(t)}]$

$$= E[(X(t+\tau) - X(t+\tau-1))(X(t) - X(t-1))].$$

由于 $X(t)$ 是正交增量过程,利用增量在不重叠的时间区间正交这一性质对 τ 进行讨论.

① 若 $|\tau| \geqslant 1$, 则 $R_Y(t + \tau, t) = 0.$

② 若 $0 \leqslant \tau < 1$, 则

$$R_Y(t+\tau,t) = E[[(X(t+\tau)-X(t))+(X(t)-X(t+\tau-1))]$$
$$\cdot[(X(t)-X(t+\tau-1))+(X(t+\tau-1)-X(t-1))]]$$
$$= E[X(t)-X(t+\tau-1)]^2 = 1-\tau.$$

③ 若 $-1<\tau<0$,则

$$R_Y(t+\tau,t) = E[[(X(t+\tau)-X(t-1))+(X(t-1)-X(t+\tau-1))]$$
$$\cdot[(X(t)-X(t+\tau))+(X(t+\tau)-X(t-1))]]$$
$$= E[X(t+\tau)-X(t-1)]^2 = 1+\tau.$$

因此
$$R_Y(\tau) = R_Y(t+\tau,t) = \begin{cases} 1-|\tau|, & |\tau|<1, \\ 0, & |\tau|\geqslant 1. \end{cases}$$

(3) $E[Y(t)]^2 = R_Y(0) < \infty$.

故由(1)、(2)、(3)知 $Y(t)$ 为平稳过程,其功率谱

$$s_Y(\omega) = \int_{-\infty}^{\infty} R_Y(\tau)e^{-i\omega\tau}d\tau = \int_{-1}^{1}(1-|\tau|)e^{-i\omega\tau}d\tau$$
$$= 2\int_0^1 (1-\tau)\cos(\omega\tau)d\tau = \frac{2(1-\cos\omega)}{\omega^2}.$$

习题 8 解析

8.1　(1) $(1-0.2B)X_t = a_t$.

　　　(2) $(1-0.5B)X_t = (1-0.4B)a_t$.

　　　(3) $(1+0.7B-0.5B^2)X_t = (1-0.4B)a_t$.

　　　(4) $X_t = (1-0.5B+0.3B^2)a_t$.

　　　(5) $(1-0.3B)X_t = (1-1.5B+B^2)a_t$.

8.2　(1) 平稳　(2) 平稳、可逆　(3)可逆　(4)可逆　(5)平稳

8.3　AR(1)有　$\rho_k = \varphi_1^k$,　$k>0$,

　　　AR(2)有　$\rho_1 = \dfrac{\varphi_1}{1-\varphi_1}$,　$\rho_2 = \dfrac{\varphi_1^2}{1-\varphi_2}+\varphi_2$,　$\rho_k = \varphi_1\rho_{k-1}+\varphi_2\rho_{k-2}$,　$k\geqslant 3$.

8.4　$\rho_k = \begin{cases} 1, & k=0, \\ \dfrac{0.56}{1.53}, & k=\pm 1, \\ \dfrac{-0.3}{1.53}, & k=\pm 2, \\ 0, & \text{其他}. \end{cases}$

8.5~8.8　(略)

8.9　$\rho_k = \dfrac{45}{38}\left(\dfrac{3}{4}\right)^{|k|} - \left(\dfrac{7}{38}\right)\left(\dfrac{1}{4}\right)^{|k|}$,　$k=0,\pm 1,\pm 2,\cdots$

8.10　(1) 近似有　$X_t = a_t - 0.5a_{t-1}$,　　(2) 近似有　$X_t - 0.5X_{t-1} = a_t$.

参 考 文 献

[1] 申鼎煊.随机过程[M].武汉:华中理工大学出版社,1990.

[2] 复旦大学.概率论(第三册)[M].北京:人民教育出版社,1981.

[3] 王梓坤.随机过程论[M].北京:科学出版社,1965.

[4] 浙江大学数学系.概率论与数理统计[M].北京:人民教育出版社,1989.

[5] 李漳南,吴荣.随机过程教程[M].北京:高等教育出版社,1987.

[6] 帕普力斯 A.概率、随机变量与随机过程[M].谢国瑞,译.北京:高等教育出版社,1983.

[7] 陆大铨.随机过程及其应用[M].北京:清华大学出版社,1986.

[8] 闵华玲.随机过程[M].上海:同济大学出版社,1987.

[9] 安鸿志,陈兆国,杜金观,等.时间序列的分析与应用[M].北京:科学出版社,1983.

[10] 谢衷洁.时间序列分析[M].北京:北京大学出版社,1990.

[11] 劳斯 S M.随机过程[M].何声武,译.北京:中国统计出版社,1997.

[12] Box G E P,Jenkins G M, Reinsel G C.时间序列分析:预测与控制[M].顾岚,主译.北京:中国统计出版社,1997.

[13] Kannan D. An Introduction to Stochastic Processes[M]. New York,1979.

[14] Hunter J. Mathematical Techniques of Applied Probability[M]. New York,1983.

图书在版编目(CIP)数据

随机过程/刘次华. —5 版. —武汉：华中科技大学出版社,2014.8(2024.8 重印)
ISBN 978-7-5680-0338-4

Ⅰ.①随…　Ⅱ.①刘…　Ⅲ.①随机过程-研究生-教材　Ⅳ.①O211.6

中国版本图书馆 CIP 数据核字(2014)第 183135 号

随机过程(第五版)　　　　　　　　　　　　　　　　　　　　　　　　刘次华

策划编辑：周芬娜
责任编辑：周芬娜
封面设计：刘　卉
责任校对：刘　竣
责任监印：周治超
出版发行：华中科技大学出版社(中国·武汉)　　　电话：(027)81321913
　　　　　武汉市东湖新技术开发区华工科技园　　　邮编：430223
录　　排：武汉市洪山区佳年华文印部
印　　刷：武汉科源印刷设计有限公司
开　　本：710mm×1000mm　1/16
印　　张：12.5
字　　数：265 千字
版　　次：2024 年 8 月第 5 版第 8 次印刷
定　　价：36.00 元